21世纪高等学校计算机
专业实用规划教材

数据库原理与应用教程
——SQL Server 2014

◎ 赵明渊 主编

清华大学出版社

北京

内 容 简 介

本书以数据库原理为基础，以 SQL Server 2014 为平台，以学生成绩数据库为主线，介绍了数据库系统概论、关系数据库系统模型、关系数据库设计理论、SQL Server 概述、创建和修改数据库、创建和使用表、T-SQL 基础、视图、索引、数据完整性、T-SQL 程序设计、存储过程、触发器、事务和锁、系统安全管理、备份和恢复、云计算和大数据、基于 Java EE 和 SQL Server 的学生成绩管理系统开发等内容。

本书可作为大学本科、高职高专及培训班课程的教学用书，也适于计算机应用开发人员和计算机爱好者自学参考。

为方便教学，每章都有大量示范性设计实例和运行结果，所有实例都经过调试通过，书末附习题答案。本书提供的教学课件、所有实例的源代码的下载网址为 http://www.tup.com.cn。

图书在版编目（CIP）数据

数据库原理与应用教程——SQL Server 2014/赵明渊主编. --北京：清华大学出版社，2018（2023.12 重印）
（21 世纪高等学校计算机专业实用规划教材）
ISBN 978-7-302-50295-1

Ⅰ. ①数…　Ⅱ. ①赵…　Ⅲ. ①关系数据库系统 – 教材　Ⅳ. ①TP311.138

中国版本图书馆 CIP 数据核字（2018）第 112447 号

策划编辑：魏江江
责任编辑：王冰飞
封面设计：刘　键
责任校对：徐俊伟
责任印制：沈　露

出版发行：清华大学出版社
　　　　网　　　址：https://www.tup.com.cn, https://www.wqxuetang.com
　　　　地　　　址：北京清华大学学研大厦 A 座　　　　邮　　编：100084
　　　　社 总 机：010- 83470000　　　　　　　　　邮　　购：010-62786544
　　　　投稿与读者服务：010-62776969，c-service@tup.tsinghua.edu.cn
　　　　质 量 反 馈：010-62772015，zhiliang@tup.tsinghua.edu.cn
印 装 者：三河市龙大印装有限公司
经　　销：全国新华书店
开　　本：185mm×260mm　　　印　　张：25.25　　　字　　数：632 千字
版　　次：2018 年 9 月第 1 版　　　　　　　　　印　　次：2023 年 12 月第 7 次印刷
印　　数：6301～7100
定　　价：59.50 元

产品编号：077145-01

前　言

随着社会信息化进程的推进，我们已进入云计算和大数据时代，数据库技术作为信息技术和信息产业的重要支柱，其发展非常快速，已广泛应用到各行各业的数据处理系统中。数据库原理与应用课程是高等院校计算机专业、信息专业和有关工科专业的基础专业课，为了与社会信息化快速推进相结合，我们结合近年来的教学实践编写了本书。

在数据库原理部分，本书介绍了数据库系统概论、关系数据库系统模型、关系数据库设计理论；在数据库系统和应用部分，本书以 Microsoft 公司推出的新一代关系数据库管理系统 SQL Server 2014 为平台，以学生成绩数据库为主线，主要内容有 SQL Server 概述、创建数据库和表、T-SQL 基础、视图、索引、数据完整性、T-SQL 程序设计、存储过程、触发器、事务和锁、系统安全管理、备份和恢复；在数据库新技术和应用开发部分，本书介绍了云计算和大数据、基于 Java EE 和 SQL Server 的学生成绩管理系统开发。

本书的主要特点如下。

- 理论与实践相结合：将理论和实际应用有机结合起来，以数据库原理为基础，以 SQL Server 2014 为平台，培养学生掌握数据库原理和数据库管理、操作，并具备 T-SQL 语言编程的能力。
- 技术新颖：介绍了云计算、大数据、云数据库、NoSQL 数据库等内容。
- 在数据库设计中着重培养学生掌握基本知识、画出合适的 E-R 图并将 E-R 图转换为关系模式的能力。
- 基于 Java EE 和 SQL Server 数据库的学生成绩管理系统开发等章节可作为教学和实训的内容，培养学生开发一个简单应用系统的能力。
- 方便教学、资源配套：本书免费提供教学课件、所有实例的源代码，章末习题有选择题、填空题、问答题和应用题等类型，书末附习题答案，以供教学参考。

本书可作为大学本科、高职高专及培训班课程的教学用书，也适于计算机应用开发人员和计算机爱好者自学参考。

本书提供的教学课件、所有实例的源代码的下载网址为 http://www.tup.com.cn。

本书由赵明渊主编，参加本书编写的有何明星（西华大学）、王俊峰（四川大学）、裴峥（西华大学）、任健、周亮宇、赵凯文、李文君、程小菊、杨天虹、蔡苗苗、邓铠凌、王成均。对于帮助完成本书基础工作的同志在此表示感谢！

由于编者水平有限，不当之处敬请读者批评指正。

编　者

2018 年 5 月

目　录

V

IX

目 录

<table>
<tr><td>第 1 章</td><td><h1>数据库系统概论</h1></td></tr>
</table>

本章要点

- 数据库、数据库管理系统和数据库系统
- 数据管理技术的发展
- 常用数据模型
- 三级模式结构和两级映像
- 数据库设计的特点、方法和步骤
- 需求分析的任务和方法
- 概念结构设计的步骤
- 逻辑结构设计的步骤
- 物理结构设计的内容和方法
- 加载数据、调试、数据库投入运行和经常性的维护工作

数据库是按照一定的数据模型组织起来并存放在存储介质中的数据集合，数据库系统是在计算机系统中引入数据库之后组成的系统，它是用来组织和存取大量数据的管理系统。在本章中介绍数据库系统、数据模型、数据库系统结构以及数据库设计，它们是学习以后各章的基础。

1.1 数据库和数据库系统

本节介绍数据库、数据库管理系统、数据库系统、数据管理技术的发展等内容，并强调数据库管理系统是数据库系统的核心组成部分。

1.1.1 数据和数据库

1. 数据

数据（data）是事物的符号表示，数据可以是数字、文字、图像、声音等。一个学生记录数据如下。

| 121001 | 李贤友 | 男 | 1991-12-30 | 通信 | 52 |

2. 数据库

数据库（database）是以特定的组织结构存放在计算机的存储介质中的相互关联的数据集合。

数据库具有以下特征。

- 数据库是相互关联的数据集合，不是杂乱无章的数据集合。

2

- 数据存储在计算机的存储介质中。
- 数据结构比较复杂，有专门的理论支持。

数据库包含了以下含义。

- 提高了数据和程序的独立性，有专门的语言支持。
- 建立数据库的目的是为应用服务。

1.1.2　数据库管理系统

数据库管理系统（Database Management System，DBMS）是在操作系统支持下的系统软件，它是数据库应用系统的核心组成部分，主要功能如下。

- 数据定义功能：提供数据定义语言，定义数据库和数据库对象。
- 数据操纵功能：提供数据操纵语言，对数据库中的数据进行查询、插入、修改、删除等操作。
- 数据控制功能：提供数据控制语言，进行数据控制，即提供数据的安全性、完整性、并发控制等功能。
- 数据库建立、维护功能：包括数据库初始数据的装入、转储、恢复，以及系统性能的监视、分析等功能。

1.1.3　数据库系统

数据库系统（Database System，DBS）是数据库应用系统的简称，数据库系统由数据库、操作系统、数据库管理系统、应用程序、用户、数据库管理员组成，如图 1.1 所示。

图 1.1　数据库系统的组成

数据库应用系统分为客户-服务器（C/S）模式和三层客户-服务器（B/S）模式。

1. C/S 模式

应用程序直接与用户打交道，数据库管理系统不直接与用户打交道，因此应用程序称为前台，数据库管理系统称为后台。因为应用程序向数据库管理系统提出服务请求，所以称为客户程序（client），而数据库管理系统向应用程序提供服务，所以称为服务器程序

（server），上述操作数据库的模式称为客户-服务器（C/S）模式，如图1.2所示。

图 1.2　C/S 模式

2．B/S 模式

基于 Web 的数据库应用采用三层客户-服务器（B/S）模式，第一层为浏览器，第二层为 Web 服务器，第三层为数据库服务器，如图 1.3 所示。

图 1.3　B/S 模式

1.1.4　数据管理技术的发展

数据管理技术的发展经历了人工管理阶段、文件系统阶段、数据库系统阶段，现在正在向更高一级的数据库系统发展。

1. 人工管理阶段

在 20 世纪 50 年代中期以前，人工管理阶段的数据是面向应用程序的，一个数据集只能对应一个程序，应用程序与数据之间的关系如图 1.4 所示。

图 1.4　人工管理阶段的应用程序与数据之间的关系

人工管理阶段的特点如下。

（1）数据不保存：只是在计算某一课题时将数据输入，用完即撤走。

（2）数据不共享：数据面向应用程序，一个数据集只能对应一个程序，即使多个不同的程序用到相同数据也得各自定义。

（3）数据和程序不具有独立性：数据的逻辑结构和物理结构发生改变，必须修改相应的应用程序，即要修改数据必须修改程序。

（4）没有软件系统对数据进行统一管理。

2. 文件系统阶段

在 20 世纪 50 年代后期到 60 年代中期，计算机不仅用于科学计算，也开始用于数据管理。数据处理的方式不仅有批处理，还有联机实时处理。应用程序和数据之间的关系如图 1.5 所示。

图 1.5 文件系统阶段的应用程序和数据之间的关系

文件系统阶段的数据管理的特点如下。

（1）数据可长期保存：数据以文件的形式长期保存。

（2）数据共享性差、冗余度大：在文件系统中一个文件基本对应一个应用程序，当不同的应用程序具有相同数据时必须各自建立文件，而不能共享相同数据，数据冗余度大。

（3）数据独立性差：当数据的逻辑结构改变时必须修改相应的应用程序，数据依赖于应用程序，独立性差。

（4）由文件系统对数据进行管理：由专门的软件——文件系统进行数据管理，文件系统把数据组织成相互独立的数据文件，可按文件名访问、按记录存取，程序与数据之间有一定的独立性。

3. 数据库系统阶段

从 20 世纪 60 年代后期开始，数据管理对象的规模越来越大，应用越来越广泛，数据量快速增加。为了实现数据的统一管理，解决多用户、多应用共享数据的需求，数据库技术应运而生，出现了统一管理数据的专门软件——数据库管理系统。

数据库系统阶段的应用程序和数据之间的关系如图 1.6 所示。

图 1.6 数据库系统阶段的应用程序和数据之间的关系

数据库系统与文件系统相比较，具有以下主要特点。

（1）数据结构化。

（2）数据共享性好、冗余度小。

（3）有较好的数据独立性。

（4）由数据库管理系统对数据进行管理。

在数据库系统中，数据库管理系统作为用户与数据库的接口，提供了数据库定义、数据库运行、数据库维护，以及数据安全性、完整性等控制功能。

1.2 数 据 模 型

数据模型（data model）是对现实世界中数据特征的抽象，它是用来描述数据、组织数据和对数据进行操作的。

1.2.1 两类数据模型

数据模型需要满足 3 个方面的要求，即能比较真实地模拟现实世界，容易被人理解，便于在计算机上实现。

在开发、设计数据库应用系统时需要使用不同的数据模型，它们是概念模型、逻辑模型、物理模型。根据模型应用的不同目的，按不同层次可以将它们分为两类，第一类是概念模型，第二类是逻辑模型、物理模型。数据模型是数据库系统的核心和基础。

第一类中的概念模型按用户的观点对数据和信息建模，是对现实世界的第一层抽象，又称信息模型。它通过各种概念来描述现实世界中的事物以及事物之间的联系，主要用于数据库设计。

第二类中的逻辑模型按计算机的观点对数据建模，是概念模型的数据化，是事物以及事物之间联系的数据描述，提供了表示和组织数据的方法。主要的逻辑模型有层次模型、网状模型、关系模型、面向对象数据模型、对象关系数据模型和半结构化数据模型等。

第二类中的物理模型是对数据最底层的抽象，它描述数据在系统内部的表示方式和存取方法，例如数据在磁盘上的存储方式和存取方法，是面向计算机系统的，由数据库管理系统具体实现。

为了把现实世界中的具体事物抽象、组织为某一数据库管理系统支持的数据模型，需要经历一个逐级抽象的过程，将现实世界抽象为信息世界，然后将信息世界转换为机器世界，即首先将现实世界中的客观对象抽象为某一种信息结构，这种信息结构不依赖于具体计算机系统，不是某一个数据库管理系统支持的数据模型，而是概念级的模型，然后将概念模型转换为计算机上某一个数据库管理系统支持的数据模型，如图 1.7 所示。

从概念模型到逻辑模型的转换由数据库设计人员完成，从逻辑模型到物理模型的转换主要由数据库管理系统完成。

图 1.7 现实世界中客观事物的抽象过程

1.2.2 概念模型

概念模型（conceptual model）又称信息模型，是按用户的观点对数据和信息进行建模，描述现实世界的概念化结构。它独立于数据库的逻辑结构和具体的 DBMS。

1. 概念模型的基本概念

概念模型有以下基本概念。

（1）实体（entity）：客观存在并可相互区别的事物称为实体，实体用矩形框表示，框内为实体名。实体可以是具体的人、事、物或抽象的概念。例如，在学生成绩管理系统中"学生"就是一个实体。

（2）属性（attribute）：实体所具有的某一特性称为属性，属性用椭圆框表示，框内为属性名，并用无向边与其相应实体连接。例如，在学生成绩管理系统中学生的特性有学号、姓名、性别、出生日期、专业、总学分，它们就是学生实体的 6 个属性。

（3）码（key）：能唯一标识实体的最小属性集。例如，学号是学生实体的码。

（4）实体型（entity type）：用实体名及其属性名集合来抽象和刻画同类实体，称为实体型。例如，学生(学号, 姓名, 性别, 出生日期, 专业, 总学分)就是一个实体型。

（5）实体集（entity set）：同型实体的集合称为实体集。例如，全体学生记录就是一个实体集。

（6）联系（relationship）：实体之间的联系，可分为两个实体集之间的联系、多个实体集之间的联系、单个实体集内的联系。

两个实体集之间的联系包括一对一的联系、一对多的联系、多对多的联系。

① 一对一的联系（1:1）：如果实体 A 中的每个实例在实体 B 中最多有一个（也可以没有）实例与之关联，反之亦然，则称实体 A 与实体 B 具有一对一的联系，记为 1:1。

例如，一个班只有一个正班长，而一个正班长只属于一个班，班级与正班长两个实体之间具有一对一的联系。

② 一对多的联系（1:n）：如果实体 A 与实体 B 之间存在联系，并且对于实体 A 中的一个实例，实体 B 中有多个实例与之对应；而对于实体 B 中的任意一个实例，在实体 A 中都只有一个实例与之对应，则称实体 A 到实体 B 的联系是一对多的联系，记为 1:n。

例如，一个班可有若干个学生，一个学生只能属于一个班，班级与学生两个实体之间具有一对多的联系。

③ 多对多的联系（m:n）：如果实体 A 与实体 B 之间存在联系，并且对于实体 A 中的一个实例，实体 B 中有多个实例与之对应；而对于实体 B 中的一个实例，在实体 A 中也有多个实例与之对应，则称实体 A 到实体 B 的联系是多对多的联系，记为 m:n。

例如，一个学生可选多门课程，一门课程可被多个学生选修，学生与课程两个实体之间具有多对多的联系。

2. 概念模型的表示方法

概念模型较常用的表示方法是实体—联系模型（Entity-Relationship Model，E-R 模型）。

E-R 模型即实体—联系模型，在 E-R 模型中有以下表示方法。

（1）实体用矩形框表示，把实体名写在矩形框内。

（2）属性用椭圆框表示，把属性名写在椭圆框内，并用无向边将其与相应的实体框相连。

（3）联系用菱形框表示，联系名写在菱形框中，用无向边将参加联系的实体矩形框分别与菱形框相连，并在连线上标明联系的类型，例如 1:1、1:n 或 m:n。如果联系也具有属性，则将属性框与菱形框也用无向边连上。

【例 1.1】 画出学生成绩管理系统中的学生、课程实体图。

学生实体有学号、姓名、性别、出生日期、专业、总学分 6 个属性，课程实体有课程号、课程名、学分 3 个属性，它们的实体图如图 1.8 所示。

图 1.8　学生成绩管理系统中的学生、课程实体图

【例 1.2】 画出学生成绩管理系统的 E-R 图。

学生成绩管理系统中有学生、课程两个实体，它们之间的联系是选课，学生选修一门课程后有一个成绩，一个学生可选多门课程，一门课程可被多个学生选修。学生成绩管理系统的 E-R 图如图 1.9 所示。

8

图 1.9　学生成绩管理系统的 E-R 模型

【例 1.3】 画出图书借阅系统的 E-R 图。

在图书借阅系统中，学生信息实体的属性有借书证号、姓名、性别、出生日期、专业、借书量，图书实体的属性有 ISBN、书名、作者、出版社、价格、复本量、库存量，它们之间的联系是借阅，借阅的属性有索书号、借阅时间，一个学生可以借阅多种图书，一种图书可被多个学生借阅。图书借阅系统的 E-R 图如图 1.10 所示。

图 1.10　图书借阅系统的 E-R 模型

1.2.3　数据模型的组成要素

数据模型（data model）由数据结构、数据操作、数据完整性约束 3 个部分组成。

1. 数据结构

数据结构用于描述系统的静态特性，是所研究的对象类型的集合，数据模型按其数据结构分为层次模型、网状模型和关系模型等。数据结构所研究的对象是数据库的组成部分，包括两类，一类是与数据类型、内容、性质有关的对象，例如关系模型中的域、属性等，另一类是与数据之间联系有关的对象，例如关系模型中反映联系的关系等。

2. 数据操作

数据操作用于描述系统的动态特性，是指对数据库中各种对象及对象的实例允许执行的操作的集合，包括对象的创建、修改和删除，对对象实例的检索、插入、删除、修改及其他有关操作等。

3. 数据完整性约束

数据完整性约束是一组完整性约束规则的集合，完整性约束规则是给定数据模型中数据及其联系所具有的制约和依存的规则。

数据模型三要素在数据库中都是严格定义的一组概念的集合，在关系数据库中，数据结构是表结构定义及其他数据库对象定义的命令集，数据操作是数据库管理系统提供的数据操作（操作命令、语法规定、参数说明等）命令集，数据完整性约束是各关系表约束的定义及操作约束规则等的集合。

1.2.4 常用的数据模型

常用的数据模型有层次模型、网状模型、关系模型、面向对象数据模型、对象关系数据模型、半结构化数据模型等，下面介绍层次模型、网状模型和关系模型。

1. 层次模型

层次模型用树状层次结构组织数据，树状结构的每一个结点表示一个记录类型，记录类型之间的联系是一对多的联系。层次模型有且仅有一个根结点，位于树状结构顶部，其他结点有且仅有一个父结点。某大学按层次模型组织数据的示例如图 1.11 所示。

图 1.11 层次模型示例

层次模型简单易用，但现实世界中的很多联系是非层次性的，例如多对多的联系等，表达起来比较笨拙且不直观。

2．网状模型

网状模型用网状结构组织数据，网状结构的每一个结点表示一个记录类型，记录类型之间可以有多种联系。按网状模型组织数据的示例如图 1.12 所示。

图 1.12　网状模型示例

网状模型可以更直接地描述现实世界，层次模型是网状模型的特例，但网状模型结构复杂，用户不易掌握。

3．关系模型

关系模型用关系的形式组织数据，一个关系就是一张二维表，二维表由行和列组成。按关系模型组织数据的示例如图 1.13 所示。

学生关系框架

学号	姓名	性别	出生日期	专业	总学分

成绩关系框架

学号	课程号	分数

学生关系

学号	姓名	性别	出生日期	专业	总学分
121001	李贤友	男	1991-12-30	通信	52
121002	周映雪	女	1993-01-12	通信	49

成绩关系

学号	课程号	分数
121001	205	91
121001	801	94
121002	801	73

图 1.13　关系模型示例

关系模型建立在严格的数学概念基础之上，数据结构简单清晰，用户易懂易用，关系数据库是目前应用最为广泛且最为重要的一种数学模型。

1.3 数据库系统结构

从数据库管理系统的内部系统结构来看，数据库系统通常采用三级模式结构。

1.3.1 数据库系统的三级模式结构

模式（schema）指对数据的逻辑结构或物理结构、数据特征、数据约束的定义和描述，它是对数据的一种抽象，模式反映数据的本质、核心或型的方面。

数据库系统的标准结构是三级模式结构，它包括外模式、模式和内模式，如图1.14所示。

图 1.14 数据库系统的三级模式结构

1. 外模式

外模式（external schema）又称子模式或用户模式，位于三级模式的最外层，对应于用户级，它是某个或某几个用户所看到的数据视图，是与某一应用有关的数据的逻辑表示。外模式通常是模式的子集，一个数据库可以有多个外模式，同一外模式也可以为某一用户的多个应用系统所用，但一个应用程序只能使用一个外模式，它是由外模式描述语言（外模式 DDL）来描述和定义的。

2. 模式

模式（schema）又称概念模式，也称逻辑模式，位于三级模式的中间层，对应于概念级，它是由数据库设计者综合所有用户的数据按照统一观点构造的全局逻辑结构，是所有用户的公共数据视图（全局视图）。一个数据库只有一个模式，它是由模式描述语言（模式DDL）来描述和定义的。

3. 内模式

内模式（internal schema）又称存储模式，位于三级模式的底层，对应于物理级，它是数据物理结构和存储方式的描述，是数据在数据库内部的表示方式。一个数据库只有一个内模式，它是由内模式描述语言（内模式 DDL）来描述和定义的。

1.3.2 数据库的两级映像功能和数据独立性

为了能够在内部实现这 3 个抽象层次的联系和转换，数据库管理系统在这三级模式之间提供了两级映像——外模式/模式映像、模式/内模式映像。

1. 外模式/模式映像

模式描述的是数据的全局逻辑结构，外模式描述的是数据的局部逻辑结构。数据库系统都有一个外模式/模式映像，它定义了该外模式与模式之间的对应关系。

当模式改变时，由数据库管理员对各个外模式/模式映像做相应改变，可以使外模式保持不变。

应用程序是依据数据的外模式编写的，保证了数据与程序的逻辑独立性，简称数据逻辑独立性。

2. 模式/内模式映像

在数据库中只有一个模式，也只有一个内模式，所以模式/内模式映像是唯一的，它定义了数据库全局逻辑结构与存储结构之间的对应关系。当数据库的存储结构改变时，由数据库管理员对模式/内模式映像做相应改变，可以使模式保持不变，从而应用程序也不必改变，保证了数据与程序的物理独立性，简称数据物理独立性。

在数据库的三级模式结构中，数据库模式（即全局逻辑结构）是数据库的中心与关键，它独立于数据库的其他层次。

数据库的内模式依赖于它的全局逻辑结构，但独立于数据库的用户视图（即外模式），也独立于具体的存储设备。

数据库的外模式面向具体的应用程序，它定义在逻辑模式之上，但独立于内模式和存储设备。

数据库的两级映像保证了数据库外模式的稳定性，从而在根本上保证了应用程序的稳定性，使得数据库系统具有较高的数据与程序的独立性。数据库的三级模式与两级映像使得数据的定义和描述可以从应用程序中分离出去。

1.3.3 数据库管理系统的工作过程

数据库管理系统控制的数据操作过程基于数据库系统的三级模式结构与两级映像功能，下面通过读取一个用户记录的过程反映数据库管理系统的工作过程，如图 1.15 所示。

（1）应用程序 A 向 DBMS 发出从数据库中读用户数据记录的命令。

（2）DBMS 对该命令进行语法检查、语义检查，并调用应用程序 A 对应的子模式，检查 A 的存取权限，决定是否执行该命令。如果拒绝执行，则转（10）向用户返回错误信息。

图 1.15　应用程序从数据库中读取一条记录的过程

（3）在决定执行该命令后 DBMS 调用模式，依据子模式/模式映像的定义确定应读入模式中的哪些记录。

（4）DBMS 调用内模式，依据模式/内模式映像的定义决定应从哪个文件、用什么存取方式、读入哪个或哪些物理记录。

（5）DBMS 向操作系统发出执行读取所需物理记录的命令。

（6）操作系统执行从物理文件中读数据的有关操作。

（7）操作系统将数据从数据库的存储区送至系统缓冲区。

（8）DBMS 依据内模式/模式、模式/子模式映像的定义（仅为模式/内模式、子模式/模式映像的反方向，并不是另一种新映像）导出应用程序 A 所要读取的记录格式。

（9）DBMS 将数据记录从系统缓冲区传送到应用程序 A 的用户工作区。

（10）DBMS 向应用程序 A 返回命令执行情况的状态信息。

以上为 DBMS 一次读用户数据记录的过程，DBMS 向数据库写一个用户数据记录的过程与此类似，只是过程基本相反而已。由 DBMS 控制的用户数据的存取操作就是由很多读或写的基本过程组合完成的。

1.4　数据库设计

数据库设计是将业务对象转换为数据库对象的过程，本节介绍数据库设计概述、需求分析、概念结构设计、逻辑结构设计、物理结构设计、数据库的实施、数据库的运行和维护等内容。

1.4.1　数据库设计概述

数据库设计是指对于一个给定的应用环境构造优化的数据库逻辑模式和物理结构，以建立数据库及其应用系统。

数据库设计是数据库应用系统设计的一部分，数据库应用系统的设计和开发本质上属于软件工程的范畴。

1. 数据库设计的特点和方法

1）数据库设计的特点

数据库设计和应用系统设计有相同之处，但更具其自身特点，介绍如下。

（1）综合性：数据库设计的涉及面广，较为复杂，它包含计算机专业知识及业务系统专业知识，要解决技术及非技术两方面的问题。

（2）结构设计与行为设计相结合：数据库的结构设计在模式和外模式中定义，应用系统的行为设计在存取数据库的应用程序中设计和实现。

静态结构设计是指数据库的模式框架设计（包括语义结构（概念）、数据结构（逻辑）、存储结构（物理）），动态行为设计是指应用程序设计（动作操纵：功能组织、流程控制）。

由于结构设计和行为设计是分离进行的，程序和数据不易结合，我们必须强调数据库设计和应用系统设计的密切结合。

2）数据库设计的方法

数据库设计方法有新奥尔良设计方法、基于E-R模型的数据库设计方法、基于3NF的设计方法、面向对象的数据库设计方法等。

（1）新奥尔良（New Orleans）设计方法：新奥尔良方法是规范设计方法中比较著名的数据库设计方法，该方法将数据库设计分成4个阶段，即需求分析、概念设计、逻辑设计和物理设计。经过很多人的改进，将数据库设计分为6个阶段，即需求分析、概念结构设计、逻辑结构设计、物理结构设计、数据库实施以及数据库运行和维护。

（2）基于E-R模型的数据库设计方法：在需求分析的基础上，基于E-R模型的数据库设计方法设计数据库的概念模型是数据库概念设计阶段广泛采用的方法。

（3）3NF设计方法：3NF设计方法以关系数据库设计理论为指导来设计数据库的逻辑模型，是设计关系数据库时在逻辑设计阶段采用的一种有效方法。

（4）对象定义语言（Object Definition Language，ODL）方法：ODL方法是面向对象的数据库设计方法，该方法使用面向对象的概念和术语来描述和完成数据库的结构设计，通过统一建模语言（Unified Modeling Language，UML）的类图表示数据对象的汇集及它们之间的联系，其所得到的对象模型既可用于设计关系数据库，也可用于设计面向对象数据库等。

数据库设计工具已经实用化和商品化，例如Sysbase公司的PowerDesigner、Oracle公司的Designer 2000、Rational公司的Rational Rose等。

2. 数据库设计的基本步骤

在进行数据库设计之前首先要选定参加设计的人员，包括系统分析员、数据库设计人员、应用开发人员、数据库管理员和用户代表。

按照规范设计的方法，考虑数据库及其应用系统开发的全过程，将数据库设计分为 6 个阶段，即需求分析阶段、概念结构设计阶段、逻辑结构设计阶段、物理结构设计阶段、数据库实施阶段、数据库运行和维护阶段，如图 1.16 所示。

图 1.16　数据库的设计步骤

　　（1）需求分析阶段：需求分析是整个数据库设计的基础，在数据库设计中首先需要准确地了解与分析用户的需求，明确系统的目标和实现的功能。

　　（2）概念结构设计阶段：概念结构设计是整个数据库设计的关键，其任务是根据需求分析形成一个独立于具体数据库管理系统的概念模型，即设计 E-R 模型。

　　（3）逻辑结构设计阶段：逻辑结构设计是将概念结构转换为某个具体的数据库管理系统所支持的数据模型。

　　（4）物理结构设计阶段：物理结构设计是为逻辑数据模型选取一个最适合应用环境的物理结构，包括存储结构和存取方法等。

　　（5）数据库实施阶段：设计人员运用数据库管理系统所提供的数据库语言和宿主语言，

根据逻辑设计和物理设计的结果建立数据库，编写和调试应用程序，组织数据入库和试运行。

（6）数据库运行和维护阶段：通过试运行后即可投入正式运行，在数据库运行过程中不断地对其进行评估、调整和修改。

数据库设计的不同阶段形成的数据库各级模式如图 1.17 所示。

图 1.17　数据库各级模式

在需求分析阶段，设计的中心工作是综合各个用户的需求。在概念结构设计阶段，形成与计算机硬件无关的、独立于各个数据库管理系统产品的概念模式，即 E-R 图。在逻辑结构设计阶段，将 E-R 图转换成具体的数据库管理系统产品支持的数据模型，形成数据库逻辑模式，然后在基本表的基础上再建立必要的视图，形成数据的外模式。在物理结构设计阶段，根据数据库管理系统的特点和处理需要进行物理存储安排，建立索引，形成数据库物理模式。

1.4.2　需求分析

需求分析阶段是整个数据库设计中最重要的一个步骤，它需要从各个方面对业务对象进行调查、收集、分析，以准确了解用户对数据和处理的需求。

1. 需求分析的任务

需求分析阶段的主要任务是对现实世界要处理的对象（公司、部门、企业）进行详细调查，在了解现行系统的概况、确定新系统功能的过程中收集支持系统目标的基础数据及其处理方法。

需求分析是在用户调查的基础上通过分析逐步明确用户对系统的需求，包括数据需求和围绕这些数据的业务处理需求。

用户调查的重点是"数据"和"处理"。

（1）信息需求：定义未来数据库系统用到的所有信息，明确用户将向数据库中输入什么样的数据，从数据库中要求获得哪些内容，将要输出哪些信息，以及描述数据间的联系等。

（2）处理需求：定义了系统数据处理的操作功能，描述操作的优先次序，包括操作的执行频率和场合，操作与数据间的联系。处理需求还要明确用户要完成哪些处理功能，每种处理的执行频度，用户需求的响应时间以及处理的方式，例如是联机处理还是批处理等。

（3）安全性与完整性要求：描述了系统中不同用户对数据库的使用和操作情况，完整性要求描述了数据之间的关联关系以及数据的取值范围要求。

2. 需求分析的方法

需求分析中的结构化分析方法（Structured Analysis，SA）采用自顶向下、逐层分解的方法分析系统，通过数据流图（Data Flow Diagram，DFD）、数据字典（Data Dictionary，DD）描述系统。

1）数据流图

数据流图用来描述系统的功能，表达了数据和处理的关系。数据流图采用 4 个基本符号，即外部实体、数据流、数据处理、数据存储。

（1）外部实体：数据来源和数据输出又称为外部实体，表示系统数据的外部来源和去处，也可以是另外一个系统。

（2）数据流：由数据组成，表示数据的流向，数据流都需要命名，数据流的名称反映了数据流的含义。

（3）数据处理：指对数据的逻辑处理，也就是数据的变换。

（4）数据存储：表示数据保存的地方，即数据存储的逻辑描述。

数据流图如图 1.18 所示。

图 1.18　数据流图

2）数据字典

数据字典是各类数据描述的集合，对数据流图中的数据流和数据存储等进行详细的描述，它包括数据项、数据结构、数据流、数据存储、处理过程等。

（1）数据项：数据项是数据最小的组成单位，即不可再分的基本数据单位，记录了数据对象的基本信息，描述了数据的静态特性。

数据项描述＝{数据项名，数据项含义说明，别名，数据类型，长度，取值范围，取值含义，与其他数据项的逻辑关系}

（2）数据结构：数据结构是若干数据项有意义的集合，由若干数据项组成，或由若干数据项和数据结构组成。

数据结构描述 = {数据结构名，含义说明，组成:{数据项或数据结构}}

（3）数据流：数据流表示某一处理过程的输入和输出，表示了数据处理过程中的传输流向，是对数据动态特性的描述。

数据流描述 = {数据流名，说明，数据流来源，数据流去向，组成:{数据结构}，平均流量，高峰期流量}

（4）数据存储：数据存储是处理过程中存储的数据，它是在事务和处理过程中数据所停留和保存过的地方。

数据存储描述 = {数据存储名，说明，编号，流入的数据流，流出的数据流，组成:{数据结构}，数据量，存取频度，存取方式}

（5）处理过程：在数据字典中只需描述简要描述处理过程的信息。

处理过程描述 = {处理过程名，说明，输入:{数据流}，输出:{数据流}，处理:{简要说明}}

1.4.3 概念结构设计

将需求分析得到的用户需求抽象为概念模型的过程就是概念结构设计，需求分析得到的数据描述是无结构的，概念设计是在需求分析的基础上转换为有结构的、易于理解的精确表达，概念设计阶段的目标是形成整体数据库的概念结构，它独立于数据库逻辑结构和具体的数据库管理系统，概念结构设计是整个数据库设计的关键。

1. 概念结构的特点和设计步骤

1）概念结构的特点

概念模型具有以下特点。

（1）能真实、充分地反映现实世界：概念模型是现实世界的一个真实模型，能满足用户对数据的处理要求。

（2）易于理解：便于数据库设计人员和用户交流，用户的积极参与是数据库设计成功的关键。

（3）易于更改：当应用环境和应用要求发生改变时易于修改和扩充概念模型。

（4）易于转换为关系、网状、层次等各种数据模型。

描述概念模型的有力工具是 E-R 模型，在 1.2.2 节中已经介绍，本章在介绍概念结构设计时也采用 E-R 模型。

2）概念结构设计的方法

概念结构设计的方法有 4 种。

（1）自底向上：首先定义局部应用的概念结构，然后按一定的规则把它们集成起来，得到全局概念模型。

（2）自顶向下：首先定义全局概念模型，然后逐步细化。

（3）由里向外：首先定义最重要的核心概念结构，然后逐步向外扩展。

（4）混合策略：将自顶向下和自底向上结合起来使用。

3）概念结构设计的步骤

概念结构设计的一般步骤如下。

（1）根据需求分析划分的局部应用设计局部 E-R 图。

（2）将局部 E-R 图合并，消除冗余和可能的矛盾，得到系统的全局 E-R 图，审核和验证全局 E-R 图，完成概念模型的设计。

概念结构设计的步骤如图 1.19 所示。

图 1.19　概念结构设计的步骤

2. 局部 E-R 模型设计

使用系统需求分析阶段得到的数据流程图、数据字典和需求规格说明建立对应于每一部门或应用的局部 E-R 模型，关键问题是如何确定实体（集）和实体属性，即首先要确定系统中的每一个子系统包含哪些实体和属性。

在设计局部 E-R 模型时最大的困难在于实体和属性的正确划分，其基本划分原则如下。

（1）属性应是系统中最小的信息单位。

（2）若属性具有多个值，应该升级为实体。

【例 1.4】　设有学生、课程、教师、学院实体如下。

学生：学号、姓名、性别、出生日期、专业、总学分、选修课程号。

课程：课程号、课程名、学分、开课学院、任课教师号。

教师：教师号、姓名、性别、出生日期、职称、学院名、讲授课程号。

学院：学院号、学院名、电话、教师号、教师名。

上述实体中存在如下联系。

（1）一个学生可选修多门课程，一门课程可被多个学生选修。

（2）一个教师可讲授多门课程，一门课程可被多个教师讲授。

（3）一个学院可有多个教师，一个教师只能属于一个学院。

（4）一个学院可拥有多个学生，一个学生只属于一个学院。

（5）假设学生只能选修本学院的课程，教师只能为本学院的学生讲课。

要求分别设计学生选课和教师任课两个局部信息的结构 E-R 图。

解：

从各实体属性看到，学生实体与学院实体和课程实体关联，不直接与教师实体关联，一个学院可以开设多门课程，学院实体与课程实体之间是 1:m 的关系，学生选课局部 E-R 图如图 1.20 所示。

图 1.20   学生选课局部 E-R 图

教师实体与学院实体和课程实体关联，不直接与学生实体关联，教师任课局部 E-R 图如图 1.21 所示。

图 1.21   教师任课局部 E-R 图

3. 全局 E-R 模型设计

综合各部门或应用的局部 E-R 模型就可以得到系统的全局 E-R 模型。综合局部 E-R 模型的方法有以下两种。

（1）多个局部 E-R 图逐步综合，一次综合两个 E-R 图。

（2）多个局部 E-R 图一次综合。

对于第一种方法，由于一次只综合两个 E-R 图，难度降低，较易使用。

在上述两种方法中，每次综合可分为以下两个步骤。

（1）进行合并，解决各局部 E-R 图之间的冲突问题，生成初步 E-R 图。

（2）修改和重组，消除冗余，生成基本 E-R 图。

1）合并局部 E-R 图，消除冲突

由于各个局部应用不同，通常由不同的设计人员去设计局部 E-R 图，因此各局部 E-R 图之间往往会有很多不一致，被称为冲突，冲突的类型有属性冲突、结构冲突和命名冲突。

（1）属性冲突。

- 属性域冲突：属性取值的类型、取值范围或取值集合不同。例如年龄可用出生年月和整数表示。
- 属性取值单位冲突：例如重量，可以千克、克为单位。

（2）结构冲突。

- 同一事物，不同的抽象：例如职工，在一个应用中为实体，而在另一个应用中为属性。
- 同一实体在不同应用中的属性组成不同。
- 同一联系在不同应用中的类型不同。

（3）命名冲突：命名冲突包括实体名、属性名、联系名之间的冲突。

- 同名异义：不同意义的事物具有相同的名称。
- 异名同义：不同意义的事物具有相同的名称。

属性冲突和命名冲突可通过协商来解决，结构冲突在认真分析后通过技术手段解决。

【例 1.5】 将例 1.4 设计完成的两个局部 E-R 图合并成一个初步的全局 E-R 图。

解：

将图 1.20 中的"教师号"属性转换为"教师"实体，将两个局部 E-R 图中的"选修课程号"和"讲授课程号"统一为"课程号"，并将"课程"实体的属性统一为"课程号""课程名"和"学分"，初步的全局 E-R 图如图 1.22 所示。

图 1.22 初步的全局 E-R 图

2) 消除冗余

在初步的 E-R 图中可能存在冗余的数据或冗余的联系，冗余的数据是指可由基本的数据导出的数据，冗余的联系也可由其他的联系导出。

冗余的存在容易破坏数据库的完整性，给数据库的维护增加困难，应该消除。

【例 1.6】 消除冗余，对例 1.5 的初步全局 E-R 图进行改进。

解：

在图 1.22 中，"属于"和"开课"是冗余联系，它们可以通过其他联系导出，消除冗余联系后得到改进的全局 E-R 图如图 1.23 所示。

图 1.23　改进的全局 E-R 图

1.4.4　逻辑结构设计

逻辑结构设计的任务是将概念结构设计阶段设计好的基本 E-R 图转换为与选用的数据库管理系统产品所支持的数据模型相符合的逻辑结构。由于当前主流的数据模型是关系模型，所以逻辑结构设计是将 E-R 图转换为关系模型，即将 E-R 图转换为一组关系模式。

1. 逻辑结构设计的步骤

以关系数据库管理系统（RDBMS）为例，逻辑结构设计的步骤如图 1.24 所示。

图 1.24　逻辑结构设计的步骤

（1）将用 E-R 图表示的概念结构转换为关系模型。

（2）优化模型。

（3）设计适合 DBMS 的关系模式。

2．E-R 模型向关系模型的转换

由 E-R 图向关系模型转换有以下两个规则。

1）一个实体转换为一个关系模式

实体的属性就是关系的属性，实体的码就是关系的码。

2）实体间的联系转换为关系模式（有以下不同的情况）

（1）一个 1:1 联系可以转换为一个独立的关系模式，也可以与任意一端所对应的关系模式合并。

如果转换为一个独立的关系模式，则与该联系相连的各实体的码以及联系本身的属性都转换为关系的属性，每个实体的码都是该关系的候选码。

如果与某一端实体对应的关系模式合并，则需在该关系模式的属性中加入另一个关系模式的码和联系本身的属性。

（2）一个 1:n 联系可以转换为一个独立的关系模式，也可以与 n 端所对应的关系模式合并。

如果转换为一个独立的关系模式，则与该联系相连的各实体的码以及联系本身的属性都转换为关系的属性，且关系的码为 n 端实体的码。

如果与 n 端实体对应的关系模式合并，则需在该关系模式的属性中加入 1 端实体的码和联系本身的属性。

（3）一个 m:n 联系转换为一个独立的关系模式。

与该联系相连的各实体的码以及联系本身的属性都转换为关系的属性，各实体的码组成该关系的码或关系码的一部分。

（4）3 个或 3 个以上实体间的一个多元联系可以转换为一个独立的关系模式。

与该多元联系相连的各实体的码以及联系本身的属性都转换为关系的属性，各实体的码组成该关系的码或关系码的一部分。

（5）具有相同码的关系模式可以合并。

【例 1.7】 1:1 联系的 E-R 图如图 1.25 所示，将 E-R 图转换为关系模式。

图 1.25　1:1 联系的 E-R 图示例

方案 1：联系转换为独立的关系模式，则转换后的关系模式如下。

学校(学校编号,名称,地址)

校长(校长编号,姓名,职称)

任职(学校编号,校长编号)

方案2：联系合并到"学校"关系模式中，则转换后的关系模式如下。

学校(<u>学校编号</u>,名称,地址,校长编号)

校长(<u>校长编号</u>,姓名,职称)

方案3：联系合并到"校长"关系模式中，则转换后的关系模式如下。

学校(<u>学校编号</u>,名称,地址)

校长(<u>校长编号</u>,姓名,职称,学校编号)

在1:1联系中一般不将联系转换为一个独立的关系模式，这是由于关系模式的个数多，相应的表也越多，查询时会降低查询效率。

【例1.8】 1:n 联系的E-R图如图1.26所示，将E-R图转换为关系模式。

图1.26 1:n 联系的E-R图示例

方案1：联系转换为独立的关系模式，则转换后的关系模式如下。

班级(<u>班级编号</u>,教室号,人数)

学生(<u>学号</u>,姓名,性别,出生日期,专业,总学分)

属于(<u>学号</u>,班级编号)

方案2：联系合并到 n 端实体对应的关系模式中，则转换后的关系模式如下。

班级(<u>班级编号</u>,教室号,人数)

学生(<u>学号</u>,姓名,性别,出生日期,班级编号)

同样的原因，在1:n 联系中一般也不将联系转换为一个独立的关系模式。

【例1.9】 $m:n$ 联系的E-R图如图1.27所示，将E-R图转换为关系模式。

图1.27 $m:n$ 联系的E-R图示例

对于 $m:n$ 联系，必须转换为独立的关系模式，转换后的关系模式如下。

学生(<u>学号</u>,姓名,性别,出生日期,专业,总学分)

课程(<u>课程号</u>,课程名,学分,教师号)

选课(<u>学号,课程号</u>,成绩)

【例1.10】 3个实体联系的E-R图如图1.28所示，将E-R图转换为关系模式。

图1.28 3个实体联系的E-R图示例

3个实体的联系一般也转换为独立的关系模式，转换后的关系模式如下。

供应商(供应商号,供应商名,地址)

零件(零件号,零件名,重量)

项目(项目编号,项目名称,开工日期)

供应(供应商号,零件号,项目编号,零件数)

【例1.11】 将图1.23所示的改进的全局E-R图转换为关系模式。

将"学生"实体、"课程"实体、"教师"实体、"学院"实体分别设计成一个关系模式，将"拥有"联系（1:n联系）合并到"学生"实体（n端实体）对应的关系模式中，将"选课"联系和"讲课"联系（m:n联系）转换为独立的关系模式。

学生(学号,姓名,性别,年龄,专业,总学分,学院号)

课程(课程号,课程名,学分)

教师(教师号,姓名,性别,出生日期,职称,学院名)

学院(学院号,学院名,电话)

选课(学号,课程号,成绩)

讲课(教师号,课程号,上课地点)

3. 数据模型的优化和设计外模式

1）关系模型的优化

数据库逻辑设计的结果不是唯一的，为了进一步提高数据库应用系统的性能，有必要根据应用需求适当修改、调整数据模型的结构，这就是数据模型的优化，规范化理论是关系数据模型的优化指南和工具，具体方法如下。

（1）确定数据依赖，考查各关系模式的函数依赖关系，以及不同关系模式属性之间的数据依赖。

（2）对各关系模式之间的数据依赖进行最小化处理，消除冗余的联系。

（3）确定各关系模式属于第几范式，并根据需求分析阶段的处理要求，确定是否要对这些关系模式进行合并或分解。

（4）对关系模式进行必要的分解，以提高数据操作的效率和存储空间的利用率，常用的分解方法有垂直分解和水平分解。

- 垂直分解：把关系模式 R 的属性分解成若干属性子集合，定义每个属性子集合为一个子关系。
- 水平分解：把基本关系的元组分为若干元组子集合，定义每个子集合为一个子关系，以提高系统的效率。

2）设计外模式

在将概念模型转换为全局逻辑模型后，还应该根据局部应用需求结合具体数据库管理系统的特点设计用户外模式。外模式设计的目标是抽取或导出模式的子集，以构造不同用户使用的局部数据逻辑结构。

外模式概念对应关系数据库的视图概念，设计外模式是为了更好地满足局部用户的需求。

定义数据库的模式主要是从系统的时间效率、空间效率、易维护等角度出发，而用户外模式和模式是相对独立的，所以在设计外模式时可以更多地考虑用户的习惯和方便。

（1）使用更符合用户习惯的别名。

（2）对不同级别的用户定义不同的视图，以保证系统的安全性。

（3）简化用户对系统的使用，例如将复杂的查询定义为视图等。

1.4.5 物理结构设计

数据库在物理设备上的存储结构和存取方法称为数据库的物理结构。对已确定的逻辑数据结构，利用数据库管理系统提供的方法、技术，以较优的存储结构、数据存取路径、合理的数据存储位置以及存储分配，为逻辑数据模型选取一个最适合应用环境的物理结构，就是物理结构设计。

数据库的物理结构设计通常分为以下两步。

（1）确定数据库的物理结构，在关系数据库中主要指存取方法和存储结构。

（2）对物理结构进行评价，评价的重点是时间和空间效率。

1. 物理结构设计的内容和方法

数据库的物理结构设计主要包括的内容为确定数据的存取方法和确定数据的存储结构。

1）确定数据的存取方法

存取方法是快速存取数据库中数据的技术，具体采用的方法由数据库管理系统根据数据的存储方式决定，用户一般不能干预。

用户一般可以通过建立索引的方法来加快数据的查询效率。

建立索引的一般原则如下。

（1）在经常作为查询条件的属性上建立索引。

（2）在经常作为连接条件的属性上建立索引。

（3）在经常作为分组依据列的属性上建立索引。

（4）对经常进行连接操作的表可以建立索引。

一个表可以建立多个索引，但只能建立一个聚簇索引。

2）确定数据的存储结构

一般存储方式有顺序存储、散列存储和聚簇存储。

- 顺序存储：该存储方式的平均查找次数为表中记录数的二分之一。
- 散列存储：其平均查找次数由散列算法确定。
- 聚簇存储：为了提高某个属性或属性组的查询速度，把这个属性或属性组上具有相同值的元组集中存放在连续的物理块上的处理称为聚簇，这个属性或属性组称为聚簇码，通过聚簇可以极大地提高按聚簇码进行查询的速度。

在一般情况下系统都会为数据选择一种最合适的存储方式。

2. 物理结构设计的评价

在物理结构设计过程中需要对时间效率、空间效率、维护代价和各种用户要求进行权衡，从而产生多种设计方案，数据库设计人员应对这些方案进行详细评价，从中选择一个较优的方案作为数据库的物理结构。

评价物理结构设计的方法完全依赖于具体的数据库管理系统，主要考虑的是操作开销，即为使用户获得及时、准确的数据所需的开销和计算机资源的开销，具体可分为查询和响应时间、更新事务的开销、生成报告的开销、主存储空间的开销、辅助存储空间的开销几类。

1.4.6 数据库的实施

数据库的实施包括加载数据、调试和运行应用程序等工作。

1. 加载数据

在数据库系统中数据量一般都很大，各应用环境的差异也很大。

为了保证数据库中的数据正确、无误，必须十分重视数据的校验工作。在将数据输入系统进行数据转换的过程中应该进行多次校验。对于重要数据的校验更应该反复进行多次，在确认无误后再将其放入数据库中。

数据库应用程序的设计应与数据库设计同时进行，在加载数据到数据库时还要调试应用程序。

2. 调试和运行应用程序

在有一部分数据加载到数据库之后就可以开始对数据库系统进行联合调试了，这个过程又称为数据库试运行。

这一阶段要实际运行数据库应用程序，执行对数据库的各种操作，测试应用程序的功能是否满足设计要求。如果不满足，则要对应用程序进行修改、调整，直到达到设计要求为止。

在数据库试运行阶段还要对系统的性能指标进行测试，分析其是否达到设计目标。

1.4.7　数据库的运行和维护

数据库投入运行标志着开发工作的基本完成和维护工作的开始，只要数据库存在，就需要不断地对它进行评价、调整和维护。

在数据库运行阶段，对数据库的经常性维护工作主要由数据库系统管理员完成，其主要工作有数据库的备份和恢复，数据库的安全性和完整性控制，监视、分析、调整数据库性能，数据库的重组和重构。

（1）数据库的备份和恢复：数据库的备份和恢复是系统正式运行后重要的维护工作，要对数据库进行定期的备份，一旦出现故障，要能及时地将数据库恢复到尽可能的正确状态，以减少数据库的损失。

（2）数据库的安全性和完整性控制：随着数据库应用环境的变化，对数据库的安全性和完整性要求也会发生变化。例如增加、删除用户，增加、修改某些用户的权限，撤回某些用户的权限，数据的取值范围发生变化等。这都需要系统管理员对数据库进行适当的调整，以适应这些新的变化。

（3）监视、分析、调整数据库性能：监视数据库的运行情况，并对检测数据进行分析，找出能够提高性能的可行性，并适当地对数据库进行调整。目前有些数据库管理系统产品提供了性能检测工具，数据库系统管理员可以利用这些工具很方便地监视数据库。

（4）数据库的重组和重构：数据库运行一段时间后，随着数据的不断添加、删除和修改，会使数据库的存取效率降低，数据库管理员可以改变数据库数据的组织方式，通过增加、删除或调整部分索引等方法改善系统的性能。

数据库的重组并不改变数据库的逻辑结构，而数据库的重构指部分修改数据库的模式和内模式。

1.5　应用举例

为进一步掌握数据库设计中的概念结构设计和逻辑结构设计，现举例说明。

【例 1.12】　在商场销售系统中搜集到以下信息。

顾客信息：顾客号、姓名、地址、电话；

订单信息：订单号、单价、数量、总金额；

商品信息：商品号、商品名称。

该业务系统有以下规则。

I.　一个顾客可拥有多个订单，一个订单只属于一个顾客。

II.　一个订单可购多种商品，一种商品可被多个订单购买。

（1）根据以上信息画出合适的 E-R 图。

（2）将 E-R 图转换为关系模式，用下画线标出每个关系的主码并说明外码。

解：

（1）画出的 E-R 图如图 1.29 所示。

图 1.29　商场销售系统的 E-R 图

（2）由 E-R 图转换的关系模式如下。

顾客(顾客号,姓名,地址,电话)

订单(订单号,总金额,顾客号)

　　外码：顾客号

订单明细(订单号,商品号,单价,数量)

　　外码：订单号,商品号

商品(商品号,商品名称)

1.6　小　　结

本章主要介绍了以下内容。

（1）数据库（Database，DB）是长期存放在计算机内的有组织的可共享的数据集合，数据库中的数据按一定的数据模型组织、描述和储存，具有尽可能小的冗余度、较高的数据独立性和易扩张性。

数据库管理系统（Database Management System，DBMS）是数据库系统的核心组成部分，它是在操作系统支持下的系统软件，是对数据进行管理的大型系统软件，用户在数据库系统中的一些操作都是由数据库管理系统来实现的。

数据库系统（Database System，DBS）是在计算机系统中引入数据库后的系统构成，数据库系统由数据库、操作系统、数据库管理系统、应用程序、用户、数据库管理员（Database Administrator，DBA）组成。

（2）数据管理技术的发展经历了人工管理阶段、文件系统阶段、数据库系统阶段，现在正在向更高一级的数据库系统发展。

（3）数据模型（data model）是现实世界数据特征的抽象，根据模型应用的不同目的，按不同的层次可将它们分为两类，第一类是概念模型，第二类是逻辑模型、物理模型。数据模型是数据库系统的核心和基础。

概念模型（conceptual model）又称信息模型，它是按用户的观点对数据和信息进行建模，描述现实世界的概念化结构，它独立于数据库逻辑结构和具体的 DBMS。概念模型较常用的表示方法是实体—联系模型（Entity-Relationship Model，E-R 模型）。

数据模型一般由数据结构、数据操作、数据完整性约束3个部分组成。常用的数据模型有层次模型、网状模型、关系模型、面向对象数据模型、对象关系数据模型、半结构化数据模型等。

（4）数据库系统的标准结构是三级模式结构，它包括外模式、模式和内模式，数据库管理系统在这三级模式之间提供了两级映像，即外模式/模式映像、模式/内模式映像。数据库的三级模式与两级映像使得数据的定义和描述可以从应用程序中分离出去。

（5）数据库设计是指对于一个给定的应用环境，构造优化的数据库逻辑模式和物理结构，以建立数据库及其应用系统。数据库设计是数据库应用系统设计的一部分，数据库应用系统的设计和开发本质上属于软件工程的范畴。

一般将数据库设计分为6个阶段，即需求分析阶段、概念结构设计阶段、逻辑结构设计阶段、物理结构设计阶段、数据库实施阶段、数据库运行和维护阶段。

（6）需求分析是在用户调查的基础上通过分析逐步明确用户对系统的需求，包括数据需求和围绕这些数据的业务处理需求。用户调查的重点是"数据"和"处理"。

需求分析中的结构化分析方法（Structured Analysis，SA）采用自顶向下、逐层分解的方法分析系统，通过数据流图（Data Flow Diagram，DFD）、数据字典（Data Dictionary，DD）描述系统。

（7）通过需求分析得到的数据描述是无结构的，概念结构设计是在需求分析的基础上转换为有结构的、易于理解的精确表达，概念结构设计阶段的目标是形成整体数据库的概念结构，它独立于数据库逻辑结构和具体的数据库管理系统。描述概念模型的有力工具是E-R模型，概念结构设计是整个数据库设计的关键。

概念结构设计的一般步骤为根据需求分析划分的局部应用设计局部E-R图；将局部E-R图合并，消除冗余和可能的矛盾，得到系统的全局E-R图；审核和验证全局E-R图，完成概念模型的设计。

（8）逻辑结构设计的任务是将概念结构设计阶段设计好的基本E-R图转换为与选用的数据库管理系统产品所支持的数据模型相符合的逻辑结构。由于当前主流的数据模型是关系模型，所以逻辑结构设计是将E-R图转换为关系模型，即将E-R图转换为一组关系模式。

逻辑结构设计的步骤为将用E-R图表示的概念结构转换为关系模型，优化模型，设计适合DBMS的关系模式。

由E-R图向关系模型转换有两个规则：一个实体转换为一个关系模式；实体间的联系转换为关系模式（有几种不同的情况）。

（9）数据库在物理设备上的存储结构和存取方法称为数据库的物理结构。对已确定的逻辑数据结构，利用数据库管理系统提供的方法、技术，以较优的存储结构、数据存取路径、合理的数据存储位置以及存储分配，为逻辑数据模型选取一个最适合应用环境的物理结构，就是物理结构设计。

数据库的物理结构设计通常分为两步：确定数据库的物理结构，在关系数据库中主要指存取方法和存储结构；对物理结构进行评价，评价的重点是时间和空间效率。

（10）数据库实施包括加载数据、调试和运行应用程序。

（11）数据库投入运行标志着开发工作的基本完成和维护工作的开始，只要数据库存在，就需要不断地对它进行评价、调整和维护。

在数据库运行阶段，对数据库的经常性维护工作主要由数据库系统管理员完成，其主要工作有数据库的备份和恢复，数据库的安全性和完整性控制，监视、分析、调整数据库性能，数据库的重组和重构。

习 题 1

一、选择题

1.1 数据库(DB)、数据库系统(DBS)和数据库管理系统(DBMS)的关系是_____。

    A. DBMS 包括 DBS 和 DB   B. DBS 包括 DBMS 和 DB

    C. DB 包括 DBS 和 DBMS   D. DBS 就是 DBMS，也就是 DB

1.2 下面不属于数据模型要素的是_____。

    A. 数据结构   B. 数据操作

    C. 数据控制   D. 完整性约束

1.3 如果关系中某一属性组的值能唯一地标识一个元组，则称之为_____。

    A. 候选码   B. 外码   C. 联系   D. 主码

1.4 以下对关系性质的描述中错误的是_____。

    A. 关系中的每个属性值都是不可分解的

    B. 关系中允许出现相同的元组

    C. 定义关系模式时可随意指定属性的排列顺序

    D. 关系中元组的排列顺序可任意交换

1.5 数据库设计中概念设计的主要工具是_____。

    A. E-R 图   B. 概念模型   C. 数据模型   D. 范式分析

1.6 数据库设计人员和用户之间沟通信息的桥梁是_____。

    A. 程序流程图   B. 模块结构图

    C. 实体联系图   D. 数据结构图

1.7 概念结构设计阶段得到的结果是_____。

    A. 数据字典描述的数据需求

    B. E-R 图表示的概念模型

    C. 某个 DBMS 所支持的数据结构

    D. 包括存储结构和存取方法的物理结构

1.8 在关系数据库设计中，设计关系模式是_____的任务。

    A. 需求分析阶段   B. 概念结构设计阶段

    C. 逻辑结构设计阶段   D. 物理结构设计阶段

1.9 生成 DBMS 系统支持的数据模型是在_____阶段完成的。

    A. 概念结构设计   B. 逻辑结构设计

    C. 物理结构设计   D. 运行和维护

1.10 在关系数据库设计中，对关系进行规范化处理，使关系达到一定的范式，是_____的任务。
　　A. 需求分析阶段　　　　　　　　B. 概念结构设计阶段
　　C. 逻辑结构设计阶段　　　　　　D. 物理结构设计阶段

1.11　逻辑结构设计阶段得到的结果是_____。
　　A. 数据字典描述的数据需求
　　B. E-R 图表示的概念模型
　　C. 某个 DBMS 所支持的数据结构
　　D. 包括存储结构和存取方法的物理结构

1.12　员工性别的取值有的用"男"和"女"，有的用"1"和"0"，这种情况属于_____。
　　A. 结构冲突　　　　　　　　　　B. 命名冲突
　　C. 数据冗余　　　　　　　　　　D. 属性冲突

1.13　将 E-R 图转换为关系数据模型的过程属于_____。
　　A. 需求分析阶段　　　　　　　　B. 概念结构设计阶段
　　C. 逻辑结构设计阶段　　　　　　D. 物理结构设计阶段

1.14　根据需求建立索引是在_____阶段完成的。
　　A. 运行和维护　　　　　　　　　B. 物理结构设计
　　C. 逻辑结构设计　　　　　　　　D. 概念结构设计

1.15　物理结构设计阶段得到的结果是_____。
　　A. 数据字典描述的数据需求
　　B. E-R 图表示的概念模型
　　C. 某个 DBMS 所支持的数据结构
　　D. 包括存储结构和存取方法的物理结构

1.16　在关系数据库设计中，设计视图是_____的任务。
　　A. 需求分析阶段　　　　　　　　B. 概念结构设计阶段
　　C. 逻辑结构设计阶段　　　　　　D. 物理结构设计阶段

1.17　进入数据库实施阶段，下述工作中_____不属于实施阶段的工作。
　　A. 建立数据库结构　　　　　　　B. 加载数据
　　C. 系统调试　　　　　　　　　　D. 扩充功能

1.18　在数据库物理设计中，评价的重点是_____。
　　A. 时间和空间效率　　　　　　　B. 动态和静态性能
　　C. 用户界面的友好性　　　　　　D. 成本和效益

二、填空题

1.19　数据模型由数据结构、数据操作和_____组成。

1.20　数据库系统的三级模式包括外模式、模式和_____。

1.21　数据库的特性包括共享性、独立性、完整性和_____。

1.22　数据库设计的 6 个阶段为需求分析阶段、概念结构设计阶段、_____、物理结构设计阶段、数据库实施阶段、数据库运行和维护阶段。

1.23　结构化分析方法通过数据流图和_____描述系统。

1.24 概念结构设计阶段的目标是形成整体_____的概念结构。

1.25 描述概念模型的有力工具是_____。

1.26 逻辑结构设计是将 E-R 图转换为_____。

1.27 数据库在物理设备上的存储结构和_____称为数据库的物理结构。

1.28 对物理结构进行评价的重点是_____。

1.29 在数据库运行阶段的经常性维护工作有_____，数据库的安全性和完整性控制，监视、分析、调整数据库性能，数据库的重组和重构。

三、问答题

1.30 什么是数据库？

1.31 数据库管理系统有哪些功能？

1.32 数据管理技术的发展经历了哪些阶段？各阶段有何特点？

1.33 什么是关系数据库？简述关系运算。

1.34 简述数据库系统的三级模式结构和两级映像。

1.35 试述数据库设计过程及各阶段的工作。

1.36 需求分析阶段的主要任务是什么？用户调查的重点是什么？

1.37 概念结构有何特点？简述概念结构设计的步骤。

1.38 逻辑结构设计的任务是什么？简述逻辑结构设计的步骤。

1.39 简述 E-R 图向关系模型转换的规则。

1.40 简述物理结构设计的内容和步骤。

四、应用题

1.41 设学生成绩信息管理系统在需求分析阶段搜集到以下信息。

学生信息：学号、姓名、性别、出生日期；

课程信息：课程号、课程名、学分。

该业务系统有以下规则。

I. 一名学生可选修多门课程，一门课程可被多名学生选修。

II. 学生选修的课程要在数据库中记录课程成绩。

（1）根据以上信息画出合适的 E-R 图。

（2）将 E-R 图转换为关系模式，用下画线标出每个关系的主码并说明外码。

1.42 设图书借阅系统在需求分析阶段搜集到以下信息。

图书信息：书号、书名、作者、价格、复本量、库存量；

学生信息：借书证号、姓名、专业、借书量。

该业务系统有以下约束。

I. 一个学生可以借阅多种图书，一种图书可被多个学生借阅。

II. 学生借阅的图书要在数据库中记录索书号、借阅时间。

（1）根据以上信息画出合适的 E-R 图。

（2）将 E-R 图转换为关系模式，用下画线标出每个关系的主码并说明外码。

第 2 章 关系数据库系统模型

本章要点
- 关系模型的组成
- 关系代数中传统的集合运算和专门的关系运算
- 元组关系演算和域关系演算
- SQL 语言的分类和特点

关系数据模型的原理、技术和应用是本书的重要内容，本章讲解关系模型的数据结构、关系操作和关系的完整性，以及关系代数、关系演算、SQL 简介等内容。

2.1 关 系 模 型

关系模型由关系数据结构、关系操作和关系完整性 3 个部分组成，下面分别介绍。

2.1.1 关系数据结构

关系模型中的数据结构由单一的关系（二维表）来表示。在第 1 章中已经非形式化地介绍了关系模型及有关的基本概念，本节从集合论角度给出关系数据结构的形式化定义。

1. 关系

1）域（domain）

定义 2.1 域是一组具有相同数据类型的值的集合。

例如，整数、正整数、实数、大于等于 0 且小于等于 100 的正整数、{0,1,2,3,4}等都可以是域。

2）笛卡尔积（Cartesian product）

定义 2.2 设定一组域 $D_1, D_2, \cdots, D_n$，在这组域中可以是相同的域。定义 $D_1, D_2, \cdots, D_n$ 的笛卡尔积如下。

$$D_1 \times D_2 \times \cdots \times D_n = \{(d_1, d_2, \cdots, d_n) \mid d_i \in D_i, i=1, 2, \cdots, n\}$$

其中每一个元素（d_1、d_2、$\cdots$、d_n）叫一个 n 元组（n-tuple）或简称元组（tuple），元素中的每个值 d_i（$i=1, 2, \cdots, n$）叫一个分量（component）。

如果 D_i（$i=1, 2, \cdots, n$）为有限集，其基数（cardinal number）为 m_i（$i=1,2,\cdots,n$），则 $D_1 \times D_2 \times \cdots \times D_n$ 的基数如下。

$$M = \prod_{i=1}^{n} m_i$$

笛卡尔积可以表示为一个二维表，表中的每一行对应一个元组，每一列的值来自一个域。

【例 2.1】 笛卡尔积举例。

给出 3 个域：

D_1=学号集合 stno={121001, 121002 }

D_2=姓名集合 stname={李贤友，周映雪}

D_3=性别集合 stsex={男，女}

则 D_1、D_2、D_3 的笛卡尔积如下。

$D_1×D_2×D_3$={(121001, 李贤友, 男), (121001, 李贤友, 女), (121001, 周映雪, 男), (121001, 周映雪, 女), (121002, 李贤友, 男), (121002, 李贤友, 女), (121002, 周映雪, 男), (121002, 周映雪, 女)}

其中(121001, 李贤友, 男)、(121001, 李贤友, 女)、(121002, 周映雪, 男)等都是元组，121001、121002、李贤友、周映雪、男、女等都是分量，这个笛卡尔积的基数是 2×2×2=8，即共有 8 个元组，可列成一张二维表，如表 2.1 所示。

表 2.1　D_1, D_2, D_3 的笛卡尔积

stno	stname	stsex
121001	李贤友	男
121001	李贤友	女
121001	周映雪	男
121001	周映雪	女
121002	李贤友	男
121002	李贤友	女
121002	周映雪	男
121002	周映雪	女

3）关系（relation）

定义 2.3 笛卡尔积 $D_1×D_2×\cdots×D_n$ 的子集称为 $D_1,D_2,\cdots,D_n$ 上的关系，表示为 $R(D_1,D_2,\cdots,D_n)$。

这里的 R 表示关系的名称，n 是关系的目或度（degree）。当 $n=1$ 时称该关系为单元关系或一元关系，当 $n=2$ 时称该关系为二元关系，当 $n=m$ 时称该关系为 m 元关系。

关系中的每个元素是关系中的元组，通常用 t 表示。

在一般情况下，$D_1,D_2,\cdots,D_n$ 的笛卡尔积是没有实际意义的，只有它的某个子集有实际意义，举例如下。

【例 2.2】 关系举例。

在例 2.1 的笛卡尔积中许多元组是没有意义的，因为一个学号只标识一个学生的姓名，一个学生只有一个性别，表 2.1 的一个子集才有意义，才可以表示学生关系，将学生关系取名为 S，表示为 S(stno, stname, stsex)，列成二维表如表 2.2 所示。

表 2.2 S 关系

stno	stname	stsex
121001	李贤友	男
121002	周映雪	女

（1）关系的元组、属性和候选码：关系是笛卡尔积的有限子集，所以关系也是一个二维表。

- 元组（tuple）：表的每一行对应一个元组。
- 属性（attribute）：表的每一列对应一个域，由于域可以相同，为了加以区分，必须对每一列起一个唯一的名字，称为属性。
- 候选码（candidate key）：若关系中某一属性组的值能唯一地标识一个元组，则称该属性组为候选码。

候选码中的诸属性称为主属性（prime attribute），不包含在任何候选码中的属性称为非主属性（non-prime attribute）或非码属性（non-key attribute）。

在最简单的情况下候选码只包含一个属性，在最极端的情况下关系模式的所有属性组成这个关系模式的候选码，称为全码（All-key）。

- 主码（primary key）：在一个关系中有多个候选码，从中选定一个作为主码。

（2）关系的类型：关系有 3 种类型，即基本关系（又称基本表或基表）、查询表和视图表。

- 基本关系：实际存在的表，是实际存储数据的逻辑表示。
- 查询表：查询结果对应的表。
- 视图表：由基本表或其他视图表导出的表，是虚表，不对应实际存储的数据。

（3）关系的性质：关系具有以下性质。

- 列的同质性：每一列中的分量是同一类型的数据，来自同一个域。
- 列名唯一性：每一列具有不同的属性名，但不同列的值可以来自同一个域。
- 元组相异性：关系中任意两个元组的候选码不能相同。
- 行序的无关性：行的次序可以互换。
- 列序的无关性：列的次序可以互换。
- 分量原子性：分量值是原子的，即每一个分量必须是不可分的数据项。

（4）规范化：关系模型要求关系必须是规范化（normalization）的，规范化要求关系必须满足一定的规范条件，而在规范条件中最基本的一条是每一个分量必须是不可分的数据项。规范化的关系简称为范式（normal form）。

例如，表 2.3 所示的关系就是不规范的，存在"表中有表"的现象。

表 2.3 非规范化关系

stno	stname	stsex	stbirthday		
			year	month	day
121001	李贤友	男	1991	12	30
121002	周映雪	女	1993	1	12

2. 关系模式

在关系数据库中关系模式是型，关系是值。

关系是元组的集合，关系模式是对关系的描述，所以关系模式必须指出这个元组集合的结构，即它由哪些属性构成，这些属性来自哪些域。

定义 2.4 关系模式（relation schema）可以形式化地表示为 R(U, D, DOM, F)。

其中，R 是关系名，U 是组成该关系的属性名的集合，D 是属性来自的域，DOM 是属性向域的映像集合，F 是属性间的数据依赖关系集合。

关系模式通常可以简记为 R(U) 或 R($A_1, A_2, \cdots, A_n$)

其中，R 是关系名，A_1、A_2、$\cdots$、A_n 为属性名。

关系是关系模式在某一时刻的状态或内容。关系模式是静态的、稳定的，而关系是动态的、随时间不断变化的，因为关系操作在不断地更新着数据库中的数据。

在实际应用中常把关系模式和关系统称为关系。

3. 关系数据库

在一个给定的应用领域中，所有实体及实体之间联系的关系的集合构成一个关系数据库。

关系数据库的型称为关系数据库模式，它是对关系数据库的描述，包括若干域的定义和在这些域上定义的若干关系模式。

关系数据库的值是这些关系模式在某一时刻对应的关系的集合。

2.1.2 关系操作

本节介绍基本的关系操作和关系操作语言。

1. 基本的关系操作

关系操作包括查询（query）操作和插入（insert）、删除（delete）、修改（update）操作两大部分。

查询操作是关系操作中最重要的部分，可分为选择（select）、投影（project）、连接（join）、除（devide）、并（union）、差（except）、交（intersection）、笛卡尔积等。其中的 5 种基本操作是并、差、笛卡尔积、选择、投影，其他操作可由基本操作来定义和导出。

关系操作的特点是集合操作方式，即操作的对象与结果都是集合。这种操作方式也称为一次一集合（set-at-a-time）方式，相应地，非关系模型的数据操作方式为一次一记录（record-at-a-time）方式。

2. 关系操作语言

关系操作语言是数据库管理系统提供的用户接口，是用户用来操作数据库的工具，关系操作语言灵活方便、表达能力强，可分为关系代数语言、关系演算语言和结构化查询语言 3 类。

（1）关系代数语言：用对关系的运算来表达查询要求的语言，例如 ISBL。

（2）关系演算语言：用谓词来表达查询要求的语言，又分为元组关系演算语言和域关系演算语言，前者如 ALPHA，后者如 QBE。

（3）结构化查询语言：介于关系代数和关系运算之间，具有关系代数和关系演算双重特点，例如 SQL。

以上 3 种语言在表达能力上是完全等价的。

关系操作语言是一种高度非过程化语言，存取路径的选择由数据库管理系统的优化机制自动完成。

2.1.3 关系完整性

关系模型的完整性规则是对关系的某种约束条件。

关系模型的 3 种完整性约束为实体完整性、参照完整性和用户定义完整性。

任何关系数据库都应支持实体完整性和参照完整性，此外，不同的关系数据库系统根据实际情况需要一些特殊约束条件形成用户定义完整性。

1. 实体完整性（entity integrity）

规则 2.1 **实体完整性规则** 若属性（一个或一组属性）A 是基本关系 R 的主属性，则 A 不能取空值。

空值（null value）指"不知道"或"不存在"的值。

例如，在学生关系 S(stno, stname, stsex)中，学号 stno 是这个关系的主码，则 stno 不能取空值。又如在选课关系——选课(学号, 课程号, 分数)中，"学号, 课程号"为主码，则"学号"和"课程号"两个属性都不能取空值。

对实体完整性规则的说明如下。

（1）实体完整性规则是针对基本关系而言的，一个基本表通常对应现实世界中的一个实体集。

（2）现实世界中的实体是可区分的，即它们具有某种唯一性标识。

（3）相应地，关系模型中以主码作为唯一性标识。

（4）主码中的属性（即主属性）不能取空值。

2. 参照完整性（referential integrity）

现实世界中实体之间存在的联系在关系模型中都是用关系来描述，自然存在关系与关系间的引用，参照完整性指多个实体之间的联系，一般用外码实现，举例如下。

【例 2.3】 学生实体与学院实体可用以下关系表示，其中的主码用下画线标识。

学生 (学号, 姓名, 性别, 出生日期, 专业, 总学分, 学院号)
学院 (学院号, 学院名, 院长)

这两个关系存在属性的引用，学生关系引用了学院关系的主码"学院号"，学生关系中的"学院号"必须是确实存在的学院的学院号，即学院关系有该学院的记录。

【例 2.4】 学生、课程及学生与课程之间的联系可用以下 3 个关系表示，其中的主码用下画线标识。

学生 (学号, 姓名, 性别, 出生日期, 专业, 总学分)
课程 (课程号, 课程名, 学分)
选课 (学号, 课程号, 分数)

这 3 个关系存在属性的引用，选课关系引用了学生关系的主码"学号"和课程关系的主码"课程号"，选课关系中"学号"和"课程号"的取值需要参照学生关系中"学号"的取值和课程关系中"课程号"的取值。

【例 2.5】 学生关系的内部属性之间存在引用关系，其中的主码用下画线标识。

学生 (<u>学号</u>, 姓名, 性别, 出生日期, 专业, 总学分, 班长学号)

在该关系中，"学号"属性是主码，"班长学号"属性是所在班级班长的学号，它引用了本关系的"学号"属性，即"班长学号"必须是确实存在的学生学号。

定义 2.5 设 F 是基本关系 R 的一个或一组属性，但不是关系 R 的码，K_s 是基本关系 S 的主码。如果 F 与 K_s 相对应，则称 F 是 R 的外码（foreign key），并称基本关系 R 为参照关系（referencing relation），基本关系 S 为被参照关系（referenced relation）或目标关系（target relation）。关系 R 和 S 不一定是不同的关系。

在例 2.3 中，学生关系的"学院号"与学院关系的主码"学院号"相对应，所以"学院号"属性是学生关系的外码，学生关系是参照关系，学院关系是被参照关系。

在例 2.4 中，选课关系的"学号"和学生关系的主码"学号"相对应，选课关系的"课程号"和课程关系的主码"课程号"相对应，所以"学号"属性和"课程号"属性是选课关系的外码，选课关系是参照关系，学生关系和课程关系都是被参照关系。

在例 2.5 中，"班长学号"属性与本身的主码"学号"相对应，所以"班长学号"属性是学生关系的外码，学生关系既是参照关系，也是被参照关系。

外码不一定要与相应的主码同名，在例 2.5 中，学生关系的主码是"学号"，外码是"班长学号"。但在实际应用中，为了便于识别，当外码与相应的主码属于不同的关系时往往取相同的名字。

参照完整性规则就是定义外码与主码之间的引用规则。

规则 2.2 参照完整性规则 若属性（或属性组）F 是基本关系 R 的外码，它与基本关系 S 的主码 K_s 相对应（基本关系 R 和 S 不一定是不同的关系），则 R 中的每个元组在 F 上的值或者取空值（F 的每个属性值均为空值），或者等于 S 中某个元组的主码值。

在例 2.3 中，学生关系中每个元组的"学院号"属性只能取下面两类值。

（1）空值：表示尚未给该学生分配学院。

（2）非空值：被参照关系"学院号"中一定存在一个元组，它的主码值等于该参照关系"学院号"中的外码值。

3. 用户定义完整性（user-defined integrity）

用户定义完整性是针对某一具体关系数据库的约束条件，是某一具体应用涉及的数据必须满足语义要求。

用户定义完整性也称为域完整性或语义完整性，通过这些规则限制数据库只接受符合完整性约束条件的数据值，不接受违反约束条件的数据，从而保证数据库中数据的有效性和可靠性。

按应用语义，属性数据有类型与长度限制、取值范围限制。

例如，学生关系中的"性别"数据只能是男或女，选课关系中的"成绩"数据为 1 到 100，等等。

2.2　关系代数

关系代数是一种抽象的查询语言，它用对关系的运算来表达查询。关系代数是施加于关系上的一组集合代数运算，关系代数的运算对象是关系，运算结果也是关系。

关系代数中的操作可以分为以下两类。

（1）传统的集合运算：例如并、交、差、笛卡尔积。这类运算将关系看成元组的集合，运算时从行的角度进行。

（2）专门的关系运算：例如选择、投影、连接、除。这些运算不仅涉及行而且涉及列。

关系代数使用的运算符如下。

（1）传统的集合操作：∪（并）、－（差）、∩（交）、×（笛卡尔积）。

（2）专门的关系操作：σ（选择）、∏（投影）、⋈（连接）、÷（除）。

（3）比较运算符：＞（大于）、≥（大于等于）、＜（小于）、≤（小于等于）、＝（等于）、≠（不等于）。

（4）逻辑运算符：∧（与）、∨（或）、¬（非）。

2.2.1　传统的集合运算

传统的集合运算有并、差、交和笛卡尔积运算，它们都是二目运算。

设关系 R 和关系 S 具有相同的 n 目（即两个关系都有 n 个属性），且相应的属性取自同一个域，t 是元组变量，$t \in R$ 表示 t 是 R 的一个元组。

以下定义并、差、交和笛卡尔积运算。

1. 并（union）

关系 R 和关系 S 的并记为 R∪S，即 $R \cup S = \{t \mid t \in R \vee t \in s\}$。

其结果仍为 n 目关系，由属于 R 或属于 S 的元组组成。

2. 差（except）

关系 R 和关系 S 的差记为 R－S，即 $R - S = \{t \mid t \in R \wedge t \notin s\}$。

其结果仍为 n 目关系，由属于 R 且不属于 S 的所有元组组成。

3. 交（intersection）

关系 R 和关系 S 的交记为 R∩S，即 $R \cap S = \{t \mid t \in R \wedge t \in s\}$。

其结果仍为 n 目关系，由既属于 R 又属于 S 的元组组成。关系的交可用差来表示，即 $R \cap S = R - (R - S)$。

4. 笛卡尔积（Cartesian product）

这里的笛卡尔积是广义笛卡尔积，因为笛卡尔积的元素是元组。

设 n 目和 m 目的关系 R 和 S，它们的笛卡尔积是一个$(n+m)$目的元组集合。元组的前 n

列是关系 R 的一个元组，后 m 列是关系 S 的一个元组。

若 R 有 r 个元组，S 有 s 个元组，则关系 R 和关系 S 的笛卡尔积应当有 $r \times s$ 个元组，记为 R×S，即 $R \times S = \{\widehat{t_r t_s} \mid t_r \in R \land t_s \in S\}$。

【例 2.6】 有两个关系 R、S，如图 2.1 所示，求以下各传统集合运算的结果。

(1) R∪S
(2) R−S
(3) R∩S
(4) R×S

R				S		
A	B	C		A	B	C
a	b	c		a	d	b
b	a	c		b	a	c
c	d	a		d	c	b

图 2.1 两个关系 R、S

解:

(1) R∪S 由属于 R 和属于 S 的所有不重复的元组组成。

(2) R−S 由属于 R 但不属于 S 的所有元组组成。

(3) R∩S 由既属于 R 又属于 S 的元组组成。

(4) R×S 为 R 和 S 的笛卡尔积，共有 3×3=9 个元组。

传统集合运算的结果如图 2.2 所示。

R∪S

A	B	C
a	b	c
b	a	c
c	d	a
a	d	b
d	c	b

R−S

A	B	C
a	b	c
c	d	a

R∩S

A	B	C
b	a	c

R×S

R.A	R.B	R.C	S.A	S.B	S.C
a	b	c	a	d	b
a	b	c	b	a	c
a	b	c	d	c	b
b	a	c	a	d	b
b	a	c	b	a	c
b	a	c	d	c	b
c	d	a	a	d	b
c	d	a	b	a	c
c	d	a	d	c	b

图 2.2 传统集合运算的结果

关系数据库系统模型

2.2.2　专门的关系运算

专门的关系运算有选择、投影、连接和除等运算。在介绍专门的关系运算前引入以下符号。

（1）分量：设关系模式为 $R(A_1,A_2,\cdots,A_n)$，将它的一个关系设为 R，$t\in R$ 表示 t 是 R 的一个元组，则 $t[A_i]$ 表示元组 t 中属性 A_i 上的一个分量。

（2）属性组：若 $A=\{A_{i1},A_{i2},\cdots,A_{ik}\}$，其中 $A_{i1},A_{i2},\cdots,A_{ik}$ 是 $A_1,A_2,\cdots,A_n$ 中的一部分，则 A 称为属性组或属性列。$t[A]=\{t[A_{i1}],t[A_{i2}],\cdots,t[A_{ik}]\}$ 表示元组 t 在属性列 A 上诸分量的集合。$\overline{A}$ 表示从 $\{A_1,A_2,\cdots,A_n\}$ 中去掉 $\{A_{i1},A_{i2},\cdots,A_{ik}\}$ 后剩余的属性组。

（3）元组的连接：R 为 n 目关系，S 为 m 目关系，$t_r\in R$，$t_s\in S$，$\overset{\frown}{t_r t_s}$ 称为元组的连接（concatenation）。

（4）象集：给定一个关系 $R(X,Z)$，Z 和 X 为属性组，当 $t[X]=x$ 时 x 在 R 中的象集（images set）定义为 $Z_x=\{t[Z]\,|\,t\in R,t[X]=x\}$，表示 R 中属性组 X 上值为 x 的诸元组在 Z 上分量的集合。

【例 2.7】　在关系 R 中 Z 和 X 为属性组，X 包含属性 x_1、x_2，Z 包含属性 z_1、z_2，如图 2.3 所示，求 x 在 R 中的象集。

R

x_1	x_2	z_1	z_2
a	b	m	n
a	b	n	p
a	b	m	p
b	c	r	n
c	a	s	t
c	a	p	m

图 2.3　象集举例

解：

在关系 R 中，X 可取值 $\{(a,b),(b,c),(c,a)\}$。

(a,b) 的象集为 $\{(m,n),(n,p),(m,p)\}$。

(b,c) 的象集为 $\{(r,n)\}$。

(c,a) 的象集为 $\{(s,t),(p,m)\}$。

1. 选择（selection）

在关系 R 中选出满足给定条件的诸元组称为选择，选择是从行的角度进行的运算，表示为 $\sigma_F(R)=\{t\,|\,t\in R\wedge F(t)='\text{真}'\}$。

其中 F 是一个逻辑表达式，表示选择条件，取逻辑值"真"或"假"，t 表示 R 中的元组，$F(t)$ 表示 R 中满足 F 条件的元组。

逻辑表达式 F 的基本形式是 $X_1\theta Y_1$。

其中 θ 由比较运算符（$>$、$\geqslant$、$<$、$\leqslant$、$=$、$\neq$）和逻辑运算符（$\wedge$、$\vee$、$\neg$）组成，

X_1、Y_1等是属性名、常量或简单函数,属性名也可用它的序号来代替。

2. 投影(projection)

在关系 R 中选出若干属性列组成新的关系称为投影,投影是从列的角度进行的运算,表示为 $\Pi_A(R) = \{t[A] \mid t \in R\}$。

其中 A 为 R 的属性列。

【例 2.8】 关系 R 如图 2.4 所示,求以下选择和投影运算的结果。

(1) $\sigma_{C=8}(R)$

(2) $\Pi_{A,B}(R)$

R

A	B	C
1	4	7
2	5	8
3	6	9

图 2.4 关系 R

解:

(1) $\sigma_{C=8}(R)$ 由 R 的 C 属性值为'8'的元组组成。

(2) $\Pi_{A,B}(R)$ 由 R 的 A、B 属性列组成。

选择和投影运算的结果如图 2.5 所示。

$\sigma_{C=8}(R)$

A	B	C
2	5	8

$\Pi_{A,B}(R)$

A	B
1	4
2	5
3	6

图 2.5 选择和投影运算的结果

3. 连接(join)

连接也称为 θ 连接,它是从两个关系 R 和 S 的笛卡尔积中选取属性值满足一定条件的元组,记作 $R \underset{A\theta B}{\bowtie} S = \{\widehat{t_r t_s} \mid t_r \in R \wedge t_s \in S \wedge t_r[A]\theta t_s[B]\}$。

其中 A 和 B 分别为 R 和 S 上度数相等且可比的属性组,θ 为比较运算符,连接运算从 R 和 S 的笛卡尔积 R×S 中选取 R 关系在 A 属性组上的值和 S 关系在 B 属性组上的值满足比较运算符 θ 的元组。

下面介绍几种常用的连接。

1) 等值连接(equi join)

θ 为等号"="的连接运算称为"等值连接",记作 $R \underset{A=B}{\bowtie} S = \{\widehat{t_r t_s} \mid t_r \in R \wedge t_s \in S \wedge t_r[A] = t_s[B]\}$。

等值连接从 R 和 S 的笛卡尔积 R×S 中选取 A、B 属性值相等的元组。

关系数据库系统模型

2）自然连接（natural join）

自然连接是除去重复属性的等值连接，记作 $R \bowtie S = \{\widehat{t_r t_s} \mid t_r \in R \wedge t_s \in S \wedge t_r[A] = t_s[B]\}$。

等值连接与自然连接的区别如下。

（1）自然连接一定是等值连接，但等值连接不一定是自然连接，因为自然连接要求相等的分量必须是公共属性，而等值连接相等的分量不一定是公共属性。

（2）等值连接不把重复的属性去掉，而自然连接要把重复的属性去掉。

一般连接是从行的角度进行计算，而自然连接要取消重复列，它同时从行和列的角度进行计算。

3）外连接（outer join）

两个关系 R 和 S 在做自然连接时关系 R 中的某些元组可能在 S 中不存在公共属性上值相等的元组，造成 R 中的这些元组被舍弃，同样，S 中的某些元组也可能被舍弃。

如果把舍弃的元组保存在结果关系中，而在其他属性上填空值（null），这种连接称为全外连接（full outer join），符号为 R ⟗ S。

如果只把左边关系 R 中舍弃的元组保留，这种连接称为左外连接（left outer join 或 left join），符号为 R ⟕ S。

如果只把右边关系 S 中舍弃的元组保留，这种连接称为右外连接（right outer join 或 right join），符号为 R ⟖ S。

【例 2.9】 关系 R、S 如图 2.6 所示，求以下各个连接运算的结果。

（1）$R \underset{C>D}{\bowtie} S$

（2）$R \underset{R.B=S.B}{\bowtie} S$

（3）$R \bowtie S$

（4）$R ⟕ S$

（5）$R ⟖ S$

（6）$R ⟗ S$

R				S	
A	B	C		B	D
a	c	5		c	2
a	d	7		d	6
b	e	8		d	9
				f	10

图 2.6 关系 R、S

解：

（1）$R \underset{C>D}{\bowtie} S$ 连接由 R 的 C 属性值大于 S 的 D 属性值的元组连接组成。

（2）$R \underset{R.B=S.B}{\bowtie} S$ 连接由 R 的 B 属性值等于 S 的 B 属性值的元组连接组成。

（3）R ⋈ S 连接由 R 的 *B* 属性值等于 S 的 *B* 属性值的元组连接组成，并去掉重复列。

（4）R ⟕ S 连接取出左边关系 R 中舍弃的所有元组，用空值填充右边关系 S 中的属性，再把产生的元组添加到自然连接结果中。

（5）R ⟖ S 连接取出右边关系 S 中舍弃的所有元组，用空值填充左边关系 R 中的属性，再把产生的元组添加到自然连接结果中。

（6）R ⟗ S 连接既做左外连接又做右外连接，并把产生的元组添加到自然连接结果中。

各个连接运算的结果如图 2.7 所示。

R ⋈ S
C>D

A	*R.B*	*C*	*S.B*	*D*
a	c	5	c	2
a	d	7	c	2
a	d	7	d	6
b	e	8	c	2
b	e	8	d	6

R ⋈ S
R.B=S.B

A	*R.B*	*C*	*S.B*	*D*
a	c	5	c	2
a	d	7	d	6
a	d	7	d	9

R ⋈ S

A	*B*	*C*	*D*
a	c	5	2
a	d	7	6
a	d	7	9

R ⟕ S

A	*B*	*C*	*D*
a	c	5	2
a	d	7	6
a	d	7	9
b	e	8	Null

R ⟖ S

A	*B*	*C*	*D*
a	c	5	2
a	d	7	6
a	d	7	9
Null	f	Null	10

R ⟗ S

A	*B*	*C*	*D*
a	c	5	2
a	d	7	6
a	d	7	9
b	e	8	Null
Null	f	Null	10

图 2.7　各个连接运算的结果

4. 除（division）

给定关系 R(X,Y) 和 S(Y,Z)，其中 X、Y、Z 为属性组。R 中的 Y 与 S 中的 Y 可以有不同的属性名，但必须出自相同的域集。

R 与 S 进行除运算得到一个新的关系 P(X)，P 是 R 中满足下列条件的元组在 X 属性列上的投影：元组在 X 上的分量值 x 的象集 Yx 包含 S 在 Y 上投影的集合，记作 R÷S={t_r [X] | t_r∈R∧Π_Y(S)⊆Yx}

其中的 Yx 为 x 在 R 中的象集，x=t_r[X]。

除运算是同时从行和列的角度进行的运算。

【例 2.10】 关系 R、S 如图 2.8 所示，求 R÷S。

R

A	B	C
a	d	l
b	f	p
a	e	m
c	g	n
a	e	k
b	e	m

S

B	C	D
d	l	u
e	k	v
e	m	u

图 2.8 关系 *R*、*S*

解：

在关系 *R* 中，A 可取值{a, b, c}。

a 的象集为{(d,l),(e,m),(e,k)}。

b 的象集为{(f,p),(e,m)}。

c 的象集为{(g,n)}。

S 在 (B,C) 上的投影为{(d,l),(e,k),(e,m)}。

可以看出，只有 a 的象集 $(B,C)_a$ 包含了 S 在 (B,C) 上的投影，所以 R÷S={a}，如图 2.9 所示。

R÷S

A
a

图 2.9 R÷S 的结果

【例 2.11】 设有如图 2.10 所示的学生课程数据库，包括学生关系 S(Sno, Sname, Sex, Age, Speciality)，各属性的含义为学号、姓名、性别、年龄、专业；课程关系 C(Cno, Cname, Teacher)，各属性的含义为课程号、课程名、教师；选课关系 SC(Sno, Cno, Grade)，各属性的含义为学号、课程号、成绩。试用关系代数表示下列查询语句，并给出（1）、（5）、（10）的查询结果。

（1）查询"电子工程"专业的学生的学号和姓名。

（2）查询年龄小于 22 岁的女学生的学号、姓名和年龄。

（3）查询选修了"101"号课程的学生的学号、姓名。

（4）查询选修了"101"号课程或"204"号课程的学生的学号。

（5）查询未选修"101"号课程的学生的学号、姓名。

（6）查询选修了课程名为"数据库原理与应用"的学生的学号和姓名。

（7）查询选修了"李航远"老师所授课程的学生的姓名。

（8）查询"周培杰"未选修课程的课程号。

（9）查询"杨燕"的"英语"成绩。

Sno	Sname	Sex	Age	Speciality
141001	刘星宇	男	22	电子工程
141002	王小凤	女	20	电子工程
142001	杨燕	女	21	计算机应用
142004	周培杰	男	21	计算机应用

C

Cno	Cname	Teacher
101	信号与系统	李航远
204	数据库原理与应用	钱春雨
901	英语	唐莉

SC

Sno	Cno	Grade	Sno	Cno	Grade
141001	101	94	142004	204	90
141002	101	76	141001	901	95
141001	204	92	141002	901	84
141002	204	74	142001	901	82
142001	204	87	142004	901	92

图 2.10 学生关系 S、课程关系 C 和选课关系 SC

（10）查询选修了全部课程的学生的学号和姓名。

解：

（1）$\Pi_{Sno,Sname}(\sigma_{Speciality='电子工程'}(S))$

查询结果如图 2.11 所示。

$$\Pi_{Sno,Sname}(\sigma_{Speciality='电子工程'}(S))$$

Sno	Sname
141001	刘星宇
141002	王小凤

图 2.11 "电子工程"专业的学生的学号和姓名

（2）$\Pi_{Sno,Sname,Sex}(\sigma_{Age<22 \wedge Sex='女'}(S))$

（3）$\Pi_{Sno,Sname}(\sigma_{Cno='101'}(SC) \bowtie S)$

（4）$\Pi_{Sno}(\sigma_{Cno='101' \vee Cno='204'}(SC))$

（5）$\Pi_{Sno,Sname} - \Pi_{Sno,Sname}(\sigma_{Cno='101'}(SC) \bowtie S)$

查询结果如图 2.12 所示。

（6）$\Pi_{Sno,Sname}(\sigma_{Cname='数据库原理与应用'}(C) \bowtie SC \bowtie S)$

（7）$\Pi_{Sname}(\sigma_{Teacher='李航远'}(C) \bowtie SC \bowtie S)$

（8）$\Pi_{Cname}(C) - \Pi_{Cname}(\sigma_{Sname='周培杰'}(S) \bowtie SC)$

关系数据库系统模型

$$\Pi_{Sno,Sname} - \Pi_{Sno,Sname}(\sigma_{Cno='101'}(SC) \bowtie S)$$

Sno	Sname
142001	杨燕
142004	周培杰

图 2.12 未选修"101"号课程的学生的学号、姓名

（9）$\Pi_{Grade}(\sigma_{Cname='英语'}(C) \bowtie SC \bowtie \sigma_{Sname='杨燕'}(C))$

（10）$\Pi_{Sno,Cno}(SC) \div \Pi_{Cno}(C) \bowtie \Pi_{Sno,Sname}(S)$

查询结果如图 2.13 所示。

$$\Pi_{Sno,Cno}(SC) \div \Pi_{Cno}(C) \bowtie \Pi_{Sno,Sname}(S)$$

Sno	Sname
141001	刘星宇
141002	王小凤

图 2.13 选修了全部课程的学生的学号和姓名

2.3 关 系 演 算

关系演算以数理逻辑中的谓词演算为基础，关系演算可分为元组关系演算和域关系演算，前者以元组为变量，后者以域为变量。

2.3.1 元组关系演算

在抽象的元组关系演算中，为了讨论方便，先允许关系是无限的，然后做适当修改，保证关系演算中的每一个公式表达的都是有限关系。

在元组关系演算系统中称 $\{t | \phi(t)\}$ 为元组演算表达式，其中 t 是元组变量，$\phi(t)$ 是元组关系演算公式，简称公式，它由原子公式和运算符组成。

原子公式有下列 3 种形式。

（1）R(*t*)：R 是关系名，*t* 是元组变量，R(*t*)表示 *t* 是关系 R 的元组，关系 R 可表示为 $\{t | R(t)\}$。

（2）$t[i]\theta u[j]$：*t* 和 *u* 都是元组变量，θ 是算术比较运算符，该原子公式表示命题"元组 *t* 的第 *i* 个分量与元组 *u* 的第 *j* 个分量之间满足 θ 关系"，例如 $t[4]>u[5]$，表示元组 *t* 的第 4 个分量大于元组 *u* 的第 5 个分量。

（3）$t[i]\theta c$ 或 $c\theta t[i]$：这里 *c* 是一个常量，该原子公式表示命题"元组 *t* 的第 *i* 个分量与常量 *a* 之间满足 θ 关系"，例如 $t[2]=6$，表示元组 *t* 的第 2 个分量等于 6。

在公式中各种运算符的优先级从高到低依次为算术运算符、量词（∃、∀）、逻辑运算符（¬、∧、∨）。其中，∃为存在量词符号，∀为全称量词符号。

若元组演算公式中的一个元组变量前有存在量词（∃）和全称量词（∀），则称该变量为约束元组变量，否则称自由元组变量。

关系代数的 5 种基本运算可以用元组演算表达式表示如下。

（1）并：$R\cup S=\{t\mid R(t)\lor S(t)\}$。

（2）差：$R-S=\{t\mid R(t)\land\neg S(t)\}$。

（3）笛卡尔积：$R\times S=\{t^{(r+s)}\mid(\exists u^{(r)})(\exists v^{(s)})(R(u)\land S(v)\land t[1]=u[1]\land\cdots\land t[r]=u[r]\land t[r+1]=v[1]\land\cdots\land t[r+s]=v[s])\}$。

其中，$t^{(r+s)}$ 表示 t 有 r+s 个属性。

（4）投影：$\Pi_{i1,\cdots,ik}(R)=\{t^{(k)}\mid(\exists u)(R(u)\land t[1]=u[i_1]\land\cdots\land t[k]=u[i_k])\}$。

（5）选择：$\sigma_F(R)=\{t\mid R(t)\land F'\}$。

其中，F'是 F 的等价表示形式。

上面定义的关系演算允许出现无限关系，例如 $\{t\mid\neg R(t)\}$ 表示所有不属于 R 的元组，有无限多个，必须排除这类无意义的表达式。

为此引入元组关系公式 ϕ 的域，即 dom(ϕ)。dom(ϕ) 是 ϕ 所引用的所有值的集合，通常要进行安全限制，定义 dom(ϕ) 是一个有限符号集。

【例 2.12】 有两个关系 R 和 S，如图 2.14 所示，求以下元组关系演算的结果。

$R_1=\{t\mid R(t)\land\neg S(t)\}$

$R_2=\{t\mid(\exists u)(S(t)\land R(u)\land t[2]>u[3])\}$

$R_3=\{t\mid(\forall u)(R(t)\land S(u)\land t[1]<u[2])\}$

	R				S	
A	B	C		A	B	C
1	2	3		1	2	4
4	5	6		3	5	6
7	8	9		7	8	9

图 2.14　两个关系 R 和 S

解：

R_1 为 R−S。

R_2 由 S 的部分元组组成，这些元组满足条件它的第 2 列至少大于 R 的某个元组的第 3 列。

R_3 由 R 的部分元组组成，这些元组满足条件它的第 1 列比 S 的任何元组的第 2 列都小。

元组关系演算的结果如图 2.15 所示。

	R_1				R_2				R_3	
A	B	C		A	B	C		A	B	C
1	2	3		3	5	6		1	2	3
4	5	6		7	8	9				

图 2.15　元组关系演算的结果

【例 2.13】 对于图 2.10 所示的学生关系 S、课程关系 C 和选课关系 SC，求以下元组关系演算的结果。

（1）查询"计算机应用"专业的全体学生。

（2）查询年龄大于 20 岁的学生。

（3）查询学生的姓名和年龄。

（4）查询选修课程号为"101"的学生的学号和成绩。

（5）查询选修课程名为"信号与系统"的学生的学号和年龄。

（6）查询选修课程号为"101"或"204"的学生的学号。

（7）查询选修课程号为"101"和"204"的学生的学号。

（8）查询未选修课程号为"101"的学生的姓名和专业。

（9）查询选修全部课程的学生的学号和姓名。

解：

（1）$R_1 = \{t \mid (S(t) \wedge t(5) = \text{'计算机应用'}\}$

（2）$R_2 = \{t \mid (S(t) \wedge t(4) > 20\}$

（3）$R_3 = \{t^{(2)} \mid (\exists u)(S(u) \wedge t[1] = u[2] \wedge t[2] = u[3])\}$

（4）$R_4 = \{t^{(2)} \mid (\exists u)(SC(u) \wedge u[2] = \text{'101'} \wedge t[1] = u[1] \wedge t[2] = u[3])\}$

（5）$R_5 = \{t^{(2)} \mid (\exists u)(\exists v)(\exists w)(S(u) \wedge SC(v) \wedge C(w) \wedge u[1] = v[1] \wedge v[2] = w[1] \wedge w[2] = \text{'信号与}$
系统'$\wedge t[1] = u[1] \wedge t[2] = u[3])\}$

（6）$R_6 = \{t \mid (\exists u)(SC(u) \wedge (u[2] = \text{'101'} \vee u[2] = \text{'204'}) \wedge t[1] = u[1])\}$

（7）$R_7 = \{t \mid (\exists u)(\exists v)(SC(u) \wedge SC(v) \wedge u[2] = \text{'101'} \wedge v[2] = \text{'204'} \wedge u[1] = v[1] \wedge t[1] = u[1])\}$

（8）$R_8 = \{t \mid (\exists u)(\forall v)(S(u) \wedge SC(v) \wedge (u[1] \neq v[1] \vee v[2] \neq \text{'101'}) \wedge t[1] = u[2])\}$

（9）$R_9 = \{t \mid (\exists u)(\forall v)(\exists w)(S(u) \wedge C(v) \wedge SC(w) \wedge u[1] = w[1] \wedge w[2] = v[1] \wedge t[1] = u[2])\}$

2.3.2 域关系演算

关系演算的另一种形式是域关系演算，域关系演算和元组关系演算的不同之处是用域变量代替元组变量的每一个分量。

域变量的变化范围是某个值域而不是一个关系，域关系演算的原子公式有以下 3 种形式。

（1）$R(x_1, x_2, \cdots, x_k)$：该公式表示由分量 x_1、x_2、$\cdots$、x_k 组成的元组属性关系 R，其中 R 是 k 元关系，每个 x_i 是常量或域变量。

（2）$x_i \theta y_j$：该公式表示 x_i、y_j 满足比较关系 θ，其中 x_i、y_j 是域变量，θ 为算术比较运算符。

（3）$x_i \theta a$ 或 $a \theta y_j$：该公式表示 x_i 与常量 a 或常量 a 与 y_j 满足比较关系 θ，其中 x_i、y_j 是域变量，a 为常量，θ 为算术比较运算符。

在域关系演算的公式中可以使用 $\wedge$、$\vee$、$\neg$ 等逻辑运算符，还可以用 x 和 y 形成新的公式，变量 x_i 是域变量。

域关系演算表达式是形如 $\{t_1, \cdots, t_k \mid \psi(t_1, \cdots, t_k)\}$ 的表达式，其中 $\psi(t_1, \cdots, t_k)$ 是关于自由域变量 t_1、$\cdots$、t_k 的公式。

【例2.14】 有3个关系R、S和W，如图2.16所示，求以下域关系演算的结果。

（1）$R_1=\{xyz \mid R(xyz) \wedge y>'4' \wedge z<'10'\}$

（2）$R_2=\{xyz \mid R(xyz) \vee S(xyz) \wedge z='8'\}$

（3）$R_3=\{xyz \mid (\exists u)(\exists v)(R(zxu) \wedge W(yv) \wedge u<v)\}$

R				S				W	
A	B	C		A	B	C		D	E
1	2	3		1	2	4		7	3
6	5	4		3	5	8		4	9
9	8	7		7	6	9			

图2.16　3个关系R、S和W

解：

（1）R_1由R中第2列大于4、第3列小于10的元组组成。

（2）R_2由R中第2列等于8的元组组成。

（3）R_3由R中的第2列、W中的第1列、R中的第1列组成，这些元组满足条件R中的第3列小于W中的第2列。

域关系演算的结果如图2.17所示。

R₁				R₂				R₃		
A	B	C		A	B	C		A	B	C
6	5	4		1	2	3		2	4	1
9	8	7		6	5	4		5	4	6
				9	8	7		8	4	9
				3	5	8				

图2.17　域关系演算的结果

【例2.15】 设R和S分别是三元和二元关系，试把表达式$\Pi_{1,5}(\sigma_{2=4\vee3=4}(R\times S))$转换成等价的：

（1）中文查询句子。

（2）元组关系演算表达式。

（3）域关系演算表达式。

解：

（1）中文查询的含义为

从R与S的笛卡尔积中选择R的第2列与S的第1列相等或者R的第3列与S的第1列相等的元组，并投影R的第1列和S的第2列。

（2）元组关系演算表达式为$\{t^{(2)} \mid (\exists u)(\exists v)(R(u) \wedge S(v) \wedge t[1]=u[1] \wedge t[2]=v[2] \wedge (u[2]=v[1] \vee u[3]=v[1]))\}$。

（3）域关系演算表达式为$\{xv \mid (\exists x)(\exists u)(R(xyz) \wedge S(uv) \wedge (y=u \vee z=u))\}$。

关系数据库系统模型

2.4　SQL 简介

SQL（Structured Query Language）语言即结构化查询语言，它是关系数据库的标准语言。SQL 是通用的、功能极强的关系数据库语言，包括数据定义、数据操纵、数据查询、数据控制等功能。

2.4.1　SQL 语言的分类

通常将 SQL 语言分为以下 4 类。

（1）数据定义语言（Data Definition Language，DDL）：用于定义数据库对象，对数据库以及数据库中的表、视图、索引等数据库对象进行建立和删除，DDL 包括 CREATE、ALTER、DROP 等语句。

（2）数据操纵语言（Data Manipulation Language，DML）：用于对数据库中的数据进行插入、修改、删除等操作，DML 包括 INSERT、UPDATE、DELETE 等语句。

（3）数据查询语言（Data Query Language，DQL）：用于对数据库中的数据进行查询操作，例如用 SELECT 语句进行查询操作。

（4）数据控制语言（Data Control Language，DCL）：用于控制用户对数据库的操作权限，DCL 包括 GRANT、REVOKE 等语句。

2.4.2　SQL 语言的特点

SQL 语言具有以下特点。

（1）高度非过程化：SQL 语言是非过程化语言，用它进行数据操作，只要提出"做什么"，而无须指明"怎么做"因此无须说明具体处理过程和存取路径，处理过程和存取路径由系统自动完成。

（2）应用于数据库：SQL 语言本身不能独立于数据库存在，它是应用于数据库和表的语言，使用 SQL 语言应熟悉数据库中的表结构和样本数据。

（3）采用集合操作方式：SQL 语言采用集合操作方式，不仅操作对象、查找结果可以是记录的集合，而且一次插入、删除、更新操作的对象也可以是记录的集合。

（4）既是自含式语言又是嵌入式语言：SQL 语言作为自含式语言，能够用联机交互的使用方式，用户可以在终端键盘上直接输入 SQL 命令对数据库进行操作；作为嵌入式语言，SQL 语句能够嵌入到高级语言（例如 C、C++、Java）程序中，供程序员设计程序时使用。在两种不同的使用方式下，SQL 语言的语法结构基本上是一致的，提供了极大的灵活性与方便性。

（5）综合统一：SQL 语言集数据查询（data query）、数据操纵（data manipulation）、数据定义（data definition）和数据控制（data control）功能于一体。

（6）语言简洁，易学易用：SQL 语言接近英语口语，易学易用、功能很强。由于其设计巧妙、语言简洁，完成核心功能只用了 9 个动词，如表 2.4 所示。

表 2.4 SQL 语言的动词

SQL 语言的功能	动　词
数据定义	CREATE、ALTER、DROP
数据操纵	INSERT、UPDATE、DELETE
数据查询	SELECT
数据控制	GRANT、REVOKE

2.4.3 SQL 语言的发展历程

SQL 是于 1986 年 10 月由美国国家标准局（ANSI）通过的数据库语言美国标准。1987 年，国际标准化组织（ISO）颁布了 SQL 的正式国际标准。1989 年 4 月，ISO 提出了具有完整性特征的 SQL 89 标准，1992 年 11 月又公布了 SQL 92 标准。

SQL 的发展历程如下。

1970 年：E.F. Codd 发表了关系数据库理论。

1974 年到 1979 年：IBM 以 Codd 的理论为基础开发了"Sequel"，并重命名为"结构化查询语言"。

1979 年：Oracle 发布了商业版 SQL。

1981 年到 1984 年：出现了其他商业版本，分别来自 IBM（DB2）、Data General（DG/SQL）、Relational Technology（Ingres）。

1986 年：SQL 86，ANSI 和 ISO 的第一个标准 SQL。

1989 年：SQL 89，发布了具有完整性特征的 SQL。

1992 年：SQL 92，受到数据库管理系统生产商的广泛支持。

2003 年：SQL 2003，包含 XML 的相关内容、自动生成列值等。

2006 年：SQL 2006，定义了结构化查询语言与 XML（包含 XQuery）的关联应用。

2.5 小　结

本章主要介绍了以下内容。

（1）关系模型由关系数据结构、关系操作和关系完整性 3 部分组成。

在关系数据结构中定义了域、笛卡尔积、关系、关系模式等概念。

关系模式（relation schema）可以形式化地表示为 R(U, D, DOM, F)。

关系操作包括基本的关系操作和关系操作语言。关系操作包括查询操作和插入、删除、修改操作两大部分，关系操作的特点是集合操作方式，即操作的对象与结果都是集合。关系操作语言灵活方便、表达能力强，可分为关系代数语言、关系演算语言和结构化查询语言 3 类。

关系模型的 3 种完整性约束为实体完整性、参照完整性和用户定义完整性。

（2）关系代数是一种抽象的查询语言，它用对关系的运算来表达查询。关系代数是施加于关系上的一组集合代数运算，关系代数的运算对象是关系，运算结果也是关系。

关系代数中的操作可以分为两类，即传统的集合运算和专门的关系运算。

传统的集合运算有并、交、差、笛卡尔积。这类运算将关系看成元组的集合，运算时

关系数据库系统模型

从行的角度进行。

专门的关系运算有选择、投影、连接、除。这些运算不仅涉及行而且涉及列。

（3）关系演算以数理逻辑中的谓词演算为基础，关系演算可分为元组关系演算和域关系演算。

元组关系演算以元组为变量，它的原子公式有 3 种形式，在元组演算公式中各种运算符的优先级从高到低依次为算术运算符、量词（存在量词∃、全称量词∀）、逻辑运算符（¬、∧、∨），关系代数的 5 种基本运算可以用元组演算表达式表示。

域关系演算以域为变量，域变量的变化范围是某个值域，域关系演算的原子公式有 3 种形式。

（4）SQL 语言即结构化查询语言，它是关系数据库的标准语言。

通常将 SQL 语言分为 4 类，即数据定义语言、数据操纵语言、数据查询语言、数据控制语言。

SQL 语言具有高度非过程化、应用于数据库、采用集合操作方式、既是自含式语言又是嵌入式语言、综合统一、语言简洁和易学易用等特点。

习　题　2

一、选择题

2.1 关系模型中的一个候选键_____。

    A. 可由多个任意属性组成

    B. 必须由多个属性组成

    C. 只能由一个属性组成

    D. 可由一个或多个能唯一地标识一个元组的属性组成

2.2 设关系 R 中有 4 个属性、3 个元组，关系 S 中有 6 个属性、4 个元组，则 R×S 属性和元组的个数分别是_____。

    A. 10 和 7　　　　　　　　　　　　B. 10 和 12

    C. 24 和 7　　　　　　　　　　　　D. 24 和 12

2.3 如果关系中某一属性组的值能唯一地标识一个元组，则称之为_____。

    A. 候选码　　　　B. 外码　　　　C. 联系　　　　D. 主码

2.4 以下对关系性质的描述中错误的是_____。

    A. 关系中每个属性值都是不可分解的

    B. 关系中允许出现相同的元组

    C. 在定义关系模式时可随意指定属性的排列顺序

    D. 关系中元组的排列顺序可任意交换

2.5 关系模型上的关系操作包括_____。

    A. 关系代数和集合运算　　　　　　B. 关系代数和谓词演算

    C. 关系演算和谓词演算　　　　　　D. 关系代数和关系演算

2.6 关系中的主码不允许取空值符合_____约束规则。

    A. 实体完整性   B. 参照完整性

    C. 用户定义完整性   D. 数据完整性

2.7 5 种基本关系运算是_____。

    A. $\cup$、$\cap$、$\bowtie$、σ、Π B. $\cup$、$-$、$\bowtie$、σ、Π

    C. $\cup$、$\cap$、$\times$、σ、Π D. $\cup$、$-$、$\times$、σ、Π

2.8 集合 R 与 S 的交可用关系代数的基本运算表示为_____。

    A. $R+(R-S)$ B. $S-(R-S)$

    C. $R-(S-R)$ D. $R-(R-S)$

2.9 把关系 R 和 S 进行自然连接时舍弃的元组放到结果关系中去的操作是_____。

    A. 左外连接   B. 右外连接   C. 外连接   D. 外部并

2.10 关系演算是用_____来表达查询要求的方式。

    A. 关系的运算   B. 域   C. 元组   D. 谓词

二、填空题

2.11 关系模型由关系数据结构、关系操作和_____3 部分组成。

2.12 关系操作的特点是_____操作方式。

2.13 在关系模型的 3 种完整性约束中，_____是关系模型必须满足的完整性约束条件，由 DBMS 自动支持。

2.14 一个关系模式可以形式化地表示为_____。

2.15 关系操作语言可分为关系代数语言、关系演算语言和_____3 类。

2.16 查询操作的 5 种基本操作是_____、差、笛卡尔积、选择、投影。

三、问答题

2.17 简述关系模型的 3 个组成部分。

2.18 简述关系模型的完整性规则。

2.19 关系操作语言有何特点？可分为哪几类？

2.20 关系代数的运算有哪些？

2.21 试述等值连接和自然连接的区别与联系。

2.22 SQL 语言有何特点？可分为哪几类？

四、应用题

2.23 关系 R、S 如图 2.18 所示，计算 $R_1 = R \cup S$，$R_2 = R - S$，$R_3 = R \cap S$，$R_4 = R \times S$。

R

A	B	C
a	b	c
b	a	c
c	a	b
c	b	a

S

A	B	C
a	c	b
b	c	a
c	a	b

图 2.18 关系 R、S

关系数据库系统模型

2.24 关系 R、S 如图 2.19 所示，计算 $R_1 = R \bowtie S$，$R_2 = R \underset{1<2}{\bowtie} S$，$R_3 = \sigma_{A=D}(R \times S)$。

R

A	B	C
a	b	c
b	c	a

S

B	D
b	d
c	b
d	a

图 2.19　关系 R、S

2.25 设有学生课程数据库，包括学生关系 S(Sno, Sname, Sex, Age, Speciality)，各属性的含义为学号、姓名、性别、年龄、专业；课程关系 C(Cno, Cname, Teacher)，各属性的含义为课程号、课程名、教师；选课关系 SC(Sno, Cno, Grade)，各属性的含义为学号、课程号、成绩。试用关系代数和元组关系演算表示下列查询语句。

（1）查询"计算机应用"专业的学生的学号和姓名。

（2）查询年龄在 20 岁到 22 岁的男学生的学号、姓名和年龄。

（3）查询选修了"信号与系统"或"英语"课程的学生的学号、姓名。

（4）查询至少选修了"101"号课程和"204"号课程的学生的学号。

（5）查询选修课程名为"数据库原理和应用"的学生的学号、姓名和成绩。

2.26 设 R 和 S 都是二元关系，将表达式 $\{t^{(2)} | (\exists u)(\exists v)(R(u) \wedge S(v) \wedge t[1]=u[1] \wedge t[2]=v[2] \wedge u[2]=v[2])\}$ 转换成等价的：

（1）中文查询句子。

（2）关系代数表达式。

第3章 | 关系数据库设计理论

本章要点

- 关系数据库设计理论概述
- 函数依赖
- 范式
- 规范化
- Armstrong 公理系统
- 两个函数依赖集的等价和最小函数依赖集
- 关系模式的分解

设计任何一种数据库系统都需要构造合适的数据模式,即解决逻辑结构问题,关系数据库设计理论正是关系数据库理论基础和逻辑设计的有力工具。数据库设计是针对一个给定的应用环境设计优化的数据库逻辑结构和物理结构,并据此建立数据库及其应用系统。在本章中介绍关系数据理论概述、规范化、数据依赖的公理系统、关系模式的分解等内容。

3.1 关系数据库设计理论概述

关系数据库设计理论最早由数据库创始人 E.F.Codd 提出,后经很多专家学者做了深入的研究与发展,形成一整套有关关系数据库设计的理论。

设计一个合适的关系数据库系统的关键是关系数据库模式的设计,即应构造几个关系模式,每个模式有哪些属性,怎样将这些相互关联的关系模式组建成一个适合的关系模型,关系数据库的设计必须在关系数据库设计理论的指导下进行。

关系数据库设计理论有 3 个方面的内容,即函数依赖、范式和模式设计。函数依赖起核心作用,它是模式分解和模式设计的基础;范式是模式分解的标准。

关系数据库设计的关键是关系模式的设计,下面举例说明好的关系模式问题。

【例3.1】 设计一个学生课程数据库,其关系模式为 SDSC(Sno, Sname, Age, Dept, DeptHead, Cno,Grade),各属性的含义为学号、姓名、年龄、系名、系主任姓名、课程号、成绩。根据实际情况,这些属性的语义规定如下。

(1) 一个系有若干学生,一个学生只属于一个系。

(2) 一个系只有一个系主任。

(3) 一个学生可以选修多门课程,一门课程可被多个学生选修。

（4）每个学生学习每门课程有一个成绩。

关系模式 SDSC 在某一时刻的一个实例（即数据表）如表 3.1 所示。

表 3.1 SDSC 表

Sno	Sname	Age	Dept	DeptHead	Cno	Grade
141001	刘星宇	22	电子工程	李建明	101	94
141001	刘星宇	22	电子工程	李建明	204	92
141001	刘星宇	22	电子工程	李建明	901	95
141002	王小凤	20	电子工程	李建明	101	76
141002	王小凤	20	电子工程	李建明	204	74
141002	王小凤	20	电子工程	李建明	901	84
142001	杨燕	21	计算机应用	程海涛	204	87
142001	杨燕	21	计算机应用	程海涛	901	82
142004	周培杰	21	计算机应用	程海涛	204	90
142004	周培杰	21	计算机应用	程海涛	901	92

从上述语义规定且分析表中数据可以看出，(Sno, Cno)能唯一标识一个元组，所以(Sno, Cno)为该关系模式的主码，但在进行数据库操作时会出现以下问题。

（1）数据冗余：当一个学生选修多门课程时会出现数据冗余，导致姓名、性别和课程名属性多次重复存储，系名和系主任姓名也多次重复。

（2）插入异常：如果某个新系没有招生，由于没有学生，则系名和系主任姓名无法插入，根据关系实体完整性约束，主码(Sno,Cno)不能取空值，此时 Sno、Cno 均无值，所以不能进行插入操作。

另外，学生未选修课程，则 Cno 无值，其学号、姓名和年龄无法插入，因为实体完整性约束规定，主码(Sno, Cno)不能部分为空，也不能进行插入操作。

（3）删除异常：当某系学生全部毕业还未招生时要删除全部记录，系名和系主任姓名也被删除，而这个系仍然存在，这就是删除异常。

（4）修改异常：如果某系更换系主任，则属于该系的记录都要修改 DeptHead 的内容，若有不慎，会造成漏改或误改，造成数据的不一致性，破坏数据完整性。

由于存在上述问题，SDSC 不是一个好的关系模式。为了克服这些异常，将 S 关系分解为学生关系 S (Sno, Sname, Age, Dept)、系关系 D(Dept, DeptHead)、选课关系 SC(Sno, Cno,Grade)，这 3 个关系模式的实例如表 3.2～表 3.4 所示。

表 3.2 S 表

Sno	Sname	Age	Dept
141001	刘星宇	22	电子工程
141002	王小凤	20	电子工程
142001	杨燕	21	计算机应用
142004	周培杰	21	计算机应用

表 3.3　D 表

Dept	DeptHead
电子工程	李建明
计算机应用	程海涛

表 3.4　SC 表

Sno	Cno	Grade
141001	101	94
141001	204	92
141001	901	95
141002	101	76
141002	204	74
141002	901	84
142001	204	87
142001	901	82
142004	204	90
142004	901	92

可以看出，首先是数据冗余明显降低。当新增一个系时只需在关系 D 中增加一条记录即可，当某个学生未选修课程时只需在关系 S 中增加一条记录，而与选课关系 SC 无关，这就避免了插入异常。当某系学生全部毕业时只需在关系 S 中删除全部记录，不会影响到系名和系主任姓名等信息，这就避免了删除异常。当更换系主任时只需在关系 D 中修改一条记录中的 DeptHead 属性的内容，这就避免了修改异常。

但是，一个好的关系模式不是在任何情况下都是最优的，例如查询某个学生的系主任姓名和成绩，就需要通过 3 个表的连接操作来完成，需要的开销较大，在实际工作中要以应用系统功能与性能需求为目标进行设计。

规范化设计关系模式，将结构复杂的关系模式分解为结构简单的关系模式，使不好的关系模式转变为较好的关系模式，这是下一节要讨论的内容。

3.2　规　范　化

在第 2 章中已定义关系模式可以形式化地表示为一个五元组，即 R(U, D, DOM, F)。

其中 R 是关系名，U 是组成该关系的属性名的集合，D 是属性来自的域，DOM 是属性向域的映像集合，F 是属性间的数据依赖关系集合。

由于 D 和 DOM 对设计好的关系模式作用不大，一般将关系模式简化为一个三元组，即 R<U, F>，有时还简化为 R(U)。

数据依赖（data dependency）是一个关系内部属性与属性之间的一种约束关系，是数据内在的性质，是语义的体现。

数据依赖有多种类型，下面主要介绍函数依赖（Functional Dependency，FD），简单介绍多值依赖（Multivalued Dependency，MVD）和连接依赖（Join Dependency，JD）。

3.2.1 函数依赖、码和范式

1. 函数依赖

函数依赖是关系数据库规范化理论的基础。

定义 3.1 设 R(U)是属性集 U 上的关系模式，X、Y 是 U 的子集。若对于 R(U)的任意一个可能的关系 r，r 中不可能存在两个元组在 X 上的属性值相等，而在 Y 上的属性值不等，则称 X 函数确定 Y 或 Y 函数依赖于 X，记作 $X \rightarrow Y$，称 X 为决定因素，Y 为依赖因素。若 Y 不函数依赖于 X，则记作 $X \nrightarrow Y$。若 $X \rightarrow Y$，$Y \rightarrow X$，则记作 $X \leftrightarrow Y$。

例如，关系模式 SDSC(Sno, Sname, Age, Dept, DeptHead, Cno, Grade)有：

U={Sno, Sname, Age, Dept, DeptHead, Cno, Grade}

F={Sno→Sname, Sno→Age, Sno→Dept, Dept→DeptHead, Sno→DeptHead, (Sno, Cno)→Grade}

一个 Sno 有多个 Grade 的值与之对应，Grade 不能函数依赖于 Sno，即 Sno↛Grade，同理，Cno↛Grade，但 Grade 可被(Sno, Cno)唯一确定，所以(Sno, Cno)→Grade。

注意：函数依赖是指 R 的所有关系实例都要满足的约束条件，不是针对某个或某些关系实例满足的约束条件。

函数依赖和其他数据之间的依赖关系一样，是语义范畴的概念，人们只能根据数据的语义来确定函数依赖。

函数依赖与属性之间联系的类型有关。

（1）如果 X 和 Y 之间是 1:1 关系（一对一关系），则存在函数依赖 $X \leftrightarrow Y$，例如学生没有重名时 Sno↔Sname。

（2）如果 X 和 Y 之间是 1:n 关系（一对多关系），则存在函数依赖 $X \rightarrow Y$，如学号和姓名、部门名之间都有 1:n 关系，所以 Sno→Age，Sno→Dept。

（3）如果 X 和 Y 之间是 m:n 关系（多对多关系），则 X 和 Y 之间不存在函数依赖，如学生和课程之间就是 m:n 关系，所以 Sno 和 Cno 之间不存在函数依赖关系。

由于函数依赖与属性之间联系的类型有关，所以可以从分析属性之间的联系入手，确定属性之间的函数依赖。

定义 3.2 若 $X \rightarrow Y$ 是一个函数依赖，且 $Y \subseteq X$，则称 $X \rightarrow Y$ 是一个平凡函数依赖，否则称为非平凡函数依赖。例如，(Sno, Cno)→Sno、(Sno, Cno)→Cno 都是平凡函数依赖。

若不特别声明，本书讨论的都是非平凡函数依赖。

定义 3.3 设 R(U)是属性集 U 上的关系模式，X、Y 是 U 的子集。设 $X \rightarrow Y$ 是一个函数依赖，并且对于任何 X 的一个真子集 X'，X'→Y 都不成立，则称 $X \rightarrow Y$ 是一个完全函数依赖（full functional dependency），即 Y 函数依赖于整个 X，记作 $X \xrightarrow{\ f\ } Y$。

定义 3.4 设 R(U)是属性集 U 上的关系模式，X、Y 是 U 的子集。设 $X \rightarrow Y$ 是一个函数依赖，但不是完全函数依赖，则称 $X \rightarrow Y$ 是一个部分函数依赖（partial functional dependency），或称 Y 函数依赖于 X 的某个真子集，记作 $X \xrightarrow{\ p\ } Y$。

例如在关系模式 SDSC 中，因为 Sno→Grade，Cno→Grade，所以 (Sno,Cno) $\xrightarrow{f}$ Grade。因为 Sno→Age，所以 (Sno,Cno) $\xrightarrow{P}$ Age。

定义 3.5 设 R(U)是一个关系模式，X、Y、Z 是 U 的子集，如果 $X{\to}Y(Y\nsubseteq X)$，$Y{\nrightarrow}X$，$Y{\to}Z$ 成立，则称 Z 传递函数依赖（transitive functional dependency）于 X，记为 $X\xrightarrow{t}Z$。

注意：如果有 $Y{\to}X$，则 $X{\leftrightarrow}Y$，此时称 Z 对 X 直接函数依赖，而不是传递函数依赖。

例如在关系模式 SDSC 中，Sno→Dept，但 Dept↛Sno，且 Dept→DeptHead，所以 Sno $\xrightarrow{t}$ DeptHead。

2. 码

定义 3.6 设 K 为 R<U, F>中的属性或属性组，若 $K\xrightarrow{f}U$，则 K 为 R 的候选码（或称候选键、候选关键字，Candidate key）。若有多个候选码，则选定其中的一个作为主码（或称主键，Primary key）。

包含在任何一个候选码中的属性称为主属性（prime attribute）。不包含在任何候选码中的属性称为非主属性（non-prime attribute）或非码属性（non-key attribute）。最简单的情况为单个属性是码，最极端的情况为整个属性组是码，称为全码（All-key）。

例如，在关系模式 S (Sno, Age, Dept)中 Sno 是码，而在关系模式 SC(Sno, Cno, Grade)中属性组合(Sno, Cno)是码。

在后面的章节中主码和候选码都简称为码，读者可从上下文加以区分。

定义 3.7 关系 R 中的属性或属性组 X 并非 R 的码，但 X 是另一个关系模式的码，则称 X 是 R 的外部码（foreign key），也称外码。

例如，在关系模式 SC(Sno, Cno, Grade)中 Sno 不是主码，但 Sno 是关系模式 S(Sno, Sname, Age, Dept)的主码，所以 Sno 是 SC 的外码，同理，Cno 也是 SC 的外码。

主码与外码提供了一个表示关系间的联系手段，例如关系模式 S 与 SC 的联系就是通过 Sno 在 S 中是主码而在 SC 中是外码来实现的。

3. 范式

规范化的基本思想是尽量减小数据冗余，消除数据依赖中不合适的部分，解决插入异常、删除异常和更新异常等问题，这就要求设计出的关系模式满足一定的条件。在关系数据库的规范化过程中，为不同程度的规范化要求设立的不同标准或准则称为范式。满足最低要求的称为第一范式，简称1NF，在第一范式的基础上满足进一步要求的称为第二范式，简称 2NF，以此类推。

1971 年至 1972 年，E.F.Codd 系统地提出了 1NF、2NF、3NF 的概念，讨论了关系模式的规范化问题。1974 年，Codd 和 Boyce 又共同提出了一个新范式，即 BCNF。1976 年有人提出了 4NF，后来又有人提出了 5NF。

各个范式之间的集合关系可以表示为 5NF⊂4NF⊂BCNF⊂3NF⊂2NF⊂1NF，如图 3.1 所示。

一个低一级范式的关系模式通过模式分解可以转换成若干个高一级范式的关系模式的集合，该过程称为规范化。

图 3.1　各范式之间的关系

3.2.2　1NF

定义 3.8　在一个关系模式 R 中，如果 R 的每一个属性都是不可再分的数据项，则称 R 属于第一范式（1NF），记作 R∈1NF。

第一范式是最基本的范式，在关系中每个属性都是不可再分的简单数据项。

【例 3.2】　第一范式规范化举例。

表 3.5 所示的关系 R 不是 1NF，关系 R 转化为 1NF 的结果如表 3.6 所示。

表 3.5　关系 R

Sno	Sname	Cname
141001	刘星宇	数字电路, 英语
141002	王小凤	数字电路, 英语
142001	杨燕	数据库系统, 英语
142004	周培杰	数据库系统, 英语

表 3.6　关系 R 转化为 1NF

Sno	Sname	Cname
141001	刘星宇	数字电路
141001	刘星宇	英语
141002	王小凤	数字电路
141002	王小凤	英语
142001	杨燕	数据库系统
142001	杨燕	英语

Sno	Sname	Cname
142004	周培杰	数据库系统
142004	周培杰	英语

3.2.3 2NF

定义 3.9 对于关系模式 R∈1NF，且 R 中的每一个非主属性都完全函数依赖于任意一个候选码，该关系模式 R 属于第二范式，记作 R∈2NF。

第二范式的规范化指将 1NF 关系模式通过投影分解，消除非主属性对候选码的部分函数依赖，转换成 2NF 关系模式的集合过程。

在分解时遵循"一事一地"的原则，即一个关系模式描述一个实体或实体间的联系，如果多于一个实体或联系，则进行投影分解。

【例 3.3】 第二范式规范化举例。

在例 3.1 的关系模式 SDSC(Sno, Sname, Age, Dept, DeptHead, Cno, Grade)中，各属性的含义为学号、姓名、年龄、系名、系主任姓名、课程名、成绩，(Sno, Cno)为该关系模式的候选码。

该模式属于第一范式，函数依赖关系如下。

$(Sno, Cno) \xrightarrow{f} Grade$

$Sno \rightarrow Sname$，$(Sno, Cno) \xrightarrow{p} Sname$

$Sno \rightarrow Age$，$(Sno, Cno) \xrightarrow{p} Age$

$Sno \rightarrow Dept$，$(Sno, Cno) \xrightarrow{p} Dept$，$Dept \rightarrow DeptHead$

$Sno \xrightarrow{t} DeptHead$，$(Sno, Cno) \xrightarrow{p} DeptHead$

以上函数依赖关系可用函数依赖图表示，如图 3.2 所示。

图 3.2　SDSC 中的函数依赖图

可以看出，Sno、Cno 为主属性，Sname、Age、Dept、DeptHead、Grade 为非主属性，由于存在非主属性 Sname 对候选码(Sno, Cno)的部分依赖，所以 SDSC∉2NF。

在 SDSC 中既存在完全函数依赖，又存在部分函数依赖和传递函数依赖，导致数据冗余、插入异常、删除异常、修改异常等问题，这在数据库中是不允许的。

根据"一事一地"的原则，将关系模式 SDSC 分解为两个关系模式。

SD(Sno, Sname, Age, Dept, DeptHead)

SC(Sno, Cno, Grade)

分解后的函数依赖图如图 3.3 和图 3.4 所示。

图 3.3　SD 中的函数依赖图　　　　　图 3.4　SC 中的函数依赖图

分解后的关系模式 SD 的候选码是 Sno，关系模式 SC 的候选码是(Sno, Cno)，非主属性对候选码都是完全函数依赖的，从而消除了非主属性对候选码的部分函数依赖，所以 SD∈2NF，SC∈2NF，它们之间通过 SC 中的外键 Sno 相联系，在需要时进行自然连接，恢复原来的关系，这种分解不会损失任何信息，具有无损连接性。

注意：如果 R 的候选码都是单属性，或 R 的全体属性都是主属性，则 R∈2NF。

3.2.4　3NF

定义 3.10　如果关系模式 R∈2NF，R 中的所有非主属性对任何候选码都不存在传递函数依赖，则称 R 属于第三范式，记作 R∈3NF。

第三范式具有以下性质。

（1）如果 R∈3NF，则 R 也是 2NF。

（2）如果 R∈2NF，则 R 不一定是 3NF。

2NF 的关系模式解决了 1NF 中存在的一些问题，但 2NF 的关系模式 SD 在进行数据操作时仍然存在以下问题。

（1）数据冗余：每个系名和系主任姓名存储的次数等于该系的学生人数。

（2）插入异常：当一个新系没有招生时有关该系的信息无法插入。

（3）删除异常：当某系的学生全部毕业还没有招生时，在删除全部学生记录的同时也删除了该系的信息。

（4）修改异常：更换系主任时需要变动较多的学生记录。

存在以上问题是因为在 SD 中存在非主属性对候选码的传递函数依赖，消除传递函数依赖就可转换为 3NF。

第三范式的规范化指将 2NF 关系模式通过投影分解，消除非主属性对候选码的传递函数依赖，转换成 3NF 关系模式的集合过程。

在分解时遵循"一事一地"的原则。

【例 3.4】　第三范式规范化举例。

将属于 2NF 的关系模式 SD(Sno, Sname, Age, Dept, DeptHead)分解为：

S (Sno, Sname, Age, Dept)

D (Dept, DeptHead)

分解后的函数依赖图如图 3.5 和图 3.6 所示。

图 3.5　S 中的函数依赖图　　　　图 3.6　D 中的函数依赖图

分解后的关系模式 S 的候选码是 Sno，关系模式 D 的候选码是 Dept，不存在传递函数依赖，所以 S∈3NF，D∈3NF。

关系模式 SD 由 2NF 分解为 3NF 后，函数依赖关系变得更简单，既无主属性对候选码的部分依赖，又无主属性对候选码的传递依赖，解决了 2NF 存在的 4 个问题，3NF 的关系模式 S 和 D 的特点如下。

（1）降低了数据冗余度：系主任姓名存储的次数与该系的学生人数无关，只在关系 D 中存储一次。

（2）不存在插入异常：当一个新系没有招生时，该系的信息可直接插入到关系 D 中，与学生关系 S 无关。

（3）不存在删除异常：删除全部学生记录仍然保留该系的信息，可以只删除学生关系 S 中的记录，不影响关系 D 中的数据。

（4）不存在修改异常：更换系主任时只需修改关系 D 中一个相应元组的 DeptHead 属性值，不影响关系 S 中的数据。

由于 3NF 只限制了非主属性对码的依赖关系，未限制主属性对码的依赖关系，如果发生这种依赖，仍然可能存在数据冗余、插入异常、删除异常、修改异常，需要对 3NF 进一步规范化，消除主属性对码的依赖关系转换为更高一级的范式，这就是接下来要介绍的 BCNF 范式。

3.2.5　BCNF

定义 3.11　对于关系模式 R∈1NF，若 X→Y 且 Y⊄X 时 X 必含有码，则 R∈BCNF。

即若 R 中的每一决定因素都包含码，则 R∈BCNF。

由 BCNF 的定义可以得到如下结论，一个满足 BCNF 的关系模式有：

（1）所有非主属性对每一个码都是完全函数依赖。

（2）所有主属性对每一个不包含它的码也是完全函数依赖。

（3）没有任何属性完全函数依赖于非码的任何一组属性。

若 R∈BCNF，按定义排除了任何属性对码的部分依赖和传递依赖，所以 R∈3NF。但若 R∈3NF，则 R 未必属于 BCNF。

BCNF 的规范化指将 3NF 关系模式通过投影分解转换成 BCNF 关系模式的集合。

【例 3.5】 BCNF 范式规范化举例。

设有关系模式 SCN(Sno, Sname, Cno, Grade)，各属性的含义为学号、姓名、课程名、成绩，并假定姓名不重名。

可以看出，SCN 有两个码(Sno, Cno)和(Sname, Cno)，其函数依赖如下。

$Sno \leftrightarrow Sname$

$(Sno, Cno) \xrightarrow{\text{P}} Sname$

$(Sname, Cno) \xrightarrow{\text{P}} Sno$

唯一的非主属性 Grade 对码不存在部分依赖和传递依赖，所以 SCN∈3NF。但是，由于 $Sno \leftrightarrow Sname$，即决定因素 Sno 或 Sname 不包含码，从另一个角度看，存在主属性对码的部分依赖，即 $(Sno, Cno) \xrightarrow{\text{P}} Sname$，$(Sname, Cno) \xrightarrow{\text{P}} Sno$，所以 SCN∉BCNF。

根据分解的原则，将 SCN 分解为以下两个关系模式：

S(Sno, Sname)

SC(Sno, Cno, Grade)

S 和 SC 的函数依赖图如图 3.7 和图 3.8 所示。

图 3.7　S 中的函数依赖图　　　　图 3.8　SC 中的函数依赖图

对于 S，两个候选码为 Sno 和 Sname，对于 SC，主码为(Sno, Cno)。在上述两个关系模式中，主属性和非主属性都不存在对码的部分依赖和传递依赖，所以 S∈BCNF，SC∈BCNF。

在关系 SCN 转换为 BCNF 后，数据冗余度明显降低，学生姓名只在关系 S 中存储一次，学生改名时只需改动一条学生记录中相应 Sname 的值即可，不会发生修改异常。

【例 3.6】 设有关系模式 STC(S, T, C)，其中 S 表示学生、T 表示教师、C 表示课程，语义假设是每一位教师只教一门课，每门课由多名教师讲授，某一学生选定某一门课程就对应一名确定的教师。

由语义假设，STC 的函数依赖如下。

$(S, C) \xrightarrow{\text{f}} T$，$(S, T) \xrightarrow{\text{P}} C$，$T \xrightarrow{\text{f}} C$

其中，(S, C)和(S, T)都是候选码。

函数依赖图如图 3.9 所示。

由于 STC 没有任何非主属性对码的部分依赖和传递依赖（因为 STC 没有非主属性），所以 STC∈3NF，但不是 BCNF，因为有 T→C，T 是决定因素，而 T 不包含候选码。

非 BCNF 关系模式分解为 ST(S, T)和 TC(T, C)，它们都是 BCNF。

图 3.9　STC 中的函数依赖图

3.2.6　多值依赖与 4NF

函数依赖表示的关系模式中属性间是一对一或一对多的联系，不能表示属性间多对多的联系，本节讨论属性间多对多的联系（即多值依赖问题）以及第四范式。

1. 多值依赖

为了说明多值依赖的概念，举例如下。

【例 3.7】设一门课程可由多名教师讲授，他们使用相同的一套参考书，可用如图 3.10 所示的非规范关系 CTR 表示课程 C、教师 T 和参考书 R 之间的关系。

课程C	教师T	参考书R
数据库原理与应用	刘俊松	数据库系统概念
	李智强	数据库系统概论
		SQL Server数据库教程
数学	罗燕芬	数学分析
	陈诗雨	线性代数

图 3.10　非规范关系 CTR

转换成规范化的关系 CTR(C, T, R)，如图 3.11 所示。

课程C	教师T	参考书R
数据库原理与应用	刘俊松	数据库系统概念
数据库原理与应用	刘俊松	数据库系统概论
数据库原理与应用	刘俊松	SQL Server数据库教程
数据库原理与应用	李智强	数据库系统概念
数据库原理与应用	李智强	数据库系统概论
数据库原理与应用	李智强	SQL Server数据库教程
数学	罗燕芬	数学分析
数学	罗燕芬	线性代数
数学	陈诗雨	数学分析
数学	陈诗雨	线性代数

图 3.11　规范后的关系 CTR

关系模式 CTR(C, T, R)的码是(C, T, R)，即全码，所以 CTR∈BCNF，但存在以下问题。

（1）数据冗余：课程、教师和参考书都被多次存储。

（2）插入异常：当课程"数据库原理与应用"增加一名讲课教师"周丽"时必须插入多个元组，即(数据库原理与应用, 周丽, 数据库系统概念)、(数据库原理与应用, 周丽, 数

关系数据库设计理论

据库系统概论)、(数据库原理与应用, 周丽, SQL Server 数据库教程)。

（3）删除异常：当课程"数学"要去掉一本参考书"数学分析"时必须删除多个元组，即(数学, 罗燕芬, 数学分析)、(数学, 陈诗雨, 数学分析)。

分析上述关系模式，发现存在一种称为多值依赖（Multi-Valued Dependency，MVD）的数据依赖。

定义 3.12 设 R(U)是属性集 U 上的一个关系模式，X, Y, Z 是 U 的子集，且 $Z=U-X-Y$。如果 R 的任一关系 r，对于给定的(X, Z)上的每一对值都存在一组 Y 值与之对应，且 Y 的这组值仅仅决定于 X 值而与 Z 的值不相关，则称 Y 多值依赖于 X，或 X 多值决定 Y，记为 $X \rightarrow \rightarrow Y$。

若 $X \rightarrow \rightarrow Y$，而 $Z=\phi$，则称 $X \rightarrow \rightarrow Y$ 为平凡的多值依赖，否则称 $X \rightarrow \rightarrow Y$ 为非平凡的多值依赖。

在上例的关系模式 CTR(C, T, R)中，对于给定的(C, R)的一对值(数据库原理与应用，数据库系统概念)，对应的一组 T 值为{刘俊松，李智强}，这组值仅仅决定于 C 值。对于另一对值（数据库原理与应用，SQL Server 数据库教程），对应的一组 T 值仍为{刘俊松，李智强}，尽管此时参考书 R 的值已改变，所以 T 多值依赖于 C，记为 C$\rightarrow \rightarrow$T。

2. 4NF

定义 3.13 设关系模式 R<U, F>∈1NF，如果对于 R 的每个非平凡多值依赖 $X \rightarrow \rightarrow Y$($Y \nsubseteq X$)，$X$ 都含有码，则称 R<U, F>∈4NF。

由定义可知：

（1）根据定义，4NF 要求每一个非平凡的多值依赖 $X \rightarrow \rightarrow Y$，$X$ 都含有码，则必然是 $X \rightarrow Y$，所以 4NF 允许的非平凡多值依赖实际上是函数依赖。

（2）一个关系模式是 4NF，则必是 BCNF，而一个关系模式是 BCNF，不一定是 4NF，所以 4NF 是 BCNF 的推广。

例 3.7 的关系模式 CTR(C, T, R)是 BCNF，分解后产生 CTR1(C, T)和 CTR2(C, R)，因为 C$\rightarrow \rightarrow$T、C$\rightarrow \rightarrow$R 都是平凡的多值依赖，已不存在非平凡的非函数依赖的多值依赖，所以 CTR1∈4NF，CTR2∈4NF。

函数依赖和多值依赖是两种最重要的数据依赖。如果只考虑函数依赖，则属于 BCNF 的关系模式规范化程度已达到最高；如果只考虑多值依赖，则属于 4NF 的关系模式规范化程度已达到最高。在数据依赖中，除函数依赖和多值依赖以外还有其他数据依赖，例如连接依赖。函数依赖是多值依赖的一种特殊情况，而多值依赖又是连接依赖的一种特殊情况。如果消除了属于 4NF 的关系模式中存在的连接依赖，则可进一步达到 5NF 的关系模式，这里就不再讨论了。

3.2.7　规范化小结

关系模式规范化的目的是使结构更合理，消除插入异常、删除异常和更新异常，使数据冗余尽量小，便于插入、删除和更新。

关系模式规范化遵循"一事一地"的原则，即一个关系模式描述一个实体或实体间的一种联系。规范化的实质就是概念的单一化，方法是将关系模式投影分解为两个或两个以上的模式。

一个关系模式只要其每一个属性都是不可再分的数据项，就称为 1NF；消除 1NF 中非主属性对码的部分函数依赖，得到 2NF；消除 2NF 中非主属性对码的传递函数依赖，得到 3NF；消除 3NF 中主属性对码的部分函数依赖和传递函数依赖，得到 BCNF；消除 BCNF 中非平凡且非函数依赖的多值依赖，得到 4NF，如图 3.12 所示。

图 3.12　规范化过程

3.3　数据依赖的公理系统

数据依赖的公理系统是函数分解算法的理论基础，下面介绍的 Armstrong 公理系统是一个有效且完备的数据依赖公理系统。

3.3.1　Armstrong 公理系统

定义 3.14　对于满足一组函数依赖 F 的关系模式 R<U, F>，其任何一个关系 r，若函数依赖 $X{\rightarrow}Y$ 都成立（即 r 中的任意两元组 t、s，若 $t[X]=s[X]$，则 $t[Y]=s[Y]$），则称 F 逻辑蕴涵 $X{\rightarrow}Y$，或称 $X{\rightarrow}Y$ 是 F 的逻辑蕴涵。

那么怎样从一组函数依赖求得蕴涵的函数依赖？怎样求得给定关系模式的码？问题的关键在于已知一组函数依赖 F，问 $X{\rightarrow}Y$ 是否为 F 的逻辑蕴涵。这就需要一组推理规则，这组推理规则就是 Armstrong 公理系统。

Armstrong 公理系统（Armstrong's axiom）设 U 为属性集总体，F 是 U 上的一组函数依赖，有关系模式 R<U, F>，对于 R<U, F>来说有以下推理规则。

（1）自反律（reflexivity rule）：如果 $Y{\subseteq}X{\subseteq}U$，则 $X{\rightarrow}Y$ 为 F 所蕴涵。

（2）增广律（augmentation rule）：如果 $X{\rightarrow}Y$ 为 F 所蕴涵，且 $Z{\subseteq}U$，则 $XZ{\rightarrow}YZ$ 为 F 所蕴涵。

（3）传递律（transitivity rule）：如果 $X{\rightarrow}Y$ 及 $Y{\rightarrow}Z$ 为 F 所蕴涵，则 $X{\rightarrow}Z$ 为 F 所蕴涵。

提示：由自反律得到的函数依赖都是平凡的函数依赖，自反律的使用并不依赖于 F。

注意：XZ 表示 $X{\cup}Z$，YZ 表示 $Y{\cup}Z$。

定理 3.1　Armstrong 推理规则是正确的。

证明：

（1）设 $Y \subseteq X \subseteq U$，对于 R<$U$, F>的任一个关系中的任意两元组 t、s，若 $t[X]=s[X]$，因为 $Y \subseteq X$，有 $t[Y]=s[Y]$，所以 $X \rightarrow Y$。

（2）设 $X \rightarrow Y$ 为 F 所蕴涵，且 $Z \subseteq U$，设 R<U, F>的任一个关系中的任意两元组 t、s，若 $t[XZ]=s[XZ]$，有 $t[X]=s[X]$，$t[Z]=s[Z]$，由 $X \rightarrow Y$，有 $t[Y]=s[Y]$，所以 $t[YZ]=s[YZ]$，$XZ \rightarrow YZ$ 为 F 所蕴涵。

（3）设 $X \rightarrow Y$ 及 $Y \rightarrow Z$ 为 F 所蕴涵，对于 R<U, F>的任一个关系中的任意两元组 t、s，若 $t[X]=s[X]$，因为 $X \rightarrow Y$，有 $t[Y]=s[Y]$，由 $Y \rightarrow Z$，有 $t[Y]=s[Y]$，所以 $X \rightarrow Z$ 为 F 所蕴涵。

注意： $t[X]$ 表示元组 t 在属性组 X 上的分量，等价于 $t.X$。

根据（1）、（2）、（3）这 3 条推理规则可得以下 3 条推理规则。

（4）合并规则（union rule）：如果 $X \rightarrow Y$，$Y \rightarrow Z$，则 $X \rightarrow YZ$。

（5）分解规则（decomposition rule）：如果 $X \rightarrow Y$，$Z \subseteq Y$，则 $X \rightarrow Z$。

（6）伪传递规则（pseudotransivity rule）：如果 $X \rightarrow Y$，$WY \rightarrow Z$，则 $XW \rightarrow Z$。

由合并规则和分解规则可得：

引理 3.1 $X \rightarrow A_1 A_2 \cdots A_k$ 成立的充要条件是 $X \rightarrow A_i$ 成立（$i=1,2,\cdots,k$）。

【例 3.8】 设有关系模式 R，A、B、C、D、E、F 是它的属性集的子集，R 满足的函数依赖为 $\{A \rightarrow BC, CD \rightarrow EF\}$，证明函数依赖 $AD \rightarrow F$ 成立。

证明：

$A \rightarrow BC$	题中给定
$A \rightarrow C$	引理 3.1
$AD \rightarrow CD$	增广律
$CD \rightarrow EF$	题中给定
$AD \rightarrow EF$	传递律
$AD \rightarrow F$	引理 3.1

3.3.2 闭包及其计算

定义 3.15 在关系模式 R<U, F>中，为 F 所逻辑蕴涵的函数依赖的全体称为 F 的闭包（Closure），记为 F^+。

把自反律、增广律和传递律称为 Armstrong 公理系统。Armstrong 公理系统是有效的、完备的。其有效性是指由 F 出发根据 Armstrong 公理推导出来的每一个函数依赖一定在 F^+ 中；其完备性是指 F^+ 中的每一个函数依赖必定可以由 F 出发根据 Armstrong 公理推导出来。

如果要证明完备性，首先要解决如何判定一个函数依赖是否属于由 F 根据 Armstrong 公理推导出来的函数依赖的集合。如果能求出这个集合，也就解决了这个问题。但这是一个 NP 完全问题，例如从 $F=\{X \rightarrow A_1, \cdots, X \rightarrow A_n\}$ 出发至少可以推导出 2^n 个不同的函数依赖。为此引入以下概念。

定义 3.16 设 F 是属性集 U 上的一组函数依赖，X、$Y \subseteq U$，$X_F^+ = \{A | X \rightarrow A$ 能由 F 根据 Armstrong 公理推导出$\}$，X_F^+ 称为属性集 X 关于函数依赖集 F 的闭包。

由引理 3.1 可得出引理 3.2。

引理 3.2 设 F 是属性集 U 上的一组函数依赖，X、$Y\subseteq U$，$X\rightarrow Y$ 能由 F 根据 Armstrong 公理推导出的充分必要条件是 $Y\subseteq X_F^+$。

这样，判定 $X\rightarrow Y$ 能否由 F 根据 Armstrong 公理推导出的问题转化为求出 X_F^+，判定 Y 是否为 X_F^+ 的子集问题，该问题可由算法 3.1 解决。

算法 3.1 求属性集 $X(X\subseteq U)$ 关于 U 上的函数依赖集 F 的闭包 X_F^+。

输入：X、F。

输出：X_F^+。

步骤：计算属性集序列 $X^{(i)}$（$i=0, 1, \cdots$）。

（1）令 $X^{(0)}=X$，$i=0$。

（2）求 B，$B=\{A \mid (\exists V)(\exists W)(V\rightarrow W\in F \land V\subseteq X^{(i)} \land A\in W)\}$。即在 F 中寻找尚未用过的左边是 $X^{(i)}$ 的子集的函数依赖：$Y_j\rightarrow Z_j$（$j=0, 1, \cdots, k$），其中 $Y_j\subseteq X^{(i)}$。然后在 Z_j 中寻找 $X^{(i)}$ 中未出现过的属性构成属性集 B。

（3）$X^{(i+1)}=B\cup X^{(i)}$。

（4）判断 $X^{(i+1)}=X^{(i)}$ 是否成立，若不成立转（2）。

（5）输出 $X^{(i)}$，即为 X_F^+。

对于（4）的计算停止条件，以下 4 种方法是等价的。

- $X^{(i+1)}=X^{(i)}$。
- 当发现 $X^{(i)}$ 包含了全部属性时。
- 在 F 中的函数依赖的右边属性中再也找不到 $X^{(i)}$ 中未出现过的属性。
- 在 F 中未用过的函数依赖的左边属性集中已没有 $X^{(i)}$ 的子集。

【例 3.9】 已知关系模式 R<U, F>，其中 $U=\{A, B, C, D, E\}$，F=$\{AB\rightarrow C, B\rightarrow D, C\rightarrow E, EC\rightarrow B, AC\rightarrow B\}$，求 AB_F^+。

解：

（1）设 $X^{(0)}=AB$。

（2）在 F 中找出左边是 AB 子集的函数依赖，其结果是 $AB\rightarrow C$，$B\rightarrow D$，则 $X^{(1)}=X^{(0)}\cup CD=AB\cup CD = ABCD$，显然 $X^{(1)}\neq X^{(0)}$。

（3）在 F 中找出左边是 $ABCD$ 子集的函数依赖，其结果是 $C\rightarrow E$，$AC\rightarrow B$，则 $X^{(2)}=X^{(1)}\cup BE= ABCD\cup BE = ABCDE$，显然 $X^{(2)}\neq X^{(1)}$。

（4）由于 $X^{(2)}$ 已等于全部属性的集合，所以 $AB_F^+ = ABCDE$。

【例 3.10】 设有关系模式 R<U, F>，其中 $U=\{A, B, C, D, E, G\}$，函数依赖集 F=$\{A\rightarrow D, AB\rightarrow E, BG\rightarrow E, CD\rightarrow G, E\rightarrow C\}$，$X=AE$，计算 X_F^+。

解：

（1）设 $X^{(0)}=AE$。

（2）在 F 中找出左边是 AE 子集的函数依赖，其结果是 $A\rightarrow D$，$E\rightarrow C$，则 $X^{(1)}=X^{(0)}DC= ACDE$，显然 $X^{(1)}\neq X^{(0)}$。

（3）在 F 中找出左边是 $ACDE$ 子集的函数依赖，其结果是 $CD\rightarrow G$，则 $X^{(2)}=X^{(1)}G=ACDEG$。

（4）虽然 $X^{(2)} \neq X^{(1)}$，但 F 中未用过的函数依赖的左边属性集中已没有 $X^{(2)}$ 的子集，所以不必再计算下去，即 $X_F^+ = ACDEG$。

定理 3.2 Armstrong 公理是有效的、完备的。

Armstrong 公理的有效性可由定理 3.1 证明，对完备性的证明略。

Armstrong 公理的完备性及有效性说明"导出"与"蕴涵"是两个完全等价的概念，F^+ 也可以说成是由 F 出发根据 Armstrong 公理导出的函数依赖的集合。

3.3.3 确定候选码

设关系模式为 R<U, F>，F 为函数依赖集，将 U 中的属性分为以下 4 类。

- L 类属性：只在 F 中各个函数依赖的左部出现。
- R 类属性：只在 F 中各个函数依赖的右部出现。
- LR 类属性：在 F 中各个函数依赖的左部和右部都出现。
- N 类属性：不在 F 中的各个函数依赖中出现。

L 类属性集中的每一个属性必定是候选码中的属性，R 类和 N 类属性集中的每一个属性都必定不是候选码中的属性，LR 类属性集中的每一个属性不能确定是否在候选码中。

确定候选码的步骤如下。

（1）划分属性类别：令 X 为 L 类属性集的集合，Y 为 LR 类属性集的集合。

（2）基于 F 计算 X^+：若 X^+ 包含了 R 的全部属性，则 X 是 R 的唯一候选码，算法结束，否则转（3）。

（3）逐一取 Y 中的单一属性 A，与 X 组成属性组 XA，如果 $(XA)_F^+ = U$，则 XA 为候选码，令 $Y = Y - \{A\}$，转（4）。

（4）如果已找出所有候选码，转（5）；否则，依次取 Y 中的任意两个、3 个等属性，与 X 组成属性组 XZ，如果 $(XZ)_F^+ = U$，且 XZ 不包含已求得的候选码，则 XZ 为候选码。

（5）算法结束。

【例 3.11】 设 R(A, B, C, D, E, F)，G={AB→E, AC→F, AD→B, B→C, C→D}，求 R 的所有候选码。

解：

（1）R 中的 L 类属性：A；LR 类属性：B、C、D。

（2）$A_F^+ = A \neq U$

（3）因为 $(AB)_F^+ = ABCDEF$，所以 AB 为候选码。

因为 $(AC)_F^+ = ABCDEF$，所以 AC 为候选码。

因为 $(AD)_F^+ = ABCDEF$，所以 AD 为候选码。

故 R 的所有候选码为 AB、AC、AD。

3.3.4 函数依赖集的等价和最小函数依赖集

从蕴涵（或导出）的概念出发，引出两个函数依赖集的等价和最小函数依赖集的概念。

1. 两个函数依赖集的等价

定义 3.17　如果 $G^+ = F^+$，就说函数依赖集 F 覆盖 G（F 是 G 的覆盖，或 G 是 F 的覆盖），或 F 和 G 等价。

引理 3.3　$F^+ = G^+$ 的充分必要条件是 $F \subseteq G^+$ 和 $G \subseteq F^+$。

证明：必要性显然，这里只证充分性。

如果 $F \subseteq G^+$，则 $X_F^+ \subseteq X_{G^+}^+$，任取 $X \rightarrow Y \in F^+$，有 $Y \subseteq X_F^+ \subseteq X_{G^+}^+$，所以 $X \rightarrow Y \subseteq (G^+)^+ \subseteq G^+$，即 $F^+ \subseteq G^+$，同理可证 $G^+ \subseteq F^+$，所以 $F^+ = G^+$。

引理 3.3 给出了判定两个函数依赖集的等价的算法。

如果要判定 $F \subseteq G^+$，只需逐一对 F 中的函数依赖 $X \rightarrow Y$ 考查 Y 是否属于 G^+ 即可。

【例 3.12】　设有 F 和 G 两个函数依赖集，F={$A \rightarrow B, B \rightarrow C$}，$G$={$A \rightarrow BC, B \rightarrow C$}，判断它们是否等价。

解：

首先检查 F 中的每个函数依赖是否属于 G^+。

因为 $A_G^+ = ABC$，$B \subseteq A_G^+$，所以 $A \rightarrow B \in A_G^+$。

因为 $B_G^+ = BC$，$C \subseteq B_G^+$，所以 $B \rightarrow C \in B_G^+$。

故 $F \subseteq G^+$。

同样有 $G \subseteq F^+$，所以两个函数依赖集 F 和 G 是等价的。

2. 最小函数依赖集

定义 3.18　如果函数依赖集 F 满足以下条件，则称 F 为一个极小函数依赖集，也称为最小函数依赖集或最小覆盖（minimal cover）。

（1）F 中的任一函数依赖的右部仅含有一个属性。

（2）F 中不存在这样一个函数依赖 $X \rightarrow A$，X 有真子集 Z，使得 F-{$X \rightarrow A$}∪{$Z \rightarrow A$}与 F 等价，即左部无多余的属性。

（3）F 中不存在这样一个函数依赖 $X \rightarrow A$，使得 F 与 F-{$X \rightarrow A$}等价，即无多余的函数依赖。

【例 3.13】　以下 3 个函数依赖集中哪一个是最小函数依赖集？

F_1={$A \rightarrow D, BD \rightarrow C, C \rightarrow AD$ }

F_2={$AB \rightarrow C, B \rightarrow A, B \rightarrow C$ }

F_3={$BC \rightarrow D, D \rightarrow A, A \rightarrow D$ }

解：

在 F_1 中有 $C \rightarrow AD$，即右部没有单一化，所以 F_1 不是最小函数依赖集。

在 F_2 中有 $AB \rightarrow C, B \rightarrow C$，即左部存在多余的属性，所以 F_2 不是最小函数依赖集。

F_3 满足最小函数依赖集的所有条件，它是最小函数依赖集。

【例 3.14】　在关系模式 R<U, F>中，U={Sno, Dept, DeptHead, Cno,Grade}，考查下面的函数依赖中哪一个是最小函数依赖集？

F={Sno→Dept, Dept→DeptHead, (Sno, Cno)→ Grade}

F_1={Sno→Dept, Sno→ DeptHead, Dept→DeptHead, (Sno, Cno)→ Grade, (Sno, Dept)→

关系数据库设计理论

"等价"的概念形成以下 3 种不同的定义。

- 分解具有无损连接性（lossless join）。
- 分解要保持函数依赖（preserve functional dependency）。
- 分解既要保持函数依赖，又要具有无损连接性。

3.4.2 分解的无损连接性

定义 3.20 设 $\rho=\{R_1<U_1, F_1>, R_2<U_2, F_2>, \cdots, R_n<U_k, F_k>\}$ 是关系模式 $R<U, F>$ 的一个分解，如果对于 R 的任一满足 F 的关系 r 都有 $r=\Pi_{R_1}(r)\bowtie\Pi_{R_2}(r)\bowtie\cdots\bowtie\Pi_{R_k}(r)$，则称这个分解 ρ 具有无损连接性，简称 ρ 为无损分解。

【例 3.16】 在关系 R(A, B, C)中函数依赖集为 F={A→B，A→C}，有两种分解方式，分解方式 1 为 $\rho_1=\{\Pi_{AB}(R),\Pi_{AC}(R)\}$，分解方式 2 为 $\rho_2=\{\Pi_{AB}(R),\Pi_{BC}(R)\}$，如图 3.13 所示。

R

A	B	C
3	1	2
1	3	1
2	3	3

(a) 关系 R

$R_1=\Pi_{AB}(R)$

A	B
3	1
1	3
2	3

$R_2=\Pi_{AC}(R)$

A	C
3	2
1	1
2	3

(b) 分解方式 1

$R_1=\Pi_{AB}(R)$

A	B
3	1
1	3
2	3

$R_2=\Pi_{BC}(R)$

B	C
1	2
3	1
3	3

(c) 分解方式 2

图 3.13 关系 R 中的两种分解方式

两种分解方式的自然连接结果如图 3.14 所示，可以看出，分解方式 1 是无损分解，分解方式 2 不是无损分解。

$\Pi_{AB}(R)\bowtie\Pi_{AC}(R)$

A	B	C
3	1	2
1	3	1
2	3	3

(a) 分解方式 1 的自然连接

$\Pi_{AB}(R)\bowtie\Pi_{BC}(R)$

A	B	C
3	1	2
1	3	1
1	3	3
2	3	5
2	3	3

(b) 分解方式 2 的自然连接

图 3.14 两种分解方式的自然连接结果

一般直接由定义判断一个分解是否为无损分解是不可能的，下面给出检验一个分解是否为无损分解的算法。

算法 3.2 检验无损连接性的算法。

关系数据库设计理论

输入：关系模式 R(A_1, A_2, …, A_n)，它的函数依赖集 F 以及分解 ρ={R_1, R_2,…, R_k}。

输出：确定 ρ 是否具有无损连接性。

步骤：

（1）构造一个 n 列 k 行的表，每一列对应于属性，每一行对应于分解中的一个关系模式，如果 $A_j \in R_i$，则第 j 列第 i 行上放符号 a_i，否则放符号 b_{ij}。

（2）逐个检查 F 中的每一个函数依赖，并修改表中的元素。取 F 中的一个函数依赖 $X \rightarrow Y$，在 X 的分量中寻找相同的行，然后将这些行中 Y 的分量改为相同的符号，如果其中有 a_j，将 b_{ij} 改为 a_j，如果其中无 a_j，则改为 b_{ij}。

（3）如果发现某一行变成了 a_1, a_2, …, a_n，算法结束，分解 ρ 具有无损连接性；如果 F 中的所有函数依赖都不能再修改表中的内容，且没有发现这样的行，则分解 ρ 不具有无损连接性。

【例 3.17】 检验例 3.16 中关系 R(A, B, C)、函数依赖集 F={$A \rightarrow B$, $A \rightarrow C$}的两种分解方式 ρ_1={R_1=Π_{AB}(R)，R_2=Π_{AC}(R)}、ρ_2={R_1=Π_{AB}(R)，R_2=Π_{BC}(R)}的无损连接性。

解：

1）对于分解方式 ρ_1={R_1=Π_{AB}(R)，R_2=Π_{AC}(R)}

（1）构造初始表：对于 R_1，包括 A、B 两个属性，第 1 行 A、B 列的值分别为 a_1、a_2，R_1 中没有 C 属性，该行 C 列的值为 $b_{1,3}$。对于 R_2，包括 A、C 两个属性，第 1 行 A、C 列的值分别为 a_1、a_3，R_2 中没有 B 属性，该行 B 列的值为 $b_{2,2}$，初始表如图 3.15（a）所示。

（2）检查 $A \rightarrow B$ 并对表中元素进行修改：检查 F 中的第 1 个函数依赖 $A \rightarrow B$，由于 R_1、R_2 的 A 列相同，所以将 R_2 的 B 列修改为 a_2（用粗体表示），如图 3.15（b）所示。因为第 2 行全为 a，所以 ρ_1 具有无损连接性。

R_i	A	B	C
AB	a_1	a_2	$b_{1,3}$
AC	a_1	$b_{2,2}$	a_3

R_i	A	B	C
AB	a_1	a_2	$b_{1,3}$
AC	a_1	**a_2**	a_3

（a）构造初始表　　　　　　　　（b）检查 $A \rightarrow B$ 并对表中元素进行修改

图 3.15　检验 ρ_1 的无损连接性

2）对于分解方式 ρ_2={R_1=Π_{AB}(R)，R_2=Π_{BC}(R)}

（1）构造初始表：对于 R_1，包括 A、B 两个属性，第 1 行 A、B 列的值分别为 a_1、a_2，R_1 中没有 C 属性，该行 C 列的值为 $b_{1,3}$。对于 R_2，包括 B、C 两个属性，第 1 行 B、C 列的值分别为 a_2、a_3，R_2 中没有 A 属性，该行 A 列的值为 $b_{2,1}$，初始表如图 3.16（a）所示。

（2）检查 $A \rightarrow B$、$A \rightarrow C$ 并对表中元素进行修改：检查 F 中的第 1 个函数依赖 $A \rightarrow B$，在表中找不到 A 列相同的行，对表中的元素值不做修改，如图 3.16（b）所示。检查 F 中的第 2 个函数依赖 $A \rightarrow C$，也找不到 A 列相同的行，不修改表中的元素值，如图 3.16（c）所示。因为没有全为 a 的行，所以 ρ_2 不具有无损连接性。

R_i	A	B	C
AB	a_1	a_2	$b_{1,3}$
BC	$b_{2,1}$	a_2	a_3

R_i	A	B	C
AB	a_1	a_2	$b_{1,3}$
BC	$b_{2,1}$	a_2	a_3

R_i	A	B	C
AB	a_1	a_2	$b_{1,3}$
BC	$b_{2,1}$	a_2	a_3

（a）构造初始表　　　（b）检查 $A{\to}B$ 并对表中元素进行修改　　（c）检查 $A{\to}C$ 并对表中元素进行修改

图 3.16　检验 ρ_2 的无损连接性

3.4.3　分解的保持依赖性

保持关系模式等价的另一个重要条件是原模式所满足的函数依赖在分解后的模式中保持不变。

定义 3.21　若 $F^+=\left(\bigcup\limits_{i=1}^{k}F_i\right)^+$，则 R<$U$, F>的分解 ρ={R$_1$<U_1, F$_1$>, R$_2$<U_2, F$_2$>, ···, R$_n$<U_k, F$_k$>}保持函数依赖。

一个无损分解不一定具有函数依赖保持性；同样，一个依赖保持性分解不一定具有无损分解。

3.4.4　模式分解的算法

对于模式分解：

（1）若要求分解具有无损连接性，模式分解一定可达到 4NF。

（2）若要求分解保持函数依赖，模式分解可以达到 3NF，但不一定能达到 BCNF。

（3）若要求分解既要保持函数依赖，又要具有无损连结性，模式分解可以达到 3NF，但不一定能达到 BCNF。

算法 3.3　转换为 3NF 的保持函数依赖的分解。

步骤如下。

（1）求出 R<U, F>中函数依赖集 F 的最小函数依赖集 F_{min}。

（2）找出 F_{min} 中不出现的属性，把这样的属性构成一个关系模式。把这些属性从 U 中去掉，剩余的属性仍记为 U。

（3）若有 $X{\to}A$，且 $XA=U$，则输出 ρ={R}（即 R 也为 3NF，不用分解），算法终止。

（4）对 F_{min} 按具有相同左部的原则分组（假设分为 k 组），每一组函数依赖 F_i 所涉及的全部属性形成一个属性集 U_i，于是 ρ={R$_1$<U_1, F$_1$>, R$_2$<U_2, F$_2$>, ···, R$_k$<U_k, F$_k$>}构成 R<U, F>的一个保持函数依赖的分解，R_i 均属 3NF。

（5）若 ρ 中没有一个子模式含 R 的候选码 X，则令 ρ=$\rho \cup \{X\}$；若 $U_i{\subseteq}U_j$（$i{\neq}j$），去掉 U_i。

算法 3.4　转换为 3NF 既有无损连接性又保持函数依赖的分解。

步骤如下。

（1）根据算法 3.3 求出保持函数依赖的分解 ρ={R$_1$<U_1, F$_1$>, R$_2$<U_2, F$_2$>, ···, R$_k$<U_k, F$_k$>}。

（2）选取 R 的主码 X，将主码与函数依赖相关的属性组成一个关系模式 R$_{k+1}$。

（3）如果 $X{\subseteq}U_i$，输出 ρ，否则输出 $\rho \cup \{R_{k+1}\}$。

算法 3.5　转换为 BCNF 的无损连接分解。

关系数据库设计理论

步骤如下。

（1）令 ρ={R<U, F>}。

（2）如果 ρ 中的所有关系模式都是 BCNF，算法终止。

（3）如果 ρ 中有一个关系模式 R_i<U_i, F_i>不是 BCNF，则输出 R_i 中必须 $X \rightarrow A \in F_i^+$（$A$ 不属于 X），且 X 不是 R_i 的码。设 $S_1=XA$，$S_2=U_i-A$，用分解{S_1, S_2}代替 $R_i(U_i, F_i)$，返回步骤（2）。

3.5　小　结

本章主要介绍了以下内容。

（1）关系数据库设计理论有 3 个方面的内容，即函数依赖、范式和模式设计。函数依赖起核心作用，它是模式分解和模式设计的基础，范式是模式分解的标准，关系数据库设计的关键是关系模式的设计

（2）函数依赖是关系数据库规范化理论的基础。

（3）在关系数据库的规范化过程中为不同程度的规范化要求设立的不同标准或准则称为范式。

一个低一级范式的关系模式通过模式分解可以转换成若干个高一级范式的关系模式的集合，该过程称为规范化。

关系模式规范化的目的是使结构更合理，消除插入异常、删除异常和更新异常，使数据冗余尽量小，便于插入、删除和更新。

一个关系模式只要其每一个属性都是不可再分的数据项，则称为 1NF；消除 1NF 中非主属性对码的部分函数依赖，得到 2NF；消除 2NF 中非主属性对码的传递函数依赖，得到 3NF；消除 3NF 中主属性对码的部分函数依赖和传递函数依赖，得到 BCNF；消除 BCNF 中非平凡且非函数依赖的多值依赖，得到 4NF。

（4）把自反律、增广律和传递律称为 Armstrong 公理系统。Armstrong 公理系统是有效的、完备的。其有效性是指由函数依赖集 F 出发根据 Armstrong 公理推导出来的每一个函数依赖一定在 F^+ 中；其完备性是指 F^+ 中的每一个函数依赖必定可以由 F 出发根据 Armstrong 公理推导出来。

在关系模式 R<U, F>中，为 F 所逻辑蕴涵的函数依赖的全体称为 F 的闭包（closure），记为 F^+。

从蕴涵（或导出）的概念出发，引出两个函数依赖集的等价和最小函数依赖集的概念。

（5）对一个关系模式进行分解有多种方式，但分解后产生的模式应与原来的模式等价。由"等价"的概念形成以下 3 种不同的定义：分解具有无损连接性（lossless join）、分解要保持函数依赖（preserve functional dependency）、分解既要保持函数依赖又要具有无损连接性。

习　题　3

一、选择题

3.1　在规范化过程中需要克服数据库逻辑结构中的冗余度大、插入异常和_____。

A. 结构不合理　　　　　　　　　　　B. 删除异常

C. 数据丢失　　　　　　　　　　　　D. 数据的不一致性

3.2　关系规范化的插入异常是指_____。

　　A. 不该删除的数据被删除　　　　B. 应该删除的数据被删除

　　C. 不该插入的数据被插入　　　　D. 应该插入的数据未被插入

3.3　关系规范化的删除异常是指_____。

　　A. 不该删除的数据被删除　　　　B. 应该删除的数据被删除

　　C. 不该插入的数据被插入　　　　D. 应该插入的数据未被插入

3.4　在关系模式中，如果属性 A 和 B 存在 1:1 的联系，则说明_____。

　　A. A→B　　　　　　　　　　　　B. A↔B

　　C. B→A　　　　　　　　　　　　D. 以上都不是

3.5　$X \rightarrow Y$，下列_____成立称为平凡函数依赖。

　　A. $Y \subset X$　　　B. $X \subset Y$　　　C. $X \cap Y = \phi$　　　D. $X \cap Y \neq \phi$

3.6　下列说法中_____是错误的。

　　A. 2NF 必然属于 1NF　　　　　　B. 3NF 必然属于 2NF

　　C. 3NF 必然属于 BCNF　　　　　　D. BCNF 必然属于 3NF

3.7　若关系模式 R(A, B)已属于 3NF，下列说法中正确的是_____。

　　A. 一定消除了插入异常和删除异常　　B. 仍存在一定的插入异常和删除异常

　　C. 一定属于 BCNF　　　　　　　　　D. A 和 C 都是

3.8　设有关系模式 R(A, B, C, D)，其数据依赖集 F={$(A, B) \rightarrow C, C \rightarrow D$}，则关系模式 R 的规范化程度最高达到_____。

　　A. 1NF　　　　　B. 2NF　　　　　C. 3NF　　　　　D. BCNF

3.9　在关系模式 S (Sno, Sname, Dept，DeptHead)中，各属性的含义为学号、姓名、系名、系主任姓名，S 的最高范式为_____。

　　A. 1NF　　　　　B. 2NF　　　　　C. 3NF　　　　　D. BCNF

3.10　设有关系模式 R(A, B, C, D, E)，其数据依赖集 F={$A \rightarrow D, B \rightarrow C, E \rightarrow A$}，则关系模式 R 的候选码为_____。

　　A. AB　　　　　B. CD　　　　　C. DE　　　　　D. BE

二、填空题

3.11　关系数据库设计理论有 3 个方面的内容，即函数依赖、范式和_____。

3.12　在关系数据库的规范化过程中为不同程度的规范化要求设立的不同_____称为范式。

3.13　一个低一级范式的关系模式通过_____可以转换成若干个高一级范式的关系模式的集合，该过程称为规范化。

3.14　关系模式规范化的目的是使结构更合理，消除插入异常、删除异常和_____，使数据冗余尽量小。

3.15　任何一个二目关系是属于_____的。

3.16　把自反律、_____和传递律称为 Armstrong 公理系统。

3.17 Armstrong 公理系统是有效的、_____的。

3.18 若 R.A→R.B，R.B→R.C，则_____。

3.19 若 R.A→R.B，R.A→R.C，则_____。

3.20 若 R.B→R.A，R.C→R.A，则_____。

三、问答题

3.21 什么是函数依赖？简述完全函数依赖、部分函数依赖和传递函数依赖。

3.22 什么是范式？什么是关系模式规范化？关系模式规范化的目的是什么？

3.23 简述关系模式规范化的过程。

3.24 简述 Armstrong 公理系统的推理规则。

3.25 什么是函数依赖集 F 的闭包？

3.26 什么是最小函数依赖集？简述求最小函数依赖集的步骤。

3.27 简述模式分解的定义。

四、应用题

3.28 设有关系模式 R(A, B, C, D)，其函数依赖集 F={CD→B, B→A}。

（1）说出 R 不是 3NF 的理由。

（2）将 R 分解为 3NF 的模式集。

3.29 设有关系模式 R(W, X, Y, Z)，其函数依赖集 F={X→Z, WX→Y}。

（1）R 属于第几范式。

（2）如果关系 R 不属于 BCNF，将 R 分解为 BCNF。

3.30 设有关系模式 R(A, B, C)，其函数依赖集 F={C→B，B→A}。

（1）求 R 的候选码。

（2）判断 R 是否为 3NF，并说出理由。

（3）如果不是，将 R 分解为 3NF 模式集。

3.31 设有关系模式 R(A, B, C, D)，其函数依赖集 F={A→C, C→A, B→AC, D→AC, BD→A}。

（1）计算 $(AD)^+$。

（2）求 R 的候选码。

（3）求 F 的最小函数依赖集。

（4）将 R 分解为 3NF，使其既具有无损连接性又保持函数依赖。

第 4 章　SQL Server 概述

本章要点

- SQL Server 的发展历史
- SQL Server 2014 的特点
- SQL Server 2014 的安装要求和安装步骤
- SQL Server 服务器组件和管理工具
- 启动 SQL Server Management Studio 的操作步骤

开发一个数据库应用系统，在本书中前台使用的程序开发环境为 Java EE，后台使用的数据库平台为 SQL Server。本章对 SQL Server 进行介绍，主要内容有 SQL Server 的发展历史和版本、SQL Server 2014 的特点、SQL Server 2014 的安装、服务器组件和管理工具、SQL Server Management Studio 环境等内容。

4.1　SQL Server 的发展历史和版本

1. SQL Server 的发展历史

1988 年，Microsoft、Sybase 和 Ashton-Tate 三家公司联合开发出运行于 OS/2 操作系统上的 SQL Server 1.0。

1995 年，SQL Server 6.0 第一次完全由 Microsoft 公司开发。

1996 年，Microsoft 公司发布了 SQL Server 6.5，提供了成本低的可以满足众多小型商业应用的数据库方案。

1998 年，Microsoft 公司发布了 SQL Server 7.0，在数据库存储和数据库引擎方面发生了根本变化，提供了面向中、小型商业应用数据库功能的支持。

2000 年，Microsoft 公司发布了 SQL Server 2000（SQL Server 8.0），具有使用方便、可伸缩性好、相关软件集成度高等特点。

2005 年，Microsoft 公司发布了 SQL Server 2005（SQL Server 9.0），它是一个全面的数据库平台，使用集成的商业智能工具提供了企业级的数据管理，加入了分析报表和集成等功能。

2008 年，Microsoft 公司发布了 SQL Server 2008（SQL Server 10.0），增加了许多新特性并改进了关键性功能，支持关键任务企业数据平台、动态开发、关系数据和商业智能。

2012 年，Microsoft 公司发布了 SQL Server 2012（SQL Server 11.0），走向云端，为数据云提供数据整合服务。

2014 年，Microsoft 公司发布了 SQL Server 2014（SQL Server 12.0）。

2. SQL Server 2014 的版本

SQL Server 2014 是一个产品系列，运行在 Windows 操作系统上，其版本有企业版（Enterprise Edition）、商业智能版（Business Intelligence Edition）、标准版（Standard Edition）、网络版（Web Edition）、开发版（Developer Edition）和快捷版（Express Edition），根据需要和运行环境，用户可以选择不同的版本。

4.2　SQL Server 2014 的特点

SQL Server 2014 具有以下新特点。

（1）混合云方面：Microsoft 公司提出混合云策略，对传统的公有云、私有云、混合云环境提供支持。

（2）对物理 I/O 资源的控制：能够为私有云提供有效的控制、分配并隔离物理 I/O 资源。

（3）内置内存技术：集成内存 OLTP 技术，针对数据仓库改善内存的列存储技术。

（4）扩展性方面：在计算扩展方面，可以支持高达 640 个逻辑处理器，每个虚拟机 64个 CPU；在网络扩展方面，通过网络虚拟化技术提升数据库的灵活性与隔离性。

（5）商业智能：可以通过熟悉的工具加速实现商业智能。

4.3　SQL Server 2014 的安装

4.3.1　SQL Server 2014 的安装要求

1. 操作系统要求

Windows 7、Windows 8、Windows 10、Windows Server 2008 R2 SP1。

2. 硬件要求

1）CPU

最低 Intel 1.4 GHz（或同等性能的兼容处理器），建议使用 2 GHz 或速度更快的处理器。

2）内存

最小 1GB，推荐使用 4GB 的内存。

3）硬盘空间

完全安装 SQL Server 需要 6GB 以上的硬盘空间。

4.3.2　SQL Server 2014 的安装步骤

SQL Server 2014 的安装步骤如下。

（1）进入"SQL Server 安装中心"窗口：双击 SQL Server 安装文件夹中的 setup.exe

应用程序，屏幕上出现"SQL Server 安装中心"窗口，单击"安装"，出现如图 4.1 所示的界面，然后单击"全新 SQL Server 独立安装或向现有安装添加功能"选项。

图 4.1 "SQL Server 安装中心"窗口

（2）进入"全局规则"窗口：只有通过全局规则，安装程序才能继续进行，如图 4.2 所示，单击"下一步"按钮。

图 4.2 "全局规则"窗口

（3）进入"功能选择"窗口：单击"全选"按钮，单击"下一步"按钮。
（4）进入"实例配置"窗口：选中"默认实例"单选按钮，在"实例 ID"文本框中已自动填入 MSSQLSERVER，如图 4.3 所示，单击"下一步"按钮。

图 4.3 "实例配置"窗口

（5）进入"服务器配置"窗口：选择"对所有 SQL Server 服务使用相同的账户"，出现一个新窗口，在"账户名"文本框中输入 NT AUTHORITY\SYSTEM，单击"确定"按钮，出现如图 4.4 所示的窗口。

图 4.4 "服务器配置"窗口

（6）进入"数据库引擎配置"窗口：单击"下一步"按钮，进入"数据库引擎配置"窗口，选中"混合模式"单选按钮，单击"添加当前用户"按钮，在"指定 SQL Server 管理员"框中自动填入 dell-PC\dell(dell)，在"输入密码"和"确认密码"文本框中设置密码为 123456，如图 4.5 所示。

图 4.5 "数据库引擎配置"窗口

(7) 进入 "Analysis Services 配置" 窗口：单击 "下一步" 按钮，进入 "Analysis Services 配置" 窗口，单击 "添加当前用户" 按钮，在 "指定哪些用户具有对 Analysis Services 的管理权限" 框中自动填入 dell-PC\dell(dell)，单击 "下一步" 按钮。

(8) 进入 "功能配置规则" 窗口和 "安装进度" 窗口：以下的 "Reporting Services 配置" 窗口、"错误和使用情况报告" 窗口都单击 "下一步" 按钮，进入 "功能配置规则" 窗口，单击 "下一步" 按钮，进入 "准备安装" 窗口，单击 "安装" 按钮，进入 "安装进度" 窗口，单击 "下一步" 按钮，进入安装过程，安装过程完成后单击 "下一步" 按钮。

(9) 进入 "完成" 窗口：进入 "完成" 窗口，如图 4.6 所示，单击 "关闭" 按钮，完成全部安装过程。

图 4.6 "完成"窗口

SQL Server 概述

4.4 服务器组件和管理工具

4.4.1 服务器组件

SQL Server 服务器组件包括数据库引擎、分析服务、报表服务、集成服务等。

1. 数据库引擎（database engine）

数据库引擎用于存储、处理和保护数据的核心服务，例如创建数据库、创建表和视图、数据查询、可控访问权限、快速事务处理等。

实例（instances）即 SQL Server 服务器（Server），同一台计算机上可以同时安装多个 SQL Server 数据库引擎实例，例如可在同一台计算机上安装两个 SQL Server 数据库引擎实例，分别管理学生成绩数据和教师上课数据，两者互不影响。实例分为默认实例和命名实例两种类型，安装 SQL Server 数据库通常选择默认实例进行安装。

- 默认实例：默认实例由运行该实例的计算机的名称唯一标识，SQL Server 默认实例的服务名称为 MSSQLSERVER，一台计算机上只能有一个默认实例。
- 命名实例：命名实例可在安装过程中用指定的实例名标识，命名实例的格式为计算机名\实例名，命名实例的服务名称即为指定的实例名。

2. 分析服务（SQL Server Analysis Services，SSAS）

分析服务为商业智能应用程序提供联机分析处理（OLAP）和数据挖掘功能。

3. 报表服务（SQL Server Reporting Services，SSRS）

报表服务是基于服务器的报表平台，可以用来创建和管理包含关系数据源和多维数据源中的数据的表格、矩阵报表、图形报表、自由格式报表等。

4. 集成服务（SQL Server Integration Services，SSIS）

集成服务主要用于清理、聚合、合并、复制数据的转换以及管理 SSIS 包，提供生产并调试 SSIS 包的图形向导工具，执行 FTP、电子邮件消息传递等操作。

4.4.2 管理工具

安装完成后单击"开始"按钮，选择"所有程序"→Microsoft SQL Server 命令，即可查看 SQL Server 管理工具，如图 4.7 所示。

- SQL Server Management Studio：为数据库管理员和开发人员提供图形化和集成开发环境。
- SQL Server 配置管理器：用于管理与 SQL Server 相关联的服务，管理服务器和客户端网络配置设置。

单击"开始"按钮，选择"所有程序"→Microsoft SQL Server→"配置工具"→"SQL Server 配置管理器"命令，出现"SQL Server 配置管理器"窗口，如图 4.8 所示。

图 4.7　SQL Server 管理工具

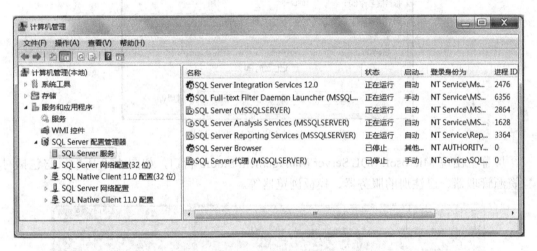

图 4.8　"SQL Server 配置管理器"窗口

注意：在 SQL Server 正常运行以后，如果启动 SQL Server Management Studio 并连接到 SQL Server 服务器时出现不能连接到 SQL Server 服务器的错误，应首先检查 SQL Server 配置管理器中的 SQL Server 服务是否已经正在运行。

- SQL Server 安装中心：安装、升级、更改 SQL Server 实例中的组件。
- Reporting Services 配置管理器：提供报表服务器配置统一的查看、设置和管理方式。
- SQL Server Profiler：提供用于监视 SQL Server 数据库引擎实例或 Analysis Services 实例的图形用户界面。
- 数据库引擎优化顾问：它是一个性能优化工具，可以协助用户创建索引、索引视图和分区的最佳组合。

4.5 SQL Server Management Studio 环境

启动 SQL Server Management Studio 的操作步骤如下。

单击"开始"按钮，选择"所有程序"→Microsoft SQL Server→SQL Server Management Studio 命令，弹出"连接到服务器"对话框，在"服务器名称"框中选择 local，在"身份验证"框中选择"SQL Server 身份验证"，在"登录名"框中选择 sa，在"密码"框中输入 123456 （此为安装过程中设置的密码），如图 4.9 所示，单击"连接"按钮，即可以混合模式启动 SQL Server Management Studio 并连接到 SQL Server 服务器。

图 4.9 "连接到服务器"对话框

屏幕上出现 Microsoft SQL Server Management Studio 窗口，如图 4.10 所示，它包括对象资源管理器、已注册的服务器、模板浏览器等。

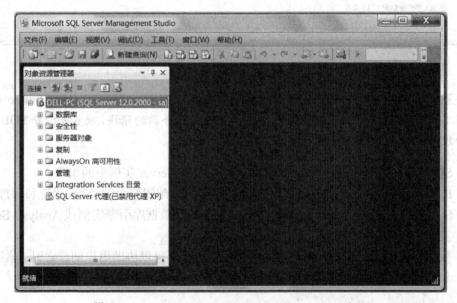

图 4.10 Microsoft SQL Server Management Studio 窗口

1. 对象资源管理器

在"对象资源管理器"窗口中包括数据库、安全性、服务器对象、复制、管理、SQL Server 代理等对象。选择"数据库"→"系统数据库"→master 命令，即展开表、视图、同义词、可编程性、存储、安全性等子对象，如图 4.11 所示。

2. 已注册的服务器

选择"视图"→"已注册的服务器"命令，进入"已注册的服务器"窗口，在"已注册的服务器"窗口中包括数据库引擎、Analysis Services、Reporting Services、Integration Services 4 种服务类型，可用该窗口的工具栏中的按钮切换。

3. 模板浏览器

在 Microsoft SQL Server Management Studio 窗口的菜单栏中选择"视图"→"模板浏览器"命令，该窗口的右侧出现"模板浏览器"窗口，如图 4.12 所示。在"模板浏览器"窗口中可以找到 100 多个对象。

图 4.11 "对象资源管理器"窗口

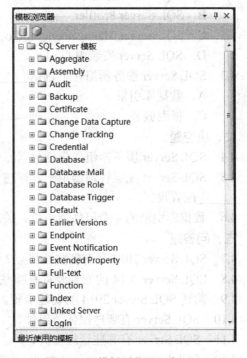

图 4.12 "模板浏览器"窗口

4.6 小 结

本章主要介绍了以下内容。

（1）SQL Server 的发展历史、SQL Server 2014 的新特性、SQL Server 2014 的版本。

（2）SQL Server 2014 的安装要求和安装步骤。

（3）SQL Server 服务器组件包括数据库引擎、分析服务、报表服务、集成服务等。

SQL Server 管理工具包括 SQL Server Management Studio、SQL Server 安装中心、Reporting Services 配置管理器、SQL Server Profiler、数据库引擎优化顾问等。

（4）启动 SQL Server Management Studio 的操作步骤，SQL Server Management Studio 中的对象资源管理器、已注册的服务器、模板浏览器。

习 题 4

一、选择题

4.1　SQL Server 是_____。

   A．数据库　　　　　　　　　　　B．DBMS
   C．DBA　　　　　　　　　　　　D．数据库系统

4.2　SQL Server 为数据库管理员和开发人员提供的图形化和集成开发环境是_____。

   A．SQL Server 配置管理器
   B．SQL Server Profiler
   C．SQL Server Management Studio
   D．SQL Server 安装中心

4.3　SQL Server 服务器组件不包括_____。

   A．数据库引擎　　　　　　　　　B．分析服务
   C．报表服务　　　　　　　　　　D．SQL Server 配置管理器

二、填空题

4.4　SQL Server 服务器组件包括数据库引擎、分析服务、报表服务和_____。

4.5　SQL Server 配置管理器用于管理与 SQL Server 相关联的服务,管理服务器和客户端_____配置设置。

4.6　数据库引擎的 4 个组件为协议、关系引擎、存储引擎和_____。

三、问答题

4.7　SQL Server 2014 具有哪些新特点？

4.8　SQL Server 2014 的安装要求有哪些？

4.9　简述 SQL Server 2014 的安装步骤。

4.10　SQL Server 有哪些服务器组件？

4.11　SQL Server 有哪些管理工具？

4.12　SQL Server Management Studio 有哪些功能？

4.13　简述启动 SQL Server Management Studio 的操作步骤。

4.14　SQL Server 配置管理器有哪些功能？

4.15　简述一个基本的 SELECT 查询的执行流程。

四、上机实验题

4.16　安装 SQL Server 2014。

第5章 | 创建和修改数据库

本章要点

- 逻辑数据库和物理数据库
- 使用图形用户界面创建 SQL Server 数据库
- 使用图形用户界面修改 SQL Server 数据库
- 使用图形用户界面删除 SQL Server 数据库

使用 SQL Server 设计和实现信息系统,首先要设计和实现数据的表示和存储,即创建数据库,数据库是 SQL Server 用于组织和管理数据的基本对象,SQL Server 能够支持多个数据库。本章介绍 SQL Server 数据库的基本概念、创建 SQL Server 数据库等内容。从本章起以后各章的 SQL Server 都是指 SQL Server 2014。

5.1 SQL Server 数据库的基本概念

数据库是 SQL Server 存储和管理数据的基本对象,下面从逻辑数据库和物理数据库两个角度进行讨论。

5.1.1 逻辑数据库

从用户的观点看,组成数据库的逻辑成分称为数据库对象,SQL Server 数据库由存放数据的表以及支持这些数据的存储、检索、安全性和完整性的对象所组成。

1. 数据库对象

SQL Server 的数据库对象包括表(table)、视图(view)、索引(index)、存储过程(stored procedure)、触发器(trigger)等,下面介绍常用的数据库对象。

- 表:表是包含数据库中所有数据的数据库对象,由行和列构成,它是最重要的数据库对象。
- 视图:视图是由一个表或多个表导出的表,又称为虚拟表。
- 索引:加快数据检索速度并可以保证数据唯一性的数据结构。
- 存储过程:完成特定功能的 T-SQL 语句集合,编译后存放在服务器端的数据库中。
- 触发器:它是一种特殊的存储过程,当某个规定的事件发生时该存储过程自动执行。

2. 系统数据库和用户数据库

SQL Server 的数据库有两类,一类是系统数据库,另一类是用户数据库。

1）系统数据库

SQL Server 在安装时创建 4 个系统数据库，即 master、model、msdb 和 tempdb。系统数据库存储有关 SQL Server 的系统信息，当系统数据库受到破坏时 SQL Server 将不能正常启动和工作。

- master 数据库：它是系统最重要的数据库，记录了 SQL Server 的系统信息，例如登录账号、系统配置、数据库位置及数据库错误信息等，用于控制用户数据库和 SQL Server 的运行。
- model 数据库：为创建数据库提供模板。
- msdb 数据库：该数据库是代理服务数据库，为调度信息、作业记录等提供存储空间。
- tempdb 数据库：它是一个临时数据库，为临时表和临时存储过程提供存储空间。

2）用户数据库

用户数据库是由用户创建的数据库，本书所创建的数据库都是用户数据库，用户数据库和系统数据库在结构上是相同的。

3. 完全限定名和部分限定名

在 T-SQL 中引用 SQL Server 对象对其进行查询、插入、修改、删除等操作，所使用的 T-SQL 语句需要给出对象的名称，用户可以使用完全限定名和部分限定名。

1）完全限定名

完全限定名是对象的全名，SQL Server 创建的每个对象都有唯一的完全限定名，它由 4 个部分组成，即服务器名、数据库名、数据库架构名和对象名，其格式如下。

```
server.database.scheme.object
```

例如，DELL-PC.stsc.dbo.student 为一个完全限定名。

2）部分限定名

使用完全限定名往往很烦琐且没有必要，因此经常省略其中的某些部分。在对象全名的 4 个部分中，前 3 个部分均可被省略，当省略中间的部分时圆点符 "."不可省略。这种只包含对象完全限定名中的一部分的对象名称为部分限定名。

在部分限定名中，未指出的部分使用以下默认值。

服务器：默认为本地服务器。

数据库：默认为当前数据库。

数据库架构名：默认为 dbo。

部分限定名的格式如下。

```
server.database...object          /*省略架构名*/
server.. scheme.object            /*省略数据库名*/
database. scheme.object           /*省略服务器名*/
server...object                   /*省略架构名和数据库名*/
scheme.object                     /*省略服务器名和数据库名*/
object                            /*省略服务器名、数据库名和架构名*/
```

例如，完全限定名 DELL-PC.stsc.dbo.student 的部分限定名如下。

```
DELL-PC.stsc..student
DELL-PC..dbo.student
stsc.dbo.student
DELL-PC..student
dbo.student
student
```

5.1.2 物理数据库

从系统的观点看，数据库是存储逻辑数据库的各种对象的实体，它们存放在计算机的存储介质中，从这个角度称数据库为物理数据库。SQL Server 的物理数据库架构包括页和区、数据库文件、数据库文件组等。

1. 页和区

页和区是 SQL Server 数据库的两个主要的数据存储单位。

- 页：每个页的大小是 8KB，每 1MB 的数据文件可以容纳 128 页，页是 SQL Server 中用于数据存储的最基本的单位。
- 区：每 8 个连接的页组成一个区，区的大小是 64KB，1MB 的数据库有 16 个区，区用于控制表和索引的存储。

2. 数据库文件

SQL Server 采用操作系统文件来存放数据库，使用的文件有主数据文件、辅助数据文件、日志文件 3 类。

（1）主数据文件（primary）：主数据文件用于存储数据，每个数据库必须有也只能有一个主文件，它的默认扩展名为.mdf。

（2）辅助数据文件（secondary）：辅助数据文件也用于存储数据，在一个数据库中辅助数据文件可以创建多个，也可以没有，辅助数据文件的默认扩展名为.ndf。

（3）日志文件（transaction log）：日志文件用于保存恢复数据库所需的事务日志信息。每个数据库至少有一个日志文件，也可以有多个，日志文件的扩展名为.ldf。

3. 数据库文件组

为了管理和分配数据，将多个文件组织在一起，组成文件组，对它们进行整体管理，以提高表中数据的查询效率。SQL Server 提供了两类文件组，即主文件组和用户定义文件组。

（1）主文件组：包含主要数据文件和任何没有指派给其他文件组的文件，数据库的系统表均分配在主文件组中。

（2）用户定义文件组：包含所有使用 CREATE DATABASE 或 ALTER DATABASE 语句并用 FILEGROUP 关键字指定的文件组。

5.2 SQL Server 数据库的操作

SQL Server 提供了两种方法创建 SQL Server 数据库，一种方法是使用 SQL Server

创建和修改数据库

Management Studio 的图形用户界面创建 SQL Server 数据库，另一种方法是使用 T-SQL 语句创建 SQL Server 数据库，本节只介绍前一种方法，后一种方法将在后面的章节介绍。

创建 SQL Server 数据库包括创建数据库、修改数据库、删除数据库等内容，下面分别介绍。

5.2.1 创建数据库

在使用数据库之前首先需要创建数据库。在学生成绩管理系统中，我们以创建名称为 stsc 的学生成绩数据库为例说明创建数据库的步骤。

【例 5.1】 使用 SQL Server Management Studio 创建 stsc 数据库。

创建 stsc 数据库的操作步骤如下。

（1）单击"开始"按钮，选择"所有程序"→Microsoft SQL Server→SQL Server Management Studio，弹出"连接到服务器"对话框，在"服务器名称"框中选择 local，在"身份验证"框中选择"SQL Server 身份验证"，在"登录名"框中选择 sa，在"密码"框中输入 123456，单击"连接"按钮，连接到 SQL Server 服务器。

（2）屏幕上出现 Microsoft SQL Server Management Studio 窗口，在左边的"对象资源管理器"窗口中选中"数据库"节点，然后右击，在弹出的快捷菜单中选择"新建数据库"命令，如图 5.1 所示。

图 5.1 选择"新建数据库"命令

（3）进入"新建数据库"窗口，在该窗口的左上方有 3 个选项，即"常规""选项"和"文件组"。

在"数据库名称"文本框中输入创建的数据库名称 stsc，"所有者"文本框使用系统默认值，系统自动在"数据库文件"列表中生成一个主数据文件 stsc.mdf 和一个日志文件 stsc_log.ldf，主数据文件 stsc.mdf 的初始大小为 3MB，增量为 1MB，存放的路径为"C:\Program Files\Microsoft SQL Server\MSSQL12.MSSQLSERVER\MSSQL\DATA"；日志文件 stsc_log.ldf 的初始大小为 1MB，增量为 10%，存放的路径与主数据文件的路径相同，如图 5.2 所示。

图 5.2 "新建数据库"窗口

这里只配置"常规"选项卡,其他选项卡采用系统默认设置。

(4)单击"确定"按钮,stsc 数据库创建完成,在"C:\Program Files\Microsoft SQL Server\MSSQL12.MSSQLSERVER\MSSQL"下的 DATA 文件夹中增加了两个数据文件 stsc.mdf 和 stsc_log.ldf。

5.2.2 修改数据库

在数据库创建之后,用户可以根据需要对数据库进行以下修改。

- 增加或删除数据文件,改变数据文件的大小和增长方式。
- 增加或删除日志文件,改变日志文件的大小和增长方式。
- 增加或删除文件组。

【例 5.2】 在 abc 数据库(已创建)中增加数据文件 abcbk.ndf 和日志文件 abcbk_log.ldf。操作步骤如下。

(1)启动 SQL Server Management Studio,在左边的"对象资源管理器"窗口中展开"数据库"节点,选中数据库 abc,然后右击,在弹出的快捷菜单中选择"属性"命令。

(2)在"数据库属性-abc"窗口中单击"选择页"中的"文件"选项,进入文件设置页面,如图 5.3 所示。通过本窗口可增加数据文件和日志文件。

(3)增加数据文件:单击"添加"按钮,在"数据库文件"列表中出现一个新的文件位置,单击"逻辑名称"文本框并输入名称"abcbk",单击"初始大小"文本框,通过该框后的微调按钮将大小设置为 5,"文件类型"文本框、"文件组"文本框、"自动增长/最大大小"文本框和"路径"文本框都选择默认值。

(4)增加日志文件:单击"添加"按钮,在"数据库文件"列表中出现一个新的文件位置，单击"逻辑名称"文本框并输入名称"abcbk_log"，单击"文件类型"文本框，通过该框后的下拉箭头设置为"日志"，"初始大小"文本框、"文件组"文本框、"自动增长/最大大小"文本框和"路径"文本框都选择默认值，如图5.4所示，单击"确定"按钮。

图 5.3　文件设置页面

图 5.4　增加数据文件和日志文件

在"C:\Program Files\Microsoft SQL Server\MSSQL12.MSSQLSERVER\MSSQL"下的DATA 文件夹中增加了辅助数据文件 abcbk.ndf 和日志文件 abcbk_log.ldf。

【例 5.3】 在 abc 数据库中删除数据文件和日志文件。

操作步骤如下。

（1）启动 SQL Server Management Studio，在左边的"对象资源管理器"窗口中展开"数据库"节点，选中数据库 abc，然后右击，在弹出的快捷菜单中选择"属性"命令。

（2）出现"数据库属性-abc"窗口，单击"选择页"中的"文件"选项，进入文件设置页面。

通过本窗口可删除数据文件和日志文件。

（3）选择 abcbk.ndf 数据文件，单击"删除"按钮，该数据文件被删除。

（4）选择 abcbk_log.ldf 日志文件，单击"删除"按钮，该日志文件被删除。

（5）单击"确定"按钮，返回 SQL Server Management Studio 窗口。

5.2.3 删除数据库

数据库运行后需要消耗资源，往往会降低系统的运行效率，通常将不再需要的数据库删除，以释放资源。删除数据库之后，其文件及数据都会从服务器上的磁盘中删除，并永久删除，除非使用以前的备份，所以在删除数据库时应谨慎。

【例 5.4】 删除 abc 数据库。

删除 abc 数据库的操作步骤如下。

（1）启动 SQL Server Management Studio，在左边的"对象资源管理器"窗口中展开"数据库"节点，选中数据库 abc，然后右击，在弹出的快捷菜单中选择"删除"命令。

（2）弹出"删除对象"对话框，单击"确定"按钮，abc 数据库被删除。

5.3 小 结

本章主要介绍了以下内容。

（1）数据库是 SQL Server 存储和管理数据的基本对象，我们从逻辑数据库和物理数据库两个角度进行讨论。

（2）从用户的观点看，组成数据库的逻辑成分称为数据库对象，SQL Server 数据库由存放数据的表以及支持这些数据的存储、检索、安全性和完整性的对象所组成。

SQL Server 的数据库对象包括表（table）、视图（view）、索引（index）、存储过程（stored procedure）、触发器（trigger）等。

SQL Server 的数据库有两类，一类是系统数据库，另一类是用户数据库。SQL Server 在安装时创建 4 个系统数据库，即 master、model、msdb 和 tempdb。用户数据库是由用户创建的数据库。

（3）从系统的观点看，数据库是存储逻辑数据库的各种对象的实体，它们存放在计算机的存储介质中，从这个角度称数据库为物理数据库。SQL Server 的物理数据库架构包括页和区、数据库文件、数据库文件组等。

页和区是 SQL Server 数据库的两个主要的数据存储单位。每个页的大小是 8KB，每 8

个连接的页组成一个区，区的大小是 64KB。

SQL Server 采用操作系统文件来存放数据库，使用的数据库文件有主数据文件、辅助数据文件、日志文件 3 类。

SQL Server 提供了两类文件组，即主文件组和用户定义文件组。

（4）使用 SQL Server Management Studio 的图形用户界面创建 SQL Server 数据库包括创建数据库、修改数据库、删除数据库等内容。

习 题 5

一、选择题

5.1 在 SQL Server 中创建用户数据库，其主要数据文件的大小必须大于_____。

    A．master 数据库的大小   B．model 数据库的大小

    C．msdb 数据库的大小   D．3MB

5.2 在 SQL Server 中，如果数据库 tempdb 的空间不足，可能会造成一些操作无法进行，此时需要扩大 tempdb 的空间。下列关于扩大 tempdb 空间的方法错误的是_____。

    A．手工扩大 tempdb 中某数据文件的大小

    B．设置 tempdb 中的数据文件为自动增长方式，每当空间不够时让其自动增长

    C．手工为 tempdb 增加一个数据文件

    D．删除 tempdb 中的日志内容，以获得更多的数据空间

5.3 在 SQL Server 中创建用户数据库，实际上就是定义数据库所包含的文件以及文件的属性。下列不属于数据文件属性的是_____。

    A．初始大小   B．物理文件名   C．文件结构   D．最大大小

5.4 SQL Server 数据库是由文件组成的。下列关于数据库所包含的文件的说法中正确的是_____。

    A．一个数据库可包含多个主要数据文件和多个日志文件

    B．一个数据库只能包含一个主要数据文件和一个日志文件

    C．一个数据库可包含多个次要数据文件，但只能包含一个日志文件

    D．一个数据库可包含多个次要数据文件和多个日志文件

5.5 在 SQL Server 系统数据库中，存放用户数据库公共信息的是_____。

    A．master   B．model   C．msdb   D．tempdb

二、填空题

5.6 从用户的观点看，组成数据库的_____称为数据库对象。

5.7 SQL Server 的数据库对象包括表、_____、索引、存储过程、触发器等。

5.8 SQL Server 的物理数据库架构包括页和区、_____、数据库文件组等。

5.9 SQL Server 数据库的每个页的大小是 8KB，每个区的大小是_____。

5.10 SQL Server 使用的数据库文件有主数据文件、辅助数据文件、_____3 类。

三、问答题

5.11 SQL Server 有哪些数据库对象？

5.12　SQL Server 数据库中包含哪几种文件？

5.13　简述使用 SQL Server Management Studio 创建数据库的步骤。

四、上机实验题

5.14　参照例 5.1 创建 stsc 数据库。

5.15　使用 SQL Server Management Studio 创建 library 数据库。

5.16　使用 SQL Server Management Studio 创建 test 数据库，增加数据文件 testbk.ndf 和日志文件 testbk_log.ldf，然后删除增加的数据文件和日志文件，最后删除 test 数据库。

创建和修改数据库

第 6 章　　创建和使用表

本章要点

- 表和表结构
- 数据类型
- 表结构设计
- 使用图形用户界面创建表
- 使用图形用户界面操作表

表是最重要的数据库对象，它是由行和列构成的集合，用来存储数据。本章介绍表的基本概念、创建 SQL Server 表、表数据的操作等内容。

6.1　表的基本概念

在 SQL Server 中，每个数据库包括若干表，表用于存储数据。在建立数据库的过程中最重要的一步就是创建表，下面介绍创建表要用到的两个基本概念——表和数据类型。

6.1.1　表和表结构

表是 SQL Server 中最基本的数据库对象，是用于存储数据的一种逻辑结构，由行和列组成，又称为二维表。例如在学生成绩管理系统中，表 6.1 是一个学生表（student）。

表 6.1　学生表（student）

学　　号	姓　　名	性　　别	出 生 日 期	专　　业	总 学 分
121001	李贤友	男	1991-12-30	通信	52
121002	周映雪	女	1993-01-12	通信	49
121005	刘刚	男	1992-07-05	通信	50
122001	郭德强	男	1991-10-23	计算机	48
122002	谢萱	女	1992-09-11	计算机	52
122004	孙婷	女	1992-02-24	计算机	50

（1）表：表是数据库中存储数据的数据库对象，每个数据库包含了若干个表，表由行和列组成。例如，表 6.1 由 8 行 5 列组成。

（2）表结构：每个表具有一定的结构，表结构包含一组固定的列，列由数据类型、长度、允许 null 值等组成。

（3）记录：每个表包含若干行数据，表中的一行称为一个记录（record）。表 6.1 中有 6 个记录。

（4）字段：表中的每列称为字段（field），每个记录由若干个数据项（列）构成，构成记录的每个数据项就称为字段。表 6.1 中有 6 个字段。

（5）空值：空值（null）通常表示未知、不可用或将在以后添加的数据。

（6）关键字：关键字用于唯一标识记录，如果表中记录的某一字段或字段组合能唯一标识记录，则该字段或字段组合称为候选关键字（candidate key）。如果一个表有多个候选关键字，则选定其中的一个为主关键字（primary key），又称为主键。表 6.1 中的主键为"学号"。

6.1.2 数据类型

创建数据库最重要的一步是创建其中的数据表，创建数据表必须定义表结构和设置列的数据类型、长度等，下面介绍 SQL Server 系统数据类型，包括整数型、精确数值型、浮点型、货币型、位型、字符型、Unicode 字符型、文本型、二进制型、日期时间类型、时间戳型、图像型、其他数据类型等，如表 6.2 所示。

表 6.2　SQL Server 系统数据类型

数 据 类 型	符 号 标 识
整数型	bigint、int、smallint、tinyint
精确数值型	decimal、numeric
浮点型	float、real
货币型	money、smallmoney
位型	bit
字符型	char、varchar
Unicode 字符型	nchar、nvarchar
文本型	text、ntext
二进制型	binary、varbinary
日期时间类型	datetime、smalldatetime、date、time、datetime2、datetimeoffset
时间戳型	timestamp
图像型	image
其他	cursor、sql_variant、table、uniqueidentifier、xml、hierarchyid

1. 整数型

整数型包括 bigint、int、smallint 和 tinyint 4 类。

1）bigint（大整数）

精度为 19 位，长度为 8 字节，数值范围为 $-2^{63} \sim 2^{63}-1$。

2）int（整数）

精度为 10 位，长度为 4 字节，数值范围为 $-2^{31} \sim 2^{31}-1$。

3）smallint（短整数）

精度为 5 位，长度为 2 字节，数值范围为 $-2^{15} \sim 2^{15}-1$。

4）tinyint（微短整数）

精度为 3 位，长度为 1 字节，数值范围为 0～255。

101

第 6 章

创建和使用表

2. 精确数值型

精确数值型包括 decimal 和 numeric 两类，这两种数据类型在 SQL Server 中功能上是完全等价的。

精确数值型数据由整数部分和小数部分构成，可存储从$-10^{38}+1$到$10^{38}-1$的固定精度和小数位的数字数据，它的存储长度最少为 5 字节，最多为 17 字节。

精确数值型数据的格式如下。

```
numeric | decimal(p[,s])
```

其中 p 为精度，s 为小数位数，s 的默认值为 0。

例如指定某列为精确数值型，精度为 7，小数位数为 2，则为 decimal(7,2)。

3. 浮点型

浮点型又称近似数值型，近似数值数据类型包括 float[(n)]和 real 两类，这两类通常都使用科学记数法表示数据。科学记数法的格式如下。

尾数E阶数

其中，阶数必须为整数。

1）real

精度为 7 位，长度为 4 字节，数值范围为$-3.40E+38 \sim 3.40E+38$。

2）float[(n)]

当 n 为 1～24 时，精度为 7 位，长度为 4 字节，数值范围为$-3.40E+38 \sim 3.40E+38$。

当 n 为 25～53 时，精度为 15 位，长度为 8 字节，数值范围为$-1.79E+308 \sim 1.79E+308$。

4. 货币型

处理货币的数据类型有 money 和 smallmoney，它们用十进制数表示货币值。

1）money

精度为 19，小数位数为 4，长度为 8 字节，数值范围为$-2^{63} \sim 2^{63}-1$。

2）smallmoney

精度为 10，小数位数为 4，长度为 4 字节，数值范围为$-2^{31} \sim 2^{31}-1$。

5. 位型

SQL Server 中的位（bit）型数据只存储 0 和 1，长度为一个字节，相当于其他语言中的逻辑型数据。若一个表中有小于 8 位的 bit 列，将作为一个字节存储，如果表中有 9 到 16 位 bit 列，将作为两个字节存储，以此类推。

当为 bit 类型数据赋 0 时，其值为 0；当赋非 0 时，其值为 1。

字符串值 TRUE 和 FALSE 可以转换为 bit 值：TRUE 转换为 1，FALSE 转换为 0。

6. 字符型

字符型数据用于存储字符串，在字符串中可包括字母、数字和其他特殊符号。在输入字符串时需要将串中的符号用单引号或双引号括起来，例如'def'、" Def<Ghi "。

SQL Server 字符型包括两类，即固定长度字符数据类型（char）、可变长度字符数据类型（varchar）。

1）char[(*n*)]

固定长度字符数据类型，其中 *n* 定义字符型数据的长度，*n* 的取值范围为 1～8000，默认值为 1。若输入字符串的长度小于 *n*，则系统自动在它的后面添加空格以达到长度 *n*。例如某列的数据类型为 char(100)，而输入的字符串为"NewYear2013"，则存储的是字符 NewYear2013 和 89 个空格。若输入字符串的长度大于 *n*，则截断超出的部分。当列值的字符数基本相同时可采用 char[(*n*)]数据类型。

2）varchar[(*n*)]

可变长度字符数据类型，其中 *n* 的规定与定长字符数据类型 char[(*n*)]中的 *n* 完全相同，与 char[(*n*)]不同的是 varchar(n)数据类型的存储空间随列值的字符数变化。例如，表中某列的数据类型为 varchar(100)，而输入的字符串为"NewYear2013"，则存储的字符 NewYear2013 的长度为 11 字节，其后不添加空格，因而 varchar(n)数据类型可以节省存储空间，特别是在列值的字符数显著不同时。

7. Unicode 字符型

Unicode 是"统一字符编码标准"，用于支持国际上非英语语种的字符数据的存储和处理。Unicode 字符型包括 nchar[(*n*)]和 nvarchar[(*n*)]两类。nchar[(*n*)]、nvarchar[(*n*)]和 char[(*n*)]、varchar(n)类似，只是前者使用 Unicode 字符集，后者使用 ASCII 字符集。

1）nchar[(*n*)]

固定长度 Unicode 数据的数据类型，*n* 的取值为 1～4000，长度为 2*n* 字节，若输入字符串的长度不足 *n*，将以空白字符补足。

2）nvarchar[(*n*)]

可变长度 Unicode 数据的数据类型，*n* 的取值为 1～4000，长度是所输入字符个数的两倍。

8. 文本型

由于字符型数据的最大长度为 8000 个字符，若存储超出上述长度的字符数据（例如较长的备注、日志等），则不能满足应用需求，此时需要文本型数据。

文本型包括 text 和 ntext 两类，分别对应 ASCII 字符和 Unicode 字符。

1）text

最大长度为 $2^{31}-1$（2 147 483 647）个字符，存储字节数与实际字符个数相同。

2）ntext

最大长度为 $2^{30}-1$（1 073 741 823）个 Unicode 字符，存储字节数是实际字符个数的两倍。

9. 二进制型

二进制数据类型表示的是位数据流，包括 binary（固定长度）和 varbinary（可变长度）两种。

1）binary[(*n*)]

固定长度的 *n* 字节二进制数据，*n* 的取值范围为 1～8000，默认值为 1。

binary(n)数据的存储长度为 *n*+4 字节。若输入数据的长度小于 *n*，则不足部分用 0 填充；若输入数据的长度大于 *n*，则多余部分被截断。

在输入二进制值时，在数据前面要加上 0x，可以用的数字符号为 0～9、A～F（字母大小写均可）。例如 0xBE、0x5F0C 分别表示值 BE 和 5F0C。由于每字节的数最大为 FF，故"0x"格式的数据每两位占 1 字节,二进制数据有时也被称为十六进制数据。

2) varbinary[(*n*)]

n 字节变长二进制数据,*n* 的取值范围为 1~8000,默认值为 1。

varbinary(*n*)数据的存储长度为实际输入数据的长度+4 字节。

10. 日期时间类型

日期时间类型数据用于存储日期和时间信息,共有 datetime、smalldatetime、date、time、datetime2、datetimeoffset 6 种。

1) datetime

datetime 类型可表示从 1753 年 1 月 1 日到 9999 年 12 月 31 日的日期和时间数据,精确度为 3‰s(3.33ms 或 0.00333s)。

datetime 类型数据的长度为 8 字节,日期和时间分别使用 4 字节存储。前 4 字节用于存储 1900 年 1 月 1 日之前或之后的天数,正数表示日期在 1900 年 1 月 1 日之后,负数表示日期在 1900 年 1 月 1 日之前;后 4 字节用于存储距 12:00(24 小时制)的毫秒数。

默认的日期时间是 January 1,1900 12:00 A.M。它可以接受的输入格式有 January 10 2012、Jan 10 2012、JAN 10 2012、January 10,2012 等。

2) smalldatetime

smalldatetime 与 datetime 数据类型类似,但日期时间范围较小,表示从 1900 年 1 月 1 日到 2079 年 6 月 6 日的日期和时间,存储长度为 4 字节。

3) date

date 类型可表示从公元元年 1 月 1 日到 9999 年 12 月 31 日的日期,表示形式与 datetime 数据类型的日期部分相同,它只存储日期数据,不存储时间数据,存储长度为 3 字节。

4) time

time 数据类型只存储时间数据,表示格式为"hh:mm:ss[.nnnnnnn]"。hh 表示小时,范围为 0~23;mm 表示分钟,范围为 0~59;ss 表示秒数,范围为 0~59;*n* 是 0 到 7 位数字,范围为 0~9999999,表示秒的小数部分,即微秒数。所以 time 数据类型的取值范围为 00:00:00.0000000~23:59:59.9999999。time 类型的存储大小为 5 字节。另外,用户还可以自定义 time 类型中微秒数的位数,例如 time(1)表示小数位数为 1,默认为 7。

5) datetime2

新的 datetime2 数据类型和 datetime 类型一样,也用于存储日期和时间信息,但是 datetime2 类型的取值范围更广,日期部分的取值范围从公元元年 1 月 1 日到 9999 年 12 月 31 日,时间部分的取值范围从 00:00:00.0000000~23:59:59.999999。另外,用户还可以自定义 datetime2 数据类型中微秒数的位数,例如 datetime(2)表示小数位数为 2。datetime2 类型的存储大小随着微秒数的位数(精度)而改变,当精度小于 3 时为 6 字节,当精度为 4 和 5 时为 7 字节,所有其他精度需要 8 字节。

6) datetimeoffset

datetimeoffset 数据类型也用于存储日期和时间信息,取值范围与 datetime2 类型相同,但 datetimeoffset 类型具有时区偏移量,此偏移量指定时间相对于协调世界时(UTC)偏移的小时和分钟数。datetimeoffset 的格式为 "YYYY-MM-DD hh:mm:ss[.nnnnnnn] [{+|-}hh:mm]",其中 hh 为时区偏移量中的小时数,范围为 00 到 14,mm 为时区偏移量中

的额外分钟数，范围为 00～59。在时区偏移量中必须包含"+"（加）或"-"（减）号。这两个符号表示在 UTC 时间的基础上添加还是从中减去时区偏移量得出本地时间。时区偏移量的有效范围为-14:00～+14:00。

11．时间戳型

该类型反映系统对某记录修改的相对（相对于其他记录）顺序，标识符是 timestamp，timestamp 类型数据的值是二进制格式数据，其长度为 8 字节。

若创建表时定义一个列的数据类型为时间戳类型，那么每当对该表加入新行或修改已有行时都由系统自动将一个计数器值加到该列，即将原来的时间戳值加上一个增量。

12．图像数据类型

图像数据类型用于存储图片、照片等，标识符为 image，实际存储的是可变长度二进制数据，介于 0 与 $2^{31}-1$（2 147 483 647）字节之间。

13．其他数据类型

SQL Server 还提供了其他几种数据类型，例如 cursor、sql_variant、table、uniqueidentifier、xml 和 hierarchyid。

1）cursor

游标数据类型，用于创建游标变量或定义存储过程的输出参数。

2）sql_variant

一种存储 SQL Server 支持的各种数据类型（除 text、ntext、image、timestamp 和 sql_variant 以外）值的数据类型，sql_variant 的最大长度可达 8016 字节。

3）table

它是用于存储结果集的数据类型，结果集可以供后续处理。

4）uniqueidentifier

唯一标识符类型，系统将为这种类型的数据产生唯一标识值，它是一个 16 字节长的二进制数据。

5）xml

该类型用来在数据库中保存 xml 文档和片段，文件大小不能超过 2GB。

6）hierarchyid

hierarchyid 数据类型是 SQL Server 新增加的一种长度可变的系统数据类型，可使用 hierarchyid 表示层次结构中的位置。

6.1.3 表结构设计

创建表的核心是定义表结构及设置表和列的属性，在创建表之前首先要确定表名和表的属性，表所包含的列名、列的数据类型、长度、是否为空、是否主键等，这些属性构成了表结构。

这里以学生成绩管理系统的 student 表（学生表）为例介绍表结构设计。

在 student 表中包含 stno、stname、stsex、stbirthday、speciality、tc 等列，其中，stno 列是学生的学号，例如 121001 中的 12 表示学生的入学年份为 2012 年，10 表示学生的班级，01 表示学生的序号，所以 stno 列的数据类型选定长的字符型 char[(n)]，n 的值为 6，不允许空；stname 列是学生的姓名，姓名一般不超过 4 个中文字符，所以选定长的字符型数据类型，n 的值为 8，不允许空；stsex 列是学生的性别，选定长的字符型数据类型，n 的值为 2，不允许为空；stbirthday 列是学生的出生日期，选 date 数据类型，不允许空；speciality 列是学生的专业，选定长的字符型数据类型，n 的值为 12，允许空；tc 列是学生的总学分，选定整数型数据类型，不允许空。在 student 表中只有 stno 列能唯一标识一个学生，所以将 stno 列设为主键。student 的表结构设计如表 6.3 所示。

表 6.3　student 的表结构

列　　名	数据类型	允许 Null 值	是否主键	说　　明
stno	char(6)		主键	学号
stname	char(8)			姓名
stsex	char(2)			性别
stbirthday	date			出生日期
speciality	char(12)	√		专业
tc	int	√		总学分

6.2　创建 SQL Server 表

创建 SQL Server 表包括创建表、修改表、删除表等内容，下面介绍如何使用 SQL Server Management Studio 的图形用户界面创建 SQL Server 表。

6.2.1　创建表

【例 6.1】　在 stsc 数据库中创建 student 表（学生表）。

操作步骤如下。

（1）启动 SQL Server Management Studio，在"对象资源管理器"中展开"数据库"节点，选中 stsc 数据库，展开该数据库，接着选中"表"，然后右击，在弹出的快捷菜单中选择"新建"→"表"命令，如图 6.1 所示。

图 6.1　选择"新建"→"表"命令

（2）屏幕上出现表设计器窗口，根据已经设计好的 student 表结构输入或选择各列的数据类型、长度、允许 Null 值，可以在每列的"列属性"区域中填入相应内容，输入完成后的结果如图 6.2 所示。

（3）在 stno 行上右击，然后在弹出的快捷菜单中选择"设置主键"命令，如图 6.3 所示，此时 stno 左边会出现一个钥匙图标。

图 6.2　输入或选择各列的数据类型、长度、允许 Null 值　　图 6.3　选择"设置主键"命令

注意： 如果主键由两个或两个以上的列组成，需要按住 Ctrl 键选择多个列，然后在右键快捷菜单中选择"设置主键"命令。

（4）单击工具栏中的"保存"按钮，弹出"选择名称"对话框，输入表名"student"，如图 6.4 所示，单击"确定"按钮即可创建 student 表，如图 6.5 所示。

图 6.4　设置表的名称　　　　　　　　　图 6.5　创建 student 表

第
6
章

创建和使用表

6.2.2　修改表

在 SQL Server 中，当用户使用 SQL Server Management Studio 修改表的结构（例如增加列、删除列、修改已有列的属性等）时必须删除原表、再创建新表，才能完成表的更改；如果强行更改会弹出不允许保存更改的对话框。

为了在进行表的修改时不出现此对话框，需要进行如下操作。

在 SQL Server Management Studio 窗口中选择"工具"→"选项"命令，在弹出的"选项"对话框中展开"设计器"，选择"表设计器和数据库设计器"选项，并将右边的"阻止保存要求重新创建表的更改"复选框取消选中，然后单击"确定"按钮，就可以进行表的修改了。

【例 6.2】　在 student 表中增加一列 stclass（班级）在 tc 列之前，然后删除该列。

（1）启动 SQL Server Management Studio，在"对象资源管理器"中展开"数据库"节点，选中 stsc 数据库，展开该数据库，接着选中"表"，将其展开，选中表 dbo.student，然后右击，在弹出的快捷菜单中选择"设计"命令，打开表设计器窗口，为了在 tc 列之前加入新列，右击该列，在弹出的快捷菜单中选择"插入列"命令，如图 6.6 所示。

图 6.6　选择"插入列"命令

（2）在表设计器窗口中的 tc 列之前出现空白行，输入列名"stclass"，选择数据类型"char(6)"，允许空，如图 6.7 所示，完成插入新列的操作。

（3）在表设计器窗口中选择需要删除的 stclass 列，然后右击，在弹出的快捷菜单中选择"删除列"命令，该列即被删除，如图 6.8 所示。

图 6.7　插入新列	图 6.8　选择"删除列"命令

6.2.3　删除表

在删除表时，表的结构定义、表中的所有数据以及表的索引、触发器、约束等都会被删除掉，因此在进行删除表的操作时一定要谨慎小心。

【例 6.3】　删除 xyz 表（已创建）。

（1）启动 SQL Server Management Studio，在"对象资源管理器"中展开"数据库"节点，选中 stsc 数据库，展开该数据库，接着选中"表"，将其展开，选中表 dbo.xyz，然后右击，在弹出的快捷菜单中选择"删除"命令。

（2）系统弹出"删除对象"对话框，单击"确定"按钮，即可删除 xyz 表。

6.3　操作 SQL Server 表数据

操作表数据包括数据的插入、删除和修改，可以使用 T-SQL 语句或 SQL Server Management Studio，本节介绍如何用 SQL Server Management Studio 操作表数据。

【例 6.4】　插入 stsc 数据库中 student 表的有关记录。

（1）启动 SQL Server Management Studio，在"对象资源管理器"中展开"数据库"节点，选中 stsc 数据库，展开该数据库，接着选中"表"，将其展开，选中表 dbo.student，然后右击，在弹出的快捷菜单中选择"编辑前 200 行"命令。

（2）屏幕上出现 dbo.student 表编辑窗口，可在各个字段输入或编辑有关数据，这里插入 student 表的 6 个记录，如图 6.9 所示。

【例 6.5】　在 student 表中删除记录和修改记录。

（1）在 dbo.student 表编辑窗口中选择需要删除的记录，然后右击，在弹出的快捷菜单中选择"删除"命令，如图 6.10 所示。

（2）此时弹出一个确认对话框，单击"是"按钮即删除该记录。

创建和使用表

图 6.9   student 表的记录

图 6.10   删除记录

（3）定位到需要修改的字段，对该字段进行修改，然后将光标移到下一个字段即可保存修改的内容。

6.4   小   结

本章主要介绍了以下内容。

（1）表是 SQL Server 中最基本的数据库对象，是用于存储数据的一种逻辑结构，由行和列组成，它又称为二维表。

表结构包含一组固定的列，列由数据类型、长度、允许 Null 值等组成。

每个表包含若干行数据，表中的一行称为一个记录（record）。

表中的每列称为字段（field），每个记录由若干个数据项（列）构成，构成记录的每个数据项称为字段。

空值（null）通常表示未知、不可用或将在以后添加的数据。

关键字用于唯一标识记录，如果表中记录的某一字段或字段组合能唯一标识记录，则该字段或字段组合称为候选关键字（candidate key）。如果一个表有多个候选关键字，则选定其中的一个为主关键字（primary key），又称为主键。

（2）SQL Server 系统数据类型包括整数型、精确数值型、浮点型、货币型、位型、字符型、Unicode 字符型、文本型、二进制型、日期时间类型、时间戳型、图像型、其他数据类型等。

（3）在创建表之前首先要确定表名和表的属性，表所包含的列名、列的数据类型、长度、是否为空、是否主键等，进行表结构设计。

（4）使用 SQL Server Management Studio 的图形用户界面创建 SQL Server 表包括创建表、修改表、删除表等内容。

（5）使用 SQL Server Management Studio 的图形用户界面操作 SQL Server 表数据包括数据的插入、删除和修改等内容。

习 题 6

一、选择题

6.1 出生日期字段不宜选择_____类型。

    A．datetime   B．bit

    C．char   D．date

6.2 性别字段不宜选择_____类型。

    A．char   B．tinyint

    C．int   D．float

6.3 _____字段可以采用默认值。

    A．出生日期   B．姓名

    C．专业   D．学号

6.4 假设在 SQL Server 中某关系表需要存储职工的工资信息，工资的范围为 2000～6000，采用整型类型存储。下列数据类型中最合适的是_____。

    A．int   B．smallint

    C．tinyint   D．bigint

二、填空题

6.5 表结构包含一组固定的列，列由_____、长度、允许 Null 值等组成。

6.6 空值通常表示未知、_____或将在以后添加的数据。

6.7 在创建表之前首先要确定表名和表的属性，表所包含的_____、列的数据类型、长度、是否为空、是否主键等，进行表结构设计。

6.8 整数型包括 bigint、int、smallint 和_____4 类。

6.9 字符型包括固定长度字符数据类型和_____两类。

6.10 Unicode 字符型用于支持国际上_____的字符数据的存储和处理。

三、问答题

6.11 什么是表？什么是表结构？

6.12 简述 SQL Server 的常用数据类型。

6.13 分别写出 student、course、score 的表结构。

创建和使用表

6.14 可以使用哪些方式创建数据表？

6.15 简述创建表的步骤。

6.16 简述在表中插入数据的步骤。

四、上机实验题

6.17 参照例 6.1 在 stsc 数据库中创建 student 表（学生表）、course 表（课程表）、score 表（成绩表）、teacher 表（教师表）。

6.18 参照例 6.5 插入 stsc 数据库中 student 表、course 表、score 表的有关记录。

6.19 在 student 表中的 tc 列之前插入一列 idn（身份证号, char(18)），然后删除该列。

6.20 在 student 表中进行插入记录、修改记录和删除记录的操作。

第7章 | T-SQL 基础

本章要点
- SQL 和 T-SQL
- T-SQL 中的数据定义语言
- T-SQL 中的数据操纵语言
- T-SQL 中的数据查询语言
- 投影查询、选择查询和排序查询
- 连接查询
- 子查询

本章介绍 T-SQL 中的标准 SQL 程序设计基础，包括数据定义语言（DDL）、数据操纵语言（DML）和数据查询语言（DQL）。数据库查询是数据库的核心操作，本章重点讨论使用 SELECT 语句对数据库进行各种查询的方法。

7.1 T-SQL 概述

SQL 语言是关系数据库管理的标准语言，不同的数据库管理系统在标准的 SQL 语言基础上进行扩展，T-SQL（Transact-SQL）是 Microsoft SQL Server 在 SQL 基础上增加控制语句和系统函数的扩展。

本节介绍使用 T-SQL 语言的预备知识，包括 T-SQL 的语法约定，在 SQL Server Management Studio 中执行 T-SQL 语句。

1. T-SQL 的语法约定

T-SQL 的语法约定如表 7.1 所示，在 T-SQL 中不区分大写和小写。

表 7.1 T-SQL 的基本语法约定

语 法 约 定	说　明
大写	Transact-SQL 关键字
|	分隔括号或大括号中的语法项，只能选择其中一项
[ ]	可选项
{ }	必选项
[,⋯n]	指示前面的项可以重复 n 次，各项由逗号分隔
[⋯n]	指示前面的项可以重复 n 次，各项由空格分隔
<label> ::=	语法块的名称。此约定用于对可在语句中的多个位置使用的过长语法段或语法单元进行分组和标记。可使用的语法块的每个位置由括在尖括号内的标签指示，例如<label>

2. 在 SQL Server Management Studio 中执行 T-SQL 语句

在 SQL Server Management Studio 中，用户可在查询分析器编辑窗口中输入或粘贴 T-SQL 语句、执行语句，在查询分析器结果窗口中查看结果。

在 SQL Server Management Studio 中执行 T-SQL 语句的步骤如下。

（1）启动 SQL Server Management Studio。

（2）在左边的"对象资源管理器"窗口中选中"数据库"节点，单击 stsc 数据库，然后单击工具栏中的"新建查询"按钮，右边出现查询分析器编辑窗口，可输入或粘贴 T-SQL 语句，例如在窗口中输入如下命令，如图 7.1 所示。

```
USE stsc
SELECT *
FROM student
```

图 7.1　SQL Server 查询分析器编辑窗口

（3）单击工具栏中的"执行"按钮或按 F5 键，编辑窗口一分为二，上半部分仍为编辑窗口，下半部分出现结果窗口，结果窗口中有两个选项卡，其中"结果"选项卡用于显示 T-SQL 语句的执行结果，如图 7.2 所示，"消息"选项卡用于显示 T-SQL 语句的执行情况。

图 7.2　SQL Server 查询分析器编辑窗口和结果窗口

提示：在查询分析器编辑窗口中执行 T-SQL 语句命令的方法有按 F5 键、单击工具栏中的"执行"按钮、在编辑窗口的右键菜单中单击"执行"按钮。

7.2　T-SQL 中的数据定义语言

在前面介绍了使用 SQL Server Management Studio 的图形用户界面创建数据库和表，本节介绍使用 T-SQL 语句创建数据库和表，与使用图形用户界面创建相比，使用 T-SQL 语句创建数据库和表更加灵活、方便。

7.2.1　数据库操作语句

使用 T-SQL 中的 DDL 语言对数据库进行创建、修改和删除。

1. 创建数据库

创建数据库使用 CREATE DATABASE 语句，下面介绍创建数据库的简化语法格式。

语法格式：

```
CREATE DATABASE database_name
[ [ON [filespec] ]
    [LOG ON [filespec] ]
]

<filespec>::=
{(
NAME = logical_file_name,
FILENAME = 'os_file_name'
[, SIZE = size]
[, MAXSIZE = {max_size | UNLIMITED }]
[, FILEGROWTH = growth_increament [ KB | MB | GB | TB | % ]] )
}
```

说明：

- database_name：创建的数据库名称，命名必须唯一且符合 SQL Server 的命名规则，最多为 128 个字符。
- ON 子句：指定数据库文件和文件组属性。
- LOG ON 子句：指定日志文件属性。
- filespec：指定数据文件的属性，给出文件的逻辑名、存储路径、大小及增长特性。
- NAME：filespec 定义的文件指定逻辑文件名。
- FILENAME：filespec 定义的文件指定操作系统文件名，指出定义物理文件时使用的路径和文件名。
- SIZE 子句：指定 filespec 定义的文件的初始大小。
- MAXSIZE 子句：指定 filespec 定义的文件的最大大小。
- FILEGROWTH 子句：指定 filespec 定义的文件的增长量。

若仅使用 CREATE DATABASE database_name 语句而不带参数，创建的数据库大小将与 model 数据库的大小相等。

【例 7.1】 使用 T-SQL 语句创建 test 数据库。

在 SQL Server 查询分析器中输入以下语句。

```
CREATE DATABASE test
ON
(
  NAME='test',
  FILENAME='C:\Program Files\Microsoft SQL Server\MSSQL12.MSSQLSERVER\
  MSSQL\DATA\test.mdf',
  SIZE=5MB,
  MAXSIZE=30MB,
  FILEGROWTH=1MB
)
LOG ON
(
  NAME='test_log',
  FILENAME='C:\Program Files\Microsoft SQL Server\MSSQL12.MSSQLSERVER\
  MSSQL\DATA\test_log.ldf',
  SIZE=1MB,
  MAXSIZE=10MB,
  FILEGROWTH=10%
)
```

在查询分析器编辑窗口中单击"执行"按钮或按 F5 键，系统提示"命令已成功完成"，如图 7.3 所示，test 数据库创建完毕。

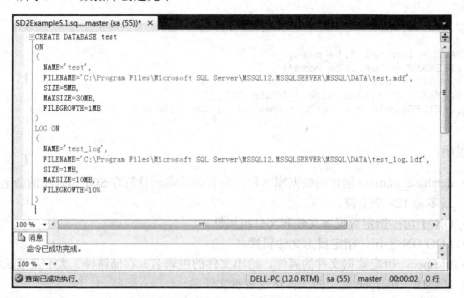

图 7.3 创建 test 数据库

【例 7.2】 创建 test2 数据库，其中主数据文件为 20MB，最大大小不限，按 1MB 增长；一个日志文件，大小为 1MB，最大大小为 20MB，按 10% 增长。

在 SQL Server 查询分析器中输入以下语句。

```
CREATE DATABASE test2
ON
```

```
(
  NAME='test2',
  FILENAME='C:\Program Files\Microsoft SQL Server\MSSQL12.MSSQLSERVER\
  MSSQL\DATA\test2.mdf',
  SIZE=20MB,
  MAXSIZE=UNLIMITED,
  FILEGROWTH=1MB
)
LOG ON
(
  NAME='test2_log',
  FILENAME='C:\Program Files\Microsoft SQL Server\MSSQL12.MSSQLSERVER\
  MSSQL\DATA\test2_log.ldf',
  SIZE=1MB,
  MAXSIZE=20MB,
  FILEGROWTH=10%
)
```

在查询分析器编辑窗口中单击"执行"按钮或按 F5 键，系统提示"命令已成功完成"，test2 数据库创建成功。

【例 7.3】 创建一个具有两个文件组的数据库 test3。要求：主文件组包括文件 test3_dat1，文件初始大小为 15MB，最大 45MB，按 4MB 增长；另有一个文件组，名为 test3gp，包括文件 test3_dat2，文件初始大小为 5MB，最大为 20MB，按 10%增长。

在 SQL Server 查询分析器中输入以下语句。

```
CREATE DATABASE test3
ON
PRIMARY
(
  NAME = 'test3_dat1',
  FILENAME = 'D:\data\test3_dat1.mdf',
  SIZE =15MB,
  MAXSIZE = 45MB,
  FILEGROWTH = 4MB
),
FILEGROUP test3gp
(
  NAME = 'test3_dat2',
  FILENAME = 'D:\data\test3_dat2.ndf',
  SIZE = 5MB,
  MAXSIZE = 20MB,
  FILEGROWTH = 10
)
```

在查询分析器编辑窗口中单击"执行"按钮或按 F5 键，系统提示"命令已成功完成"，test3 数据库创建成功。

2. 修改数据库

修改数据库使用 ALTER DATABASE 语句，下面介绍修改数据库的简化语法格式。

语法格式：

```
ALTER DATABASE database
{ ADD FILE filespec
| ADD LOG FILE filespec
```

```
| REMOVE FILE logical_file_name
| MODIFY FILE filespec
| MODIFY NAME = new_dbname
}
```

说明：

- database：需要更改的数据库名称。
- ADD FILE 子句：指定要增加的数据文件。
- ADD LOG FILE 子句：指定要增加的日志文件。
- REMOVE FILE 子句：指定要删除的数据文件。
- MODIFY FILE 子句：指定要更改的文件属性。
- MODIFY NAME 子句：重命名数据库。

【例 7.4】 在 test2 数据库中增加一个数据文件 test2add，大小为 10MB，最大为 50MB，按 5MB 增长。

```
ALTER DATABASE test2
ADD FILE
(
    NAME = 'test2add',
    FILENAME = 'C:\Program Files\Microsoft SQL Server\MSSQL12.MSSQLSERVER\
    MSSQL\DATA\test2add.ndf',
    SIZE = 10MB,
    MAXSIZE = 50MB,
    FILEGROWTH = 5MB
)
```

3. 使用数据库

使用数据库用 USE 语句。

语法格式：

```
USE database_name
```

其中，database_name 是使用的数据库名称。

说明：USE 语句只在第一次打开数据库时使用，后续都是作用在该数据库中。如果要使用另一数据库，需要重新使用 USE 语句打开另一数据库。

4. 删除数据库

删除数据库使用 DROP 语句。

语法格式：

```
DROP DATABASE database_name
```

其中，database_name 是要删除的数据库名称。

【例 7.5】 使用 T-SQL 语句删除 test3 数据库。

```
DROP DATABASE test3
```

7.2.2 数据表操作语句

下面介绍使用 T-SQL 中的 DDL 语言对表进行创建、修改和删除。

1. 创建表

使用 CREATE TABLE 语句创建表，下面介绍它的基本语法格式。

语法格式：

```
CREATE TABLE  [ database_name . [ schema_name ] . | schema_name . ] table_name
(
    {      <column_definition>
          | column_name AS computed_column_expression [PERSISTED [NOT NULL]]
    }
[ <table_constraint> ] [ ,…n ]
)
[ ON { partition_scheme_name ( partition_column_name ) | filegroup |
"default" } ]
 [ { TEXTIMAGE_ON { filegroup | "default" } ]
[ FILESTREAM_ON { partition_scheme_name | filegroup | "default" } ]
 [ WITH ( <table_option> [ ,…n ] ) ]
[ ; ]

<column_definition> ::=
column_name data_type
    [ FILESTREAM ]
    [ COLLATE collation_name ]
    [ NULL | NOT NULL ]
    [
     [ CONSTRAINT constraint_name ]
        DEFAULT constant_expression ]
    | [ IDENTITY [ ( seed ,increment ) ] [ NOT FOR REPLICATION ]
    ]
    [ ROWGUIDCOL ]
    [ <column_constraint> [ …n ] ]
    [ SPARSE ]
```

说明：

（1）database_name 是数据库名，schema_name 是表所属架构名，table_name 是表名。如果省略数据库名，则默认在当前数据库中创建表，如果省略架构名，则默认是"dbo"。

（2）<column_definition>：列定义。

- column_name 为列名，data_type 为列的数据类型。
- FILESTREAM 是 SQL Server 引进的一项新特性，允许以独立文件的形式存放大对象数据。
- NULL | NOT NULL：确定列是否可取空值。
- DEFAULT constant_expression：为所在列指定默认值。
- IDENTITY：表示该列是标识符列。
- ROWGUIDCOL：表示新列是行的全局唯一标识符列。

- <column_constraint>：列的完整性约束，指定主键、外键等。
- SPARSE：指定列为稀疏列。

（3）column_name AS computed_column_expression [PERSISTED [NOT NULL]]：用于定义计算字段。

（4）<table_constraint>：表的完整性约束。

（5）ON 子句：filegroup | "default"指定存储表的文件组。

（6）TEXTIMAGE_ON {filegroup | "default"}：TEXTIMAGE_ON 指定存储 text、ntext、image、xml、varchar(MAX)、nvarchar(MAX)、varbinary(MAX)和 CLR 用户定义类型数据的文件组。

（7）FILESTREAM_ON 子句：filegroup | "default"指定存储 FILESTREAM 数据的文件组。

【例 7.6】 使用 T-SQL 语句，在 stsc 数据库中创建 student 表。

在 stsc 数据库中创建 student 表的语句如下。

```
USE stsc
CREATE TABLE student
(
   stno char(6) NOT NULL PRIMARY KEY,
   stname char(8) NOT NULL,
   stsex char(2) NOT NULL,
   stbirthday date NOT NULL,
   speciality char(12) NULL,
   tc int NULL
)
GO
```

上面的 T-SQL 语句首先指定 stsc 数据库为当前数据库，然后使用 CREATE TABLE 语句在 stsc 数据库中创建 student 表。

上述语句中的 GO 命令不是 T-SQL 语句，它是由 SQL Server Management Studio 代码编辑器识别的命令。SQL Server 实用工具将 GO 解释为应该向 SQL Server 实例发送当前批 T-SQL 语句的信号。当前批语句由上一条 GO 命令后输入的所有语句组成，如果是第一条 GO 命令，则由会话或脚本开始后输入的所有语句组成。GO 命令和 T-SQL 语句不能在同一行中，但在 GO 命令行中可包含注释。

注意： SQL Server 应用程序可以将多个 T-SQL 语句作为一个批发送到 SQL Server 的实例来执行，然后该批中的语句被编译成一个执行计划。程序员在 SQL Server 实用工具中执行特殊语句，或生成 T-SQL 语句的脚本在 SQL Server 实用工具中运行时使用 GO 作为批结束的信号。

提示： 由一条或多条 T-SQL 语句组成一个程序，通常以.sql 为扩展名存储，称为 sql脚本。双击 sql 脚本文件，其 T-SQL 语句即出现在查询分析器编辑窗口内。查询分析器编辑窗口内的 T-SQL 语句可通过"文件"菜单中的"另存为"命令命名并存入指定目录。

【例 7.7】 在 test 数据库中创建 clients 表。

```
USE test
CREATE TABLE clients
```

```
(
  cid int,
  cname char(8),
  csex char(2),
  address char(40)
)
```

2. 由其他表创建新表

使用 SELECT INTO 语句创建一个新表，并用 SELECT 的结果集填充该表。

语法格式：

```
SELECT 列名表 INTO 表1 FROM 表2
```

该语句的功能是由"表 2"的"列名表"来创建新表"表 1"。

【例 7.8】 在 stsc 数据库中由 student 表创建 student1 表。

```
USE stsc
SELECT stno,stname,stbirthday INTO student1
FROM student
```

3. 修改表

使用 ALTER TABLE 语句修改表的结构，下面介绍它的基本语法格式。

语法格式：

```
ALTER TABLE table_name
{
    ALTER COLUMN column_name
    {
          new_data_type [ (precision,[,scale])] [NULL | NOT NULL]
          | {ADD | DROP } { ROWGUIDCOL | PERSISTED | NOT FOR REPLICATION
          | SPARSE }
    }/
    | ADD {[<colume_definition>]}[,…n]
    | DROP {[CONSTRAINT] constraint_name | COLUMN column}[,…n]
}
```

说明：

（1）table_name：表名。

（2）ALTER COLUMN 子句：修改表中指定列的属性。

（3）ADD 子句：增加表中的列。

（4）DROP 子句：删除表中的列或约束。

【例 7.9】 在 student1 表中新增加 remarks 列。

```
USE stsc
ALTER TABLE student1 ADD remarks char(10)
```

4. 删除表

使用 DROP TABLE 语句删除表。

语法格式：

```
DROP TABLE table_name
```

其中，table_name 是要删除的表的名称。

【例 7.10】 删除 stsc 数据库中的 student1 表。

```
USE stsc
DROP TABLE student1
```

7.3 T-SQL 中的数据操纵语言

数据操纵语言 DML 包括向表中插入记录、修改记录和删除记录的语句。

7.3.1 插入语句

INSERT 语句用于向数据表或视图中插入由 VALUES 指定的各列值的行，下面介绍它的语法格式。

语法格式：

```
INSERT [ TOP ( expression ) [ PERCENT ] ]
[ INTO ]
{ table_name                        /*表名*/
| view_name                         /*视图名*/
| rowset_function_limited           /*可以是OPENQUERY或OPENROWSET函数*/
[WITH (<table_hint_limited>[…n])]   /*指定表提示，可省略*/
}
{
[ ( column_list ) ]                 /*列名表*/
{    VALUES ( ( { DEFAULT | NULL | expression } [ ,…n ] ) [ ,…n ] )
                                    /*指定列值的VALUES子句*/
| derived_table                     /*结果集*/
| execute_statement                 /*有效的EXECUTE语句*/
| DEFAULT VALUES                    /*强制新行包含为每个列定义的默认值*/
}
}
```

说明：

- table_name：被操作的表名。
- view_name：视图名。
- column_list：列名表，包含了新插入数据行的各列的名称。如果只给出表的部分列，在插入数据时需要用 column_list 指出这些列。
- VALUES 子句：包含各列需要插入的数据，数据的顺序要与列的顺序相对应。若省略 column_list，则 VALUES 子句给出每一列（除 IDENTITY 属性和 timestamp 类型以外的列）的值。VALUES 子句中的值有 3 种，其中 DEFAULT 指定为该列的默认值，这要求定义表时必须指定该列的默认值；NULL 指定该列为空值；expression 可以是一个常量、变量或一个表达式，其值的数据类型要与列的数据类型一致。注意，表达式中不能有 SELECT 及 EXECUTE 语句。

【例 7.11】 向 clients 表中插入客户记录(1,'李君','男','东大街 10 号')。

```
USE test
INSERT INTO clients values(1,'李君','男','东大街10号')
```

由于插入的数据包含各列的值并按表中各列的顺序列出这些值，所以省略列名表（colume_list）。

【例 7.12】 向 student 表中插入表 6.1 的各行数据。

向 student 表中插入表 6.1 的各行数据的语句如下。

```
USE stsc
INSERT INTO student values('121001','李贤友','男','1991-12-30','通信',52),
('121002','周映雪','女','1993-01-12','通信',49),
('121005','刘刚','男','1992-07-05','通信',50),
('122001','郭德强','男','1991-10-23','计算机',48),
('122002','谢萱','女','1992-09-11','计算机',52),
('122004','孙婷','女','1992-02-24','计算机',50);
GO
```

注意：将多行数据插入表，由于提供了所有列的值并按表中各列的顺序列出这些值，所以不必在 column_list 中指定列名，VALUES 子句后所接多行的值用逗号隔开。

7.3.2 修改语句

UPDATE 语句用于修改数据表或视图中特定记录或列的数据，下面介绍它的基本语法格式。

语法格式：

```
UPDATE { table_name | view_name }
    SET column_name = {expression | DEFAULT | NULL } [,…n]
    [WHERE <search_condition>]
```

该语句的功能是将 table_name 指定的表或 view_name 指定的视图中满足<search_condition>条件的记录中由 SET 指定的各列的列值设置为 SET 指定的新值，如果不使用 WHERE 子句，则更新所有记录的指定列值。

【例 7.13】 在 clients 表中将 cid 为 1 的客户的 address 修改为"北大街 120 号"。

```
USE test
UPDATE clients
SET address='北大街120号'
WHERE cid=1
```

7.3.3 删除语句

DELETE 语句用于删除表或视图中的一行或多行记录，下面介绍它的基本语法格式。

语法格式：

```
DELETE [FROM] { table_name | view_name }
    [WHERE <search_condition>]
```

该语句的功能为从 table_name 指定的表或 view_name 指定的视图中删除满足<search_condition>条件的行，若省略该条件，则删除所有行。

【例 7.14】 删除学号为"122006"（已插入）的学生记录。

```
USE stsc
DELETE student
WHERE stno='122006'
```

7.4 T-SQL 中的数据查询语言

T-SQL 中最重要的部分是它的查询功能，查询语言用来对已经存在于数据库中的数据按照特定的行、列、条件表达式或者一定的次序进行检索。

T-SQL 对数据库的查询使用 SELECT 语句，SELECT 语句具有灵活的使用方式和强大的功能，下面介绍 SELECT 语句的基本语法格式。

语法格式：

```
SELECT select_list                  /*指定要选择的列*/
    FROM table_source               /*FROM子句，指定表或视图*/
    [ WHERE search_condition ]      /*WHERE子句，指定查询条件*/
    [ GROUP BY group_by_expression ] /*GROUP BY子句，指定分组表达式*/
    [ HAVING search_condition ]     /*HAVING子句，指定分组统计条件*/
    [ ORDER BY order_expression [ ASC | DESC ]]
                                    /*ORDER BY子句，指定排序表达式和顺序*/
```

7.4.1 投影查询

投影查询通过 SELECT 语句的 SELECT 子句来表示，由选择表中的部分或全部列组成结果表，下面是 SELECT 子句的语法格式。

语法格式：

```
SELECT [ ALL | DISTINCT ] [ TOP n [ PERCENT ] [ WITH TIES ] ] <select_list>
```

select_list 指出了结果的形式，其格式如下。

```
{ *                                        /*选择当前表或视图的所有列*/
  | { table_name | view_name | table_alias }.* /*选择指定的表或视图的所有列*/
  | { colume_name | expression | $IDENTITY | $ROWGUID }
```

```
/*选择指定的列并更改列标题，为列指定别名，还可用于为表达式结果指定名称*/
    [ [ AS ] column_alias ]
 | column_alias = expression
} [ , … n ]
```

1. 投影指定的列

使用 SELECT 语句可选择表中的一个列或多个列，如果是多个列，各列名之间要用逗号分开。

语法格式：

```
SELECT column_name [ , column_name…]
    FROM table_name
    WHERE search_condition
```

其中，FROM 子句用于指定表，WHERE 在该表中检索符合 search_condition 条件的列。

【例 7.15】 查询 student 表中所有学生的学号、姓名和专业。

```
USE stsc
SELECT stno, stname, speciality
FROM student
```

查询结果：

```
stno     stname   speciality
------   ------   ----------
121001   李贤友    通信
121002   周映雪    通信
121005   刘刚      通信
122001   郭德强    计算机
122002   谢萱      计算机
122004   孙婷      计算机
```

2. 投影全部列

在 SELECT 子句指定列的位置上使用 "*" 号时为查询表中的所有列。

【例 7.16】 查询 student 表中的所有列。

```
USE stsc
SELECT *
FROM student
```

上述语句与下面的语句等价。

```
USE stsc
SELECT stno, stname, stsex, stbirthday, speciality, tc
FROM student
```

查询结果：

```
stno     stname   stsex   stbirthday   speciality   tc
------   ------   -----   ----------   ----------   -----
121001   李贤友    男      1991-12-30   通信          52
```

T-SQL 基础

121002	周映雪	女	1993-01-12	通信	49
121005	刘刚	男	1992-07-05	通信	50
122001	郭德强	男	1991-10-23	计算机	48
122002	谢萱	女	1992-09-11	计算机	52
122004	孙婷	女	1992-02-24	计算机	50

3．修改查询结果的列标题

为了改变查询结果中显示的列标题，可以在列名后使用 AS 子句，语法格式如下。

```
AS column_alias
```

其中，column_alias 是指定显示的列标题，AS 可省略。

【**例 7.17**】 查询 student 表中通信专业学生的 stno、stname、tc，并将结果中各列的标题分别修改为学号、姓名、总学分。

```
USE stsc
SELECT stno AS '学号', stname AS '姓名', tc AS '总学分'
FROM student
```

查询结果：

```
学号       姓名     总学分
------   -----    -----
121001   李贤友    52
121002   周映雪    49
121005   刘刚      50
122001   郭德强    48
122002   谢萱      52
122004   孙婷      50
```

4．去掉重复行

去掉结果集中的重复行可使用 DISTINCT 关键字，其语法格式如下。

```
SELECT DISTINCT column_name [ , column_name…]
```

【**例 7.18**】 查询 student 表中的 speciality 列，消除结果中的重复行。

```
USE stsc
SELECT DISTINCT speciality
FROM student
```

查询结果：

```
speciality
----------
计算机
通信
```

7.4.2　选择查询

选择查询通过 WHERE 子句实现，WHERE 子句给出查询条件，该子句必须紧跟在 FROM 子句之后。

语法格式:

```
WHERE <search_condition>
```

其中 search_condition 为查询条件,<search_condition>的语法格式如下。

```
{ [ NOT ] <precdicate> | (<search_condition> ) }
  [ { AND | OR } [ NOT ] { <predicate> | (<search_condition>) } ]
} [ ,…n ]
```

其中 predicate 为判定运算,<predicate>的语法格式如下。

```
{ expression { = | < | <= | > | >= | <> | != | !< | !> } expression
                                          /*比较运算*/
 | string_expression [ NOT ] LIKE string_expression [ ESCAPE 'escape_
   character' ]                           /*字符串模式匹配*/
 | expression [ NOT ] BETWEEN expression AND expression   /*指定范围*/
 | expression IS [ NOT ] NULL             /*是否空值判断*/
 | CONTAINS ( { column | * },'<contains_search_condition>')/*包含式查询*/
 | FREETEXT ({ column | * },'freetext_string')   /*自由式查询*/
 | expression [ NOT ] IN ( subquery | expression [,…n] )    /*IN子句*/
 | expression { = | < | <= | > | >= | <> | != | !< | !> } { ALL | SOME |
ANY } ( subquery )
                                    /*比较子查询*/
 | EXIST ( subquery )               /*EXIST子查询*/
}
```

现将 WHERE 子句的常用查询条件列于表 7.2 中,以使读者更清楚地了解查询条件。

表 7.2 查询条件

查 询 条 件	谓　　词
比较	<=、<、=、>=、>、!=、<>、!>、!<
指定范围	BETWEEN AND、NOT BETWEEN AND、IN
确定集合	IN、NOT IN
字符匹配	LIKE、NOT LIKE
空值	IS NULL、IS NOT NULL
多重条件	AND、OR

说明:在 SQL 中返回逻辑值的运算符或关键字都称为谓词。

1. 表达式的比较

比较运算符用于比较两个表达式的值,比较运算的语法格式如下。

```
expression { = | < | <= | > | >= | <> | != | !< | !> } expression
```

其中,expression 是除 text、ntext 和 image 之外类型的表达式。

【例 7.19】 查询 student 表中专业为"计算机"或性别为"女"的学生。

```
USE stsc
```

```
SELECT *
FROM student
WHERE speciality='计算机' OR stsex='女'
```

查询结果：

```
stno      stname    stsex    stbirthday     speciality    tc
------    ------    -----    ----------     ----------    ---
121002    周映雪    女       1993-01-12     通信          49
122001    郭德强    男       1991-10-23     计算机        48
122002    谢萱      女       1992-09-11     计算机        52
122004    孙婷      女       1992-02-24     计算机        50
```

2．范围的比较

BETWEEN、NOT BETWEEN、IN 是用于范围比较的 3 个关键字，用来查找字段值在（或不在）指定范围的行。

【例 7.20】 查询 score 表中成绩为 82、91、95 的记录。

```
USE stsc
SELECT *
FROM score
WHERE grade IN (82,91,95)
```

查询结果：

```
stno      cno   grade
------    ---   -----
121001    205   91
121005    801   82
122002    801   95
```

3．模式匹配

字符串模式匹配使用 LIKE 谓词，LIKE 谓词表达式的语法格式如下。

```
string_expression [ NOT ] LIKE string_expression [ ESCAPE 'escape_
character']
```

其含义是查找指定列值与匹配串相匹配的行，匹配串（即 string_expression）可以是一个完整的字符串，也可以含有通配符。通配符有以下两种。

- %：代表 0 或多个字符。
- _：代表一个字符。

LIKE 匹配中使用通配符的查询也称模糊查询。

【例 7.21】 查询 student 表中姓孙的学生的情况。

```
USE stsc
SELECT *
FROM student
WHERE stname LIKE '孙%'
```

查询结果：

```
stno      stname    stsex    stbirthday     speciality    tc
```

```
----    ------    -----    ----------    ----------    ---
122004   孙婷       女        1992-02-24    计算机         50
```

4. 空值的使用

空值是未知的值，在判定一个表达式的值是否为空值时使用 IS NULL 关键字，语法格式如下。

```
expression IS [ NOT ] NULL
```

【例 7.22】 查询已选课但未参加考试的学生的情况。

```
USE stsc
SELECT *
FROM score
WHERE grade IS NULL
```

查询结果：

```
stno    cno    grade
------   ---    -----
122001   801    NULL
```

7.4.3 连接查询

当一个查询涉及两个或多个表的数据时需要指定连接列进行连接查询。

连接查询是关系数据库中的重要查询，在 T-SQL 中连接查询有两类表示形式，一类是连接谓词表示形式，另一类是使用关键字 JOIN 表示形式。

1. 连接谓词

在 SELECT 语句的 WHERE 子句中使用比较运算符给出连接条件对表进行连接，将这种表示形式称为连接谓词表示形式。连接谓词又称为连接条件，其一般语法格式如下。

```
[<表名1.>] <列名1> <比较运算符> [<表名2.>] <列名2>
```

比较运算符有<、<=、=、>、>=、!=、<>、!<、!>。

连接谓词还有以下形式。

```
[<表名1.>] <列名1> BETWEEN [<表名2.>] <列名2>AND[<表名2.>] <列名3>
```

由于连接多个表存在公共列，为了区分是哪个表中的列，引入表名前缀指定连接列。例如，student.stno 表示 student 表的 stno 列，score.stno 表示 score 表的 stno 列。

为了简化输入，SQL 允许在查询中使用表的别名，用户可在 FROM 子句中为表定义别名，然后在查询中引用。

经常用到的连接如下。

- 等值连接：表之间通过比较运算符"="连接起来，称为等值连接。
- 非等值连接：表之间使用非等号进行连接，称为非等值连接。
- 自然连接：如果在目标列中去除相同的字段名，称为自然连接。
- 自连接：将同一个表进行连接，称为自连接。

【例 7.23】 查询学生的情况和选修课程的情况。

```
USE stsc
SELECT student.*, score.*
FROM student, score
WHERE student.stno=score.stno
```

上述语句采用等值连接。

查询结果:

stno	stname	stsex	stbirthday	speciality	tc	stno	cno	grade
121001	李贤友	男	1991-12-30	通信	52	121001	102	92
121001	李贤友	男	1991-12-30	通信	52	121001	205	91
121001	李贤友	男	1991-12-30	通信	52	121001	801	94
121002	周映雪	女	1993-01-12	通信	49	121002	102	72
121002	周映雪	女	1993-01-12	通信	49	121002	205	65
121002	周映雪	女	1993-01-12	通信	49	121002	801	73
121005	刘刚	男	1992-07-05	通信	50	121005	102	87
121005	刘刚	男	1992-07-05	通信	50	121005	205	85
121005	刘刚	男	1992-07-05	通信	50	121005	801	82
122001	郭德强	男	1991-10-23	计算机	48	122001	801	NULL
122002	谢萱	女	1992-09-11	计算机	52	122002	203	94
122002	谢萱	女	1992-09-11	计算机	52	122002	801	95
122004	孙婷	女	1992-02-24	计算机	50	122004	203	81
122004	孙婷	女	1992-02-24	计算机	50	122004	801	86

【例 7.24】 对上例进行自然连接查询。

```
USE stsc
SELECT student.*, score.cno, score.grade
FROM student, score
WHERE student.stno=score.stno
```

上述语句采用自然连接。

查询结果:

stno	stname	stsex	stbirthday	speciality	tc	cno	grade
121001	李贤友	男	1991-12-30	通信	52	102	92
121001	李贤友	男	1991-12-30	通信	52	205	91
121001	李贤友	男	1991-12-30	通信	52	801	94
121002	周映雪	女	1993-01-12	通信	49	102	72
121002	周映雪	女	1993-01-12	通信	49	205	65
121002	周映雪	女	1993-01-12	通信	49	801	73
121005	刘刚	男	1992-07-05	通信	50	205	85
121005	刘刚	男	1992-07-05	通信	50	801	82
122001	郭德强	男	1991-10-23	计算机	48	801	NULL
122002	谢萱	女	1992-09-11	计算机	52	203	94
122002	谢萱	女	1992-09-11	计算机	52	801	95
122004	孙婷	女	1992-02-24	计算机	50	203	81
122004	孙婷	女	1992-02-24	计算机	50	801	86

【例 7.25】 查询选修了"微机原理"且成绩在 80 分以上的学生的姓名。

```
USE stsc
SELECT a.stno, a.stname, b.cname, c.grade
FROM student a, course b, score c
WHERE a.stno=c.stno AND b.cno=c.cno AND b.cname='微机原理' AND C.grade>=80
```

上述语句实现了多表连接，并采用别名以缩写表名。

查询结果：

```
stno     stname    cname       grade
------   ------    -------     -----
121001   李贤友    微机原理     91
121005   刘刚      微机原理     85
```

说明：本例中为 student 指定的别名是 a，为 course 指定的别名是 b，为 score 指定的别名是 c。

【例 7.26】 查询选修了"801"课程的成绩高于学号为"121002"的成绩的学生姓名。

```
USE stsc
SELECT a.cno, a.stno, a.grade
FROM score a, score b
WHERE a.cno='801' AND a.grade>b.grade AND b.stno='121002' AND b.cno='801'
ORDER BY a.grade DESC
```

上述语句实现了自连接，使用自连接需要为一个表指定两个别名。

查询结果：

```
cno   stno     grade
---   ------   -----------
801   122002   95
801   121001   94
801   122004   86
801   121005   82
```

2. 以 JOIN 关键字指定的连接

T-SQL 扩展了以 JOIN 关键字指定连接的表示方式，使表的连接运算能力有了增强。

JOIN 连接在 FROM 子句的< joined_table >中指定。

语法格式：

```
<joined_table> ::=
{
<table_source> <join_type> <table_source> ON <search_condition>
  | <table_source> CROSS JOIN <table_source>
  | <joined_table>
}
```

说明：

<join_type>为连接类型，ON 用于指定连接条件。<join_type>的格式如下。

```
[INNER|{LEFT|RIGHT|FULL}[OUTER][<join_hint>]JOIN
```

INNER 表示内连接，OUTER 表示外连接，CROSS 表示交叉连接，它们为 JOIN 关键字指定的连接的 3 种类型。

1）内连接

内连接按照 ON 指定的连接条件合并两个表，返回满足条件的行。

内连接是系统默认的，可省略 INNER 关键字。

【例 7.27】 查询学生的情况和选修课程的情况。

```
USE stsc
SELECT *
FROM student INNER JOIN score ON student.stno=score.stno
```

上述语句采用内连接，查询结果与例 7.23 相同。

【例 7.28】 查询选修了 102 课程且成绩在 85 分以上的学生的情况。

```
USE stsc
SELECT a.stno, a.stname, b.cno, b.grade
FROM student a JOIN score b ON a.stno=b.stno
WHERE b.cno='102' AND b.grade>=85
```

上述语句采用内连接，省略 INNER 关键字，使用了 WHERE 子句。

查询结果：

```
stno    stname  cno  grade
------  ------  ---  -----
121001  李贤友   102  92
121005  刘刚     102  87
```

2）外连接

在内连接的结果表中只有满足连接条件的行才能作为结果输出。外连接的结果表不仅包含满足连接条件的行，还包括相应表中的所有行。外连接有以下 3 种类型。

- 左外连接（LEFT OUTER JOIN）：结果表中除了包括满足连接条件的行外还包括左表的所有行。
- 右外连接（RIGHT OUTER JOIN）：结果表中除了包括满足连接条件的行外还包括右表的所有行。
- 完全外连接（FULL OUTER JOIN）：结果表中除了包括满足连接条件的行外还包括两个表的所有行。

【例 7.29】 采用左外连接查询教师任课情况。

```
USE stsc
SELECT teacher.tname, course.cname
FROM teacher LEFT JOIN course ON (teacher.tno=course.tno)
```

上述语句采用左外连接。

查询结果：

```
tname   cname
```

```
-----   -------
刘林卓    数字电路
周学莉    NULL
吴波      数据库系统
王冬琴    微机原理
李伟      高等数学
```

【例 7.30】 采用右外连接查询教师任课情况。

```
USE stsc
SELECT teacher.tname, course.cname
FROM teacher RIGHT JOIN course ON (teacher.tno=course.tno)
```

上述语句采用右外连接。

查询结果：

```
tname    cname
-----   --------
刘林卓    数字电路
吴波      数据库系统
王冬琴    微机原理
NULL     计算机网络
李伟      高等数学
```

【例 7.31】 采用全外连接查询教师任课情况。

```
USE stsc
SELECT teacher.tname, course.cname
FROM teacher FULL JOIN course ON (teacher.tno=course.tno)
```

上述语句采用全外连接。

查询结果：

```
tname    cname
-----   -------
刘林卓    数字电路
周学莉    NULL
吴波      数据库系统
王冬琴    微机原理
李伟      高等数学
NULL     计算机网络
```

注意： 外连接只能对两个表进行。

3）交叉连接

【例 7.32】 采用交叉连接查询教师和课程的所有可能组合。

```
USE stsc
SELECT teacher.tname,course.cname
FROM teacher CROSS JOIN course
```

上述语句采用交叉连接。

7.4.4 统计计算

检索数据经常需要进行统计或计算，本节介绍使用聚合函数、GROUP BY 子句、HAVING 子句进行统计或计算的方法。

1. 聚合函数

聚合函数实现数据统计或计算，用于计算表中的数据，返回单个计算结果。除 COUNT 函数之外，聚合函数忽略空值。

SQL Server 提供的常用的聚合函数如表 7.3 所示。

表 7.3 聚合函数

函 数 名	功 能
AVG	求组中数值的平均值
COUNT	求组中项数
MAX	求最大值
MIN	求最小值
SUM	返回表达式中数值的总和
STDEV	返回给定表达式中所有数值的统计标准偏差
STDEVP	返回给定表达式中所有数值的填充统计标准偏差
VAR	返回给定表达式中所有数值的统计方差
VARP	返回给定表达式中所有数值的填充统计方差

聚合函数的参数语法格式如下。

```
( [ ALL | DISTINCT ] expression )
```

其中，ALL 表示对所有值进行聚合函数运算，为默认值，DISTINCT 表示去除重复值，expression 指定进行聚合函数运算的表达式。

【例 7.33】 查询 102 课程的最高分、最低分、平均成绩。

```
USE stsc
SELECT MAX(grade) AS '最高分',MIN(grade) AS '最低分',AVG(grade) AS '平均成绩'
FROM score
WHERE cno='102'
```

上述语句采用 MAX 求最高分、MIN 求最低分、AVG 求平均成绩。

查询结果：

```
最高分        最低分        平均成绩
-----        -----        -------
92           72           83
```

【例 7.34】 求学生的总人数。

```
USE stsc
SELECT COUNT(*) AS '总人数'
```

```
FROM student
```

上述语句采用 COUNT(*)计算总行数，总人数与总行数一致。

查询结果：

```
总人数
-----
6
```

【例7.35】 查询计算机专业学生的总人数。

```
USE stsc
SELECT COUNT(*) AS '总人数'
FROM student
WHERE speciality='计算机'
```

上述语句采用 COUNT(*)计算总人数，并用 WHERE 子句指定的条件限定为计算机专业。

查询结果：

```
总人数
-----
3
```

2. GROUP BY 子句

GROUP BY 子句用于将查询结果表按某一列或多列值进行分组，其语法格式如下。

```
[ GROUP BY [ ALL ] group_by_expression [,…n]
    [ WITH { CUBE | ROLLUP } ] ]
```

其中，group_by_expression 为分组表达式，通常包含字段名，ALL 显示所有分组，WITH 指定 CUBE 或 ROLLUP 操作符，在查询结果中增加汇总记录。

注意：聚合函数经常与 GROUP BY 子句一起使用。

【例7.36】 查询各门课程的最高分、最低分、平均成绩。

```
USE stsc
SELECT cno AS '课程号', MAX(grade)AS '最高分',MIN(grade)AS '最低分',
AVG(grade)AS '平均成绩'
FROM score
WHERE NOT grade IS NULL
GROUP BY cno
```

上述语句采用 MAX、MIN、AVG 等聚合函数，并用 GROUP BY 子句对 cno（课程号）进行分组。

查询结果：

T-SQL 基础

课程号	最高分	最低分	平均成绩
102	92	72	83
203	94	81	87
205	91	65	80
801	95	73	86

提示：如果 SELECT 子句的列名表包含聚合函数，则该列名表只能包含聚合函数指定的列名和 GROUP BY 子句指定的列名。

【例 7.37】 求选修各门课程的平均成绩和选修人数。

```
USE stsc
SELECT cno AS '课程号', AVG(grade) AS '平均成绩', COUNT(*) AS '选修人数'
FROM score
GROUP BY cno
```

上述语句采用 AVG、COUNT 等聚合函数，并用 GROUP BY 子句对 cno（课程号）进行分组。

查询结果：

课程号	平均成绩	选修人数
102	83	3
203	87	2
205	80	3
801	86	6

3. HAVING 子句

HAVING 子句用于对分组按指定条件进行进一步筛选，最后只输出满足指定条件的分组，HAVING 子句的语法格式如下。

```
[ HAVING <search_condition> ]
```

其中，search_condition 为查询条件，可以使用聚合函数。

当 WHERE 子句、GROUP BY 子句、HAVING 子句在一个 SELECT 语句中时，执行顺序如下。

（1）执行 WHERE 子句，在表中选择行。

（2）执行 GROUP BY 子句，对选取行进行分组。

（3）执行聚合函数。

（4）执行 HAVING 子句，筛选满足条件的分组。

【例 7.38】 查询选修课程两门以上且成绩在 80 分以上的学生的学号。

```
USE stsc
SELECT stno AS '学号', COUNT(cno) AS '选修课程数'
FROM score
WHERE grade>=80
GROUP BY stno
HAVING COUNT(*)>=2
```

上述语句采用 COUNT 聚合函数、WHERE 子句、GROUP BY 子句、HAVING 子句。

查询结果：

```
学号     选修课程数
------   -----------
121001   3
121005   3
122002   2
122004   2
```

【例 7.39】 查询至少有 4 名学生选修且以 8 开头的课程号和平均分数。

```
USE stsc
SELECT cno AS '课程号', AVG(grade) AS '平均分数'
FROM score
WHERE cno LIKE '8%'
GROUP BY cno
HAVING COUNT(*)>4
```

上述语句采用 AVG 聚合函数、WHERE 子句、GROUP BY 子句、HAVING 子句。

查询结果：

```
课程号   平均分数
----     -------
801      86
```

7.4.5 排序查询

SELECT 语句的 ORDER BY 子句用于对查询结果按升序（默认或 ASC）或降序（DESC）排列行，可按照一个或多个字段的值进行排序，ORDER BY 子句的格式如下。

```
[ ORDER BY { order_by_expression [ ASC | DESC ] } [ ,…n ]
```

其中，order_by_expression 是排序表达式，可以是列名、表达式或一个正整数。

【例 7.40】 将计算机专业的学生按出生时间的先后排序。

```
USE stsc
SELECT *
FROM student
WHERE speciality='计算机'
ORDER BY stbirthday
```

上述语句采用 ORDER BY 子句进行排序。

查询结果：

```
stno     stname   stsex   stbirthday   speciality   tc
------   -----    -----   ----------   ----------   ---
122001   郭德强    男      1991-10-23   计算机        48
122004   孙婷      女      1992-02-24   计算机        50
122002   谢萱      女      1992-09-11   计算机        52
```

【例 7.41】 将通信专业的学生按"数字电路"课程的成绩降序排序。

```
USE stsc
SELECT a.stname, b.cname, c.grade
FROM student a, course b, score c
WHERE a.stno=c.stno AND b.cno=c.cno AND b.cname='数字电路' AND a.speciality=
'通信'
ORDER BY c.grade DESC
```

上述语句采用谓词连接和 ORDER BY 子句进行排序。

查询结果:

```
stname    cname         grade
------    ------        -----
李贤友    数字电路      92
刘刚      数字电路      87
周映雪    数字电路      72
```

7.4.6 子查询

在 SQL 语言中,一个 SELECT-FROM-WHERE 语句称为一个查询块。在 WHERE 子句或 HAVING 子句所指定的条件中,可以使用另一个查询块的查询结果作为条件的一部分,这种将一个查询块嵌套在另一个查询块的子句指定条件中的查询称为嵌套查询。例如:

```
SELECT *
FROM student
WHERE stno IN
  ( SELECT stno
    FROM score
    WHERE cno='203'
    )
```

在本例中,下层查询块"SELECT stno FROM score WHERE cno='203'"的查询结果作为上层查询块"SELECT * FROM student WHERE stno IN"的查询条件,上层查询块称为父查询或外层查询,下层查询块称为子查询或内层查询,嵌套查询的处理过程是由内向外,即由子查询到父查询,子查询的结果作为父查询的查询条件。

T-SQL 允许 SELECT 多层嵌套使用,即一个子查询可以嵌套其他子查询,以增强查询能力。

子查询通常与 IN、EXISTS 谓词和比较运算符结合使用。

1. IN 子查询

IN 子查询用于进行一个给定值是否在子查询结果集中的判断,语法格式如下。

```
expression [ NOT ] IN ( subquery )
```

当表达式 expression 与子查询 subquery 的结果集中的某个值相等时,IN 谓词返回 TRUE,否则返回 FALSE;若使用了 NOT,则返回的值相反。

【例 7.42】 查询选修了课程号为 203 的课程的学生情况。

```
USE stsc
SELECT *
FROM student
WHERE stno IN
 ( SELECT stno
   FROM score
   WHERE cno='203'
  )
```

上述语句采用 IN 子查询。

查询结果：

```
stno    stname   stsex   stbirthday   speciality   tc
------  ------   ------  ----------   ----------   ---
122002  谢萱      女      1992-09-11    计算机        52
122004  孙婷      女      1992-02-24    计算机        50
```

【例 7.43】 查询选修某课程的学生人数多于 4 人的教师姓名。

```
USE stsc
SELECT tname AS '教师姓名'
FROM teacher
WHERE tno IN
   ( SELECT a.tno
    FROM course a, score b
    WHERE a.cno=b.cno
    GROUP BY a.tno
    HAVING COUNT(a.tno)>4
    )
```

上述语句采用 IN 子查询，在子查询中使用了谓词连接、GROUP BY 子句、HAVING 子句。

查询结果：

```
教师姓名
-------
李伟
```

2. 比较子查询

比较子查询是指父查询与子查询之间用比较运算符进行关联，其语法格式如下。

```
expression { < | <= | = | > | >= | != | <> | !< | !> } { ALL | SOME | ANY } ( subquery )
```

其中，expression 为要进行比较的表达式，subquery 是子查询，ALL、SOME 和 ANY 是对比较运算的限制。

【例 7.44】 查询比所有计算机专业的学生年龄都小的学生。

```
USE stsc
SELECT *
FROM student
WHERE stbirthday >ALL
```

```
( SELECT stbirthday
  FROM student
  WHERE speciality='计算机'
)
```

上述语句采用比较子查询。

查询结果：

```
stno    stname   stsex  stbirthday  speciality  tc
----    ------   -----  ----------  ----------  ---
121002  周映雪    女     1993-01-12  通信        49
```

【例 7.45】 查询课程号 801 的成绩高于课程号 205 的成绩的学生。

```
USE stsc
SELECT stno AS '学号'
FROM score
WHERE cno='801' AND grade>= ANY
  ( SELECT grade
    FROM score
    WHERE cno='205'
  )
```

上述语句采用比较子查询。

查询结果：

```
学号
------
121001
121002
121005
122002
122004
```

3. EXISTS 子查询

EXISTS 谓词用于测试子查询的结果是否为空表，若子查询的结果集不为空，则 EXISTS 返回 TRUE，否则返回 FALSE，如果为 NOT EXISTS，返回值与 EXISTS 相反，其语法格式如下。

```
[ NOT ] EXISTS ( subquery )
```

【例 7.46】 查询选修 205 课程的学生的姓名。

```
USE stsc
SELECT stname AS '姓名'
FROM student
WHERE EXISTS
  ( SELECT *
    FROM score
    WHERE score.stno=student.stno AND cno= '205'
  )
```

上述语句采用 EXISTS 子查询。

查询结果：

```
姓名
-----
李贤友
周映雪
刘刚
```

【例 7.47】 查询所有任课教师姓名和学院名。

```
USE stsc
SELECT tname AS '教师姓名', school AS '学院名'
FROM teacher a
WHERE EXISTS
  ( SELECT *
    FROM course b
    WHERE a.tno=b.tno
  )
```

上述语句采用 EXISTS 子查询。

查询结果：

```
教师姓名     学院名
-------     --------
刘林卓       通信学院
吴波         计算机学院
王冬琴       计算机学院
李伟         数学学院
```

提示：子查询和连接往往要涉及两个表或多个表，其区别是连接可以合并两个表或多个表的数据，而带子查询的 SELECT 语句的结果只能来自一个表。

7.4.7 SELECT 查询的其他子句

SELECT 查询的其他子句包括 UNION、EXCEPT 和 INTERSECT、INTO 子句、CTE 子句、TOP 谓词等，下面分别介绍。

1. UNION

使用 UNION 可以将两个或多个 SELECT 查询的结果合并成一个结果集。

语法格式：

```
{ <query specification> | (<query expression> ) }
  UNION [ ALL ] <query specification> | (<query expression> )
  [ UNION [ ALL ] <query specification> | (<query expression> ) [...n] ]
```

说明：

<query specification>和<query expression>都是 SELECT 查询语句。

使用 UNION 合并两个查询的结果集的基本规则如下。

- 所有查询中的列数和列的顺序必须相同。
- 数据类型必须兼容。

【例 7.48】 查询总学分大于 50 及学号小于 121051 的学生。

```
USE stsc
SELECT *
FROM student
WHERE tc>50
UNION
SELECT *
FROM student
WHERE stno<121051
```

上述语句使用 UNION 将两个查询的结果合并成一个结果集。

查询结果：

```
stno     stname   stsex   stbirthday    speciality   tc
------   ------   -----   ----------   ----------   ---
121001   李贤友    男      1991-12-30    通信         52
121002   周映雪    女      1993-01-12    通信         49
121005   刘刚      男      1992-07-05    通信         50
122002   谢萱      女      1992-09-11    计算机        52
```

2. EXCEPT 和 INTERSECT

EXCEPT 和 INTERSECT 用于比较两个查询结果，返回非重复值，EXCEPT 从左查询中返回右查询没有找到的所有非重复值，INTERSECT 返回 INTERSECT 操作数左、右两边的两个查询都返回的所有非重复值。

语法格式：

```
{ <query_specification> | ( <query_expression> ) }
{ EXCEPT | INTERSECT }
{ <query_specification> | ( <query_expression> ) }
```

说明：

<query specification>和<query expression>都是 SELECT 查询语句。

使用 EXCEPT 或 INTERSECT 的两个查询的结果集组合起来的基本规则如下。

- 所有查询中的列数和列的顺序必须相同。
- 数据类型必须兼容。

【例 7.49】 查询学过 801 课程但未学过 102 课程的学生。

```
USE stsc
SELECT a.stno AS '学号', a.stname AS '姓名'
```

```
FROM student a, course b, score c
WHERE a.stno=c.stno AND b.cno=c.cno AND c.cno='801'
EXCEPT
SELECT a.stno AS '学号', a.stname AS '姓名'
FROM student a, course b, score c
WHERE a.stno=c.stno AND b.cno=c.cno AND c.cno='102'
```

上述语句从 EXCEPT 操作数左侧的查询返回右侧查询没有找到的所有非重复值。

查询结果：

```
学号       姓名
------   -----
122001   郭德强
122002   谢萱
122004   孙婷
```

【例 7.50】 查询既学过 801 课程又学过 102 课程的学生。

```
USE stsc
SELECT a.stno AS '学号', a.stname AS '姓名'
FROM student a, course b, score c
WHERE a.stno=c.stno AND b.cno=c.cno AND c.cno='801'
INTERSECT
SELECT a.stno AS '学号', a.stname AS '姓名'
FROM student a, course b, score c
WHERE a.stno=c.stno AND b.cno=c.cno AND c.cno='102'
```

上述语句返回从 INTERSECT 操作数左、右两边的两个查询都返回的所有非重复值。

查询结果：

```
学号       姓名
------   -----
121001   李贤友
121002   周映雪
121005   刘刚
```

3. INTO 子句

INTO 子句用于创建新表并将查询所得的结果插入新表中。

语法格式：

```
[ INTO new_table ]
```

说明：

new_table 是要创建的新表名，创建的新表的结构由 SELECT 所选择的列决定，新表中的记录由 SELECT 的查询结果决定，若 SELECT 的查询结果为空，则创建一个只有结构没有记录的空表。

143

第 7 章

【例 7.51】 由 student 表创建 st 表，包括学号、姓名、性别、专业和学分。

```
USE stsc
SELECT stno, stname, stsex, speciality, tc INTO st
FROM student
```

上述语句通过 INTO 子句创建新表 st，新表的结构和记录由 SELECT…INTO 语句决定。

4. CTE 子句

CTE 子句用于指定临时结果集，这些结果集称为公用表表达式（Common Table Expression，CTE）。

语法格式：

```
[ WITH <common_table_expression> [ ,…n ] ]
AS ( CTE_query_definition )
```

其中，

```
<common_table_expression>::=
    expression_name [ ( column_name [ ,…n ] ) ]
```

说明：

- expression_name：CTE 的名称。
- column_name：在 CTE 中指定的列名，其个数要和 CTE_query_definition 返回的字段个数相同。
- CTE_query_definition：指定一个其结果集填充 CTE 的 SELECT 语句。CTE 下方的 SELECT 语句可以直接查询 CTE 中的数据。

注意： CTE 源自简单查询，并且在单条 SELECT、INSERT、UPDATE 或 DELETE 语句的执行范围内定义，该子句也可用在 CREATE VIEW 语句中，公用表表达式可以包括对自身的引用，这种表达式称为递归公用表表达式。

【例 7.52】 使用 CTE 从 score 表中查询学号、课程号和成绩，并指定新列名为 c_stno、c_cno、c_grade，再使用 SELECT 语句从 CTE 和 student 表中查询姓名为"孙婷"的学生的学号、课程号和成绩。

```
USE stsc;
WITH cte_st(c_stno, c_cno, c_grade)
AS (SELECT stno, cno, grade FROM score)
SELECT c_stno, c_cno, c_grade
FROM cte_st, student
WHERE student.stname='孙婷' AND student.stno =cte_st.c_stno
```

上述语句通过 CTE 子句查询姓名为"孙婷"的学生的学号、课程号和成绩。

查询结果：

```
c_stno  c_cno   c_grade
------  -----   -------
122004  203     81
122004  801     86
```

【例 7.53】 计算从 1 到 10 的阶乘。

```
WITH Cfact(n, k)
AS (
    SELECT n=1, k=1
    UNION ALL
    SELECT n=n+1, k=k*(n+1)
    FROM Cfact
    WHERE n<10
    )
SELECT n, k FROM Cfact
```

上述语句通过递归公用表表达式计算从 1 到 10 的阶乘。

查询结果：

```
n       k
--      -------
1       1
2       2
3       6
4       24
5       120
6       720
7       5040
8       40320
9       362880
10      3628800
```

5. FROM 子句

FROM 子句指定用于 SELECT 的查询对象。

语法格式：

```
[ FROM {<table_source>} [,…n] ]
<table_source> ::=
{
    table_or_view_name [ [ AS ] table_alias ]        /*查询表或视图，可指定别名*/
    | rowset_function [ [ AS ] table_alias ]              /*行集函数*/
        [ ( bulk_column_alias [ ,…n ] ) ]
    | user_defined_function [ [ AS ] table_alias ]   /*指定表值函数*/
    | OPENXML <openxml_clause>                        /*XML文档*/
    | derived_table [ AS ] table_alias [ ( column_alias [ ,…n ] ) ]
                                                     /*子查询*/
    | <joined_table>                                 /*连接表*/
    | <pivoted_table>                                /*将行转换为列*/
```

T-SQL 基础

```
        | <unpivoted_table>                              /*将列转换为行*/
}
```

说明：

- table_or_view_name：指定 SELECT 语句要查询的表或视图。
- rowset_function：rowset_function 是一个行集函数，行集函数通常返回一个表或视图。
- derived_table：由执行 SELECT 查询语句返回的表，必须为其指定一个别名，也可以为列指定别名。
- joined_table：连接表。
- pivoted_table：将行转换为列。

<pivoted_table>的语法格式如下。

```
<pivoted_table> ::=
        table_source PIVOT <pivot_clause> [AS] table_alias
<pivot_clause> ::=
        ( aggregate_function ( value_column ) FOR pivot_column  IN (<column_
        list>) )
```

- <unpivoted_table>：将列转换为行。

<unpivoted_table>的语法格式如下。

```
<unpivoted_table> ::=
        table_source UNPIVOT <unpivot_clause> table_alias
<unpivot_clause> ::=
        ( value_column FOR pivot_column IN ( <column_list> ) )
```

【例 7.54】 查找 student 表中 1992 年 12 月 31 日之前出生的学生的姓名和性别，并列出其专业属于通信还是计算机，1 表示是，0 表示否。

```
USE stsc
SELECT stname, stsex,通信,计算机
FROM student
PIVOT
(
COUNT(stno)
FOR speciality
IN (通信,计算机)
)AS pvt
WHERE stbirthday<'1992-12-31'
```

上述语句通过 PIVOT 子句将通信、计算机等行转换为列。

查询结果：

```
stname   stsex   通信   计算机
------   -----   ---    -----
```

郭德强	男	0	1
李贤友	男	1	0
刘刚	男	1	0
孙婷	女	0	1
谢萱	女	0	1

【例 7.55】 将 teacher 表中的职称和学院列转换为行。

```
USE stsc
SELECT tno,tname,选项,内容
FROM teacher
UNPIVOT
(
内容
FOR 选项 IN
(title,school)
) unpvt
```

上述语句通过 UNPIVOT 子句将职称和学院列转换为行。

查询结果：

tno	tname	选项	内容
102101	刘林卓	title	教授
102101	刘林卓	school	通信学院
102105	周学莉	title	讲师
102105	周学莉	school	通信学院
204101	吴波	title	教授
204101	吴波	school	计算机学院
204107	王冬琴	title	副教授
204107	王冬琴	school	计算机学院
801102	李伟	title	副教授
801102	李伟	school	计算机学院

6. TOP 谓词

在使用 SELECT 语句进行查询时有时需要列出前几行数据，此时可以使用 TOP 谓词对结果集进行限定。

语法格式：

```
TOP n [ percent ] [ WITH TIES]
```

说明：

- TOP n：获取查询结果的前 *n* 行数据。
- TOP n percent：获取查询结果的前 *n*%行数据。
- WITH TIES：包括最后一行取值并列的结果。

注意：TOP 谓词写在 SELECT 的后面。在使用 TOP 谓词时，应与 ORDER BY 子句一起使用，列出前几行才有意义。如果选用 WITH TIES 选项，则必须使用 ORDER BY 子句。

【例 7.56】 查询总学分前两名的学生情况。

```
USE stsc
SELECT TOP 2 stno,stname,tc
  FROM student
  ORDER BY tc DESC
```

TOP 谓词和 ORDER BY 子句一起使用，获取前两名的学生情况。

查询结果：

```
stno    stname  tc
------  ------  --
121001  李贤友   52
122002  谢萱     52
```

【例 7.57】 查询总学分前 3 名的学生情况（包含专业）。

```
USE stsc
SELECT TOP 3 WITH TIES stno,stname,speciality,tc
  FROM student
  ORDER BY tc DESC
```

TOP 谓词和 ORDER BY 子句一起使用，并选用 WITH TIES 选项，获取前 3 名的学生情况，其中孙婷与刘刚并列第 3 名。

查询结果：

```
stno    stname  speciality  tc
------  ------  ----------  --
121001  李贤友   通信         52
122002  谢萱     计算机       52
122004  孙婷     计算机       50
121005  刘刚     通信         50
```

7.5 综合训练

1. 训练要求

本章介绍了 T-SQL 中的数据定义语言（DDL）、数据操纵语言（DML）和数据查询语言（DQL），并重点讨论了使用 SELECT 查询语句对数据库进行各种查询的方法。数据库查询是数据库的核心操作，下面结合学生成绩数据库 stsc 进行数据查询的综合训练。

（1）查询 student 表中通信专业学生的情况。

（2）查询 score 表中学号为 122002、课程号为 203 的学生的成绩。

（3）查找学号为 121005、课程名为"高等数学"的学生的成绩。

（4）查找选修了 801 课程且为计算机专业的学生的姓名及成绩，查出的成绩按降序排列。

（5）查找学号为 121001 的学生的所有课程的平均成绩。

2. T-SQL 语句的编写

根据题目要求进行 T-SQL 语句的编写。

（1）编写 T-SQL 语句如下。

```
USE stsc
SELECT *
FROM student
WHERE speciality='通信'
```

查询结果：

```
stno    stname  stsex  stbirthday  speciality  tc
------  ------  -----  ----------  ----------  ---
121001  李贤友   男     1991-12-30  通信         52
121002  周映雪   女     1993-01-12  通信         49
121005  刘刚     男     1992-07-05  通信         50
```

（2）编写 T-SQL 语句如下。

```
USE stsc
SELECT *
FROM score
WHERE stno='122002' AND cno='203'
```

查询结果：

```
stno    cno   grade
------  ---   -----
122002  203   94
```

（3）编写 T-SQL 语句如下。

```
USE stsc
SELECT *
FROM score
WHERE stno='121005' AND cno IN
  ( SELECT cno
    FROM course
    WHERE cname='高等数学'
  )
```

在子查询中由课程名查出课程号，在外查询中由课程号（在子查询中查出）和学号查出成绩。

查询结果：

```
stno     cno   grade
------   ---   -----
121005   801   82
```

（4）编写 T-SQL 语句如下。

```
USE stsc
SELECT a.stname,c.grade
FROM student a,course b,score c
WHERE b.cno='801' AND a.stno=c.stno AND b.cno=c.cno
ORDER BY grade DESC
```

该语句采用连接查询和 **ORDER BY** 子句进行查询。

查询结果：

```
stname   grade
------   -----
谢萱      95
李贤友    94
孙婷      86
刘刚      82
周映雪    73
郭德强    NULL
```

（5）编写 T-SQL 语句如下。

```
USE stsc
SELECT stno,AVG(grade) AS 平均成绩
FROM score
WHERE stno='121001'
GROUP BY stno
```

该语句采用聚合函数和 **GROUP BY** 子句进行查询。

查询结果：

```
stno     平均成绩
------   -------
121001   92
```

7.6 小　　结

本章主要介绍了以下内容。

（1）SQL 语言是目前主流的在关系型数据库上执行数据操作、数据检索以及数据库维护所需要的标准语言，是用户与数据库之间进行交流的接口，许多关系型数据库管理系统都支持 SQL 语言，但不同的数据库管理系统之间的 SQL 语言不能完全通用，SQL Server

数据库使用的 SQL 语言是 Transact-SQL（简称 T-SQL）。

（2）通常将 SQL 语言分为 4 类，即数据定义语言（Data Definition Language，DDL）、数据操纵语言（Data Manipulation Language，DML）、数据查询语言（Data Query Language，DQL）和数据控制语言（Data Control Language，DCL）。

SQL 语言具有高度非过程化、应用于数据库、采用集合操作方式、既是自含式语言又是嵌入式语言、综合统一、语言简洁和易学易用等特点。

（3）T-SQL 中的数据定义语言 DDL。

DDL 中的数据库操作语句：创建数据库用 CREATE DATABASE 语句、修改数据库用 ALTER DATABASE 语句、删除数据库用 DROP DATABASE 语句。

DDL 中的表操作语句：创建表用 CREATE TABLE 语句、修改表用 ALTER TABLE 语句、删除表用 DROP TABLE 语句。

（4）T-SQL 中的数据操纵语言 DML。

在表中插入记录用 INSERT 语句，在表中修改记录或列用 UPDATE 语句，在表中删除记录用 DELETE 语句。

（5）T-SQL 中的数据查询语言 DQL。

DQL 是 T-SQL 语言的核心，DQL 使用 SELECT 语句，它包含 SELECT 子句、FROM 子句、WHERE 子句、GROUP BY 子句、HAVING 子句、ORDER BY 子句等。

（6）投影查询、选择查询和排序查询。

投影查询通过 SELECT 语句的 SELECT 子句来表示，由选择表中的部分或全部列组成结果表。

选择查询通过 WHERE 子句实现，WHERE 子句给出查询条件，该子句必须紧跟在 FROM 子句之后。

排序查询通过 ORDER BY 子句实现，查询结果按升序（默认或 ASC）或降序（DESC）排列行，可按照一个或多个字段的值进行排序。

（7）连接查询是关系数据库中的重要查询，在 T-SQL 中连接查询有两类表示形式，一类是连接谓词表示形式，另一类是使用关键字 JOIN 表示形式。

（8）在 SELECT 语句的 WHERE 子句中使用比较运算符给出连接条件对表进行连接，将这种表示形式称为连接谓词表示形式。

在使用 JOIN 关键字指定的连接中，在 FROM 子句中用 JOIN 关键字指定连接的多个表的表名，用 ON 子句指定连接条件。JOIN 关键字指定的连接类型有 3 种，其中 INNER JOIN 表示内连接，OUTER JOIN 表示外连接，CROSS JOIN 表示交叉连接。

外连接有 3 种，即左外连接（LEFT OUTER JOIN）、右外连接（RIGHT OUTER JOIN）、完全外连接（FULL OUTER JOIN）。

（9）将一个查询块嵌套在另一个查询块的子句指定条件中的查询称为嵌套查询，在嵌套查询中，上层查询块称为父查询或外层查询，下层查询块称为子查询（subquery）或内层查询。子查询通常包括 IN 子查询、比较子查询和 EXISTS 子查询。

（10）SELECT 查询的其他子句包括 UNION、EXCEPT 和 INTERSECT、INTO 子句、CTE 子句、TOP 谓词等。

习　题　7

一、选择题

7.1　使用 student 表查询年龄最小的学生的姓名和年龄，下列实现此功能的查询语句中正确的是_____。

    A．SELECT sname, MIN(sage) FROM student

    B．SELECT sname, sage FROM student WHERE sage= MIN(sage)

    C．SELECT TOP1 sname, sage FROM student

    D．SELECT TOP1 sname, sage FROM student ORDER BY sage

7.2　设在某 SELECT 语句的 WHERE 子句中需要对 grade 列的空值进行处理，下列关于空值的操作中错误的是_____。

    A．grade IS NOT NULL

    B．grade IS NULL

    C．grade = NULL

    D．NOT(grade IS NULL)

7.3　设在 SQL Server 中有学生表(学号,姓名,年龄)，其中姓名为 varchar(10)类型，查询姓“张”且名字是 3 个字的学生的详细信息，正确的语句是_____。

    A．SELECT *FROM 学生表 WHERE 姓名 LIKE '张_'

    B．SELECT *FROM 学生表 WHERE 姓名 LIKE '张__'AND LEN(姓名)=2

    C．SELECT *FROM 学生表 WHERE 姓名 LIKE '张_' AND LEN(姓名)=3

    D．SELECT *FROM 学生表 WHERE 姓名 LIKE '张__' AND LEN(姓名)=3

7.4　设在 SQL Server 中有学生表(学号,姓名,所在系)和选课表(学号,课程号,成绩)，查询没选课的学生的姓名和所在系，下列语句中能够实现该查询要求的是_____。

    A．SELECT 姓名,所在系 FROM 学生表 a LEFT JOIN 选课表 b
       ON a.学号= b.学号 WHERE a.学号 IS NULL

    B．SELECT 姓名,所在系 FROM 学生表 a LEFT JOIN 选课表 b
       ON a.学号= b.学号 WHERE b.学号 IS NULL

    C．SELECT 姓名,所在系 FROM 学生表 a RIGHT JOIN 选课表 b
       ON a.学号= b.学号 WHERE a.学号 IS NULL

    D．SELECT 姓名,所在系 FROM 学生表 a RIGHT JOIN 选课表 b
       ON a.学号= b.学号 WHERE b.学号 IS NULL

7.5　下述语句的功能是将两个查询结果合并成一个结果，其中正确的是_____。

    A．SELECT sno, sname, sage FROM student WHERE sdept='cs'
       ORDER BY sage

UNION

SELECT sno, sname, sage FROM student WHERE sdept='is'

ORDER BY sage

    B. SELECT sno, sname, sage FROM student WHERE sdept='cs'

UNION

SELECT sno, sname, sage FROM student WHERE sdept='is'

ORDER BY sage

    C. SELECT sno, sname, sage FROM student WHERE sdept='cs'

UNION

SELECT sno, sname FROM student WHERE sdept='is'

ORDER BY sage

    D. SELECT sno, sname, sage FROM student WHERE sdept='cs'

ORDER BY sage

UNION

SELECT sno, sname, sage FROM student WHERE sdept='is'

二、填空题

7.6　在 EXISTS 子查询中，子查询的执行次数是由_____决定的。

7.7　在 IN 子查询和比较子查询中，先执行_____层查询，再执行_____层查询。

7.8　在 EXISTS 子查询中，先执行_____层查询，再执行_____层查询。

7.9　UNION 操作用于合并多个 SELECT 查询的结果，如果在合并结果时不希望去掉重复数据，应使用_____关键字。

7.10　若在 SELECT 语句中同时包含 WHERE 子句和 GROUP BY 子句，则先执行_____子句。

三、问答题

7.11　什么是 SQL 语言？简述 SQL 语言的分类。

7.12　SELECT 语句中包括哪些子句？简述各个子句的功能。

7.13　什么是连接谓词？简述连接谓词表示形式的语法规则。

7.14　内连接、外连接有什么区别？左外连接、右外连接和全外连接有什么区别？

7.15　简述常用聚合函数的名称和功能。

7.16　在一个 SELECT 语句中，当 WHERE 子句、GROUP BY 子句和 HAVING 子句同时出现在一个查询中时 SQL 的执行顺序如何？

7.17　在 SQL Server 中使用 GROUP BY 子句有什么规则？

7.18　什么是子查询？IN 子查询、比较子查询、EXISTS 子查询有何区别？

四、上机实验题

7.19　使用 T-SQL 语句创建 stsc 数据库，然后在该数据库中创建 student 表、course 表、score 表、teacher 表。

7.20　使用 T-SQL 语句分别向 student 表、course 表、score 表、teacher 表插入表 6.1～表 6.4 中的各行数据。

7.21 查询 student 表中总学分大于或等于 50 分的学生的情况。

7.22 查找谢萱的"高等数学"的成绩。

7.23 查找选修了"数字电路"的学生的姓名及成绩，并按成绩降序排列。

7.24 查找"数据库系统"和"微机原理"的平均成绩。

7.25 查询每个专业最高分的课程名和分数。

7.26 查询通信专业最高分的学生的学号、姓名、课程号和分数。

7.27 查询有两门以上（含两门）课程超过 80 分的学生的姓名及其平均成绩。

7.28 查询选学了所有已安排任课教师的课程的学生的姓名。

第8章	视　　图

本章要点

- 使用图形界面或使用 T-SQL 语句创建视图
- 查询视图
- 通过视图插入、删除和修改数据
- 修改视图定义
- 使用图形界面或使用 T-SQL 语句删除视图

视图（view）是从一个或多个表或者其他视图导出的，用来导出视图的表称为基表，导出的视图又称为虚表。在数据库中只存储视图的定义，不存放视图对应的数据，这些数据仍然存放在原来的基表中。

视图有以下优点。

（1）方便用户的查询和处理，简化数据操作。

（2）简化用户的权限管理，增加安全性。

（3）便于数据共享。

（4）屏蔽数据库的复杂性。

（5）可以重新组织数据。

8.1　创　建　视　图

在使用视图前必须先创建视图，创建视图要遵守以下原则。

（1）只有在当前数据库中才能创建视图，视图的命名必须遵循标识符的命名规则。

（2）不能将规则、默认值或触发器与视图相关联。

（3）不能在视图上建立任何索引。

8.1.1　使用图形界面方式创建视图

【例 8.1】　使用图形界面方式在 stsc 数据库中创建 st_comm 视图，包括学号、姓名、课程名、成绩，按学号升序排列，且专业为通信。

操作步骤如下。

（1）启动 SQL Server Management Studio，在对象资源管理器中展开"数据库"节点，选中 stsc 数据库，展开该数据库节点，接着选中"视图"，然后右击，在弹出的快捷菜单中选择"新建视图"命令，如图 8.1 所示。

（2）屏幕上出现"添加表"对话框，在该对话框中选择 student、course、score 3 个表，如图 8.2 所示，单击"添加"按钮，然后单击"关闭"按钮。

图 8.1　选择"新建视图"命令　　　　　　图 8.2　"添加表"对话框

（3）返回到对象资源管理器，在其右边出现"视图设计器"，包括关系图窗格、网格窗格、SQL 窗格、结果窗格等。

选择视图所包含的列，在网格窗格的"列"栏中指定，例如选择第 1 列为 student.stno 列，在列组合框中选择，不设置别名，"排序类型"设置为"升序"，然后依次设置 student.stname 列、course.cname 列、score.grade 列、student.specialist 列，在 student.specialist 列，"筛选器"设置为"= '通信'"，如图 8.3 所示，其对应的 SELECT 语句出现在 SQL 窗格中，语句如下。

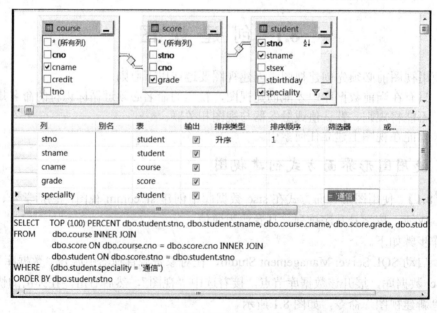

图 8.3　视图设计器

```
SELECT TOP (100) PERCENT dbo.student.stno, dbo.student.stname, dbo.course.
cname, dbo.score. grade,  dbo.student.speciality
FROM dbo.course INNER JOIN
        dbo.score ON dbo.course.cno = dbo.score.cno INNER JOIN
        dbo.student ON dbo.score.stno = dbo.student.stno
WHERE (dbo.student.speciality = '通信')
ORDER BY dbo.student.stno
```

（4）单击工具栏上的"保存"按钮，在弹出的"选择名称"对话框中输入视图名称 st_comm，单击"确定"按钮。

8.1.2 使用 T-SQL 语句创建视图

在 T-SQL 中创建视图的语句是 CREATE VIEW 语句。

语法格式：

```
CREATE VIEW [ schema_name . ] view_name [ (column [ ,…n ] ) ]
[ WITH <view_attribute>[ ,…n ] ]
    AS select_statement
    [ WITH CHECK OPTION ]
```

说明：

- view_name 是视图名称，schema_name 是数据库架构名。
- column：列名，此为视图中包含的列，最多可引用 1024 个列。
- WITH 子句：指出视图的属性。
- select_statement：定义视图的 SELECT 语句，可在该语句中使用多个表或视图。
- WITH CHECK OPTION：指出在视图上进行的修改都要符合 select_statement 所指定的准则。

注意： CREATE VIEW 必须是批处理命令的第一条语句。

【例 8.2】 使用 CREATE VIEW 语句在 stsc 数据库中创建 st2_comm 视图，包括学号、姓名、课程号、成绩，且专业为"通信"。

```
USE stsc
GO
CREATE VIEW st2_comm
AS
SELECT student.stno, student.stname, score.cno, score.grade
    FROM student, score
    WHERE student.stno=score.stno AND student.speciality= '通信'
    WITH CHECK OPTION
GO
```

8.2 查 询 视 图

查询视图使用 SELECT 语句，使用 SELECT 语句对视图进行查询与使用 SELECT 语句对表进行查询一样，举例如下。

【例 8.3】 查询 st_comm 视图、st2_comm 视图。

使用 SELECT 语句对 st_comm 视图进行查询。

```
USE stsc
SELECT *
FROM st_comm
```

查询结果:

```
stno    stname  cname    grade  speciality
------  ------  -------  ------  -----------
121001  李贤友  数字电路  92     通信
121001  李贤友  微机原理  91     通信
121001  李贤友  高等数学  94     通信
121002  周映雪  数字电路  72     通信
121002  周映雪  微机原理  65     通信
121002  周映雪  高等数学  73     通信
121005  刘刚    数字电路  87     通信
121005  刘刚    微机原理  85     通信
121005  刘刚    高等数学  82     通信
```

使用 SELECT 语句对 st2_comm 视图进行查询。

```
USE stsc
SELECT *
FROM st2_comm
```

查询结果:

```
stno    stname  cno  grade
------  ------  ---  ------
121001  李贤友  102  92
121001  李贤友  205  91
121001  李贤友  801  94
121002  周映雪  102  72
121002  周映雪  205  65
121002  周映雪  801  73
121005  刘刚    102  87
121005  刘刚    205  85
121005  刘刚    801  82
```

【例 8.4】 查询通信专业学生的学号、姓名、课程名。

```
USE stsc
SELECT stno, stname, cname
FROM st_comm
```

上述语句对 st_comm 视图进行查询。

查询结果：

```
stno     stname    cname
------   ------    -------
121001   李贤友     数字电路
121001   李贤友     微机原理
121001   李贤友     高等数学
121002   周映雪     数字电路
121002   周映雪     微机原理
121002   周映雪     高等数学
121005   刘刚       数字电路
121005   刘刚       微机原理
121005   刘刚       高等数学
```

【例 8.5】 查询平均成绩在 85 分以上的学生的学号和平均成绩。

创建 sc_avg 视图的语句如下。

```
USE stsc
GO
CREATE VIEW sc_avg(stno, avg_grade)
AS
SELECT stno, AVG(grade)
   FROM score
   GROUP BY stno
GO
```

使用 SELECT 语句对 sc_avg 视图进行查询。

```
USE stsc
SELECT *
FROM sc_avg
```

查询结果：

```
stno     avg_grade
------   ----------
121001   92
121002   70
121005   84
122001   NULL
122002   94
122004   83
```

8.3 更 新 视 图

更新视图指通过视图插入、删除、修改数据，由于视图是不存储数据的虚表，对视图的更新最终转化为对基表的更新。

8.3.1 可更新视图

通过更新视图数据可更新基表数据，但只有满足可更新条件的视图才能更新，可更新视图必须满足的条件是创建视图的 SELECT 语句没有聚合函数，且没有 TOP、GROUP BY、UNION 子句及 DISTICT 关键字，不包含从基表列通过计算所得的列，且 FROM 子句至少包含一个基本表。

在前面的视图中，st_comm、st2_comm 是可更新视图，sc_avg 是不可更新视图。

【例 8.6】 在 stsc 数据库中以 student 为基表创建专业为计算机的可更新视图 st_cp。
创建 st_cp 视图的语句如下。

```
USE stsc
GO
CREATE VIEW st_cp
AS
SELECT *
   FROM student
   WHERE speciality= '计算机'
GO
```

使用 SELECT 语句查询 st_cp 视图。

```
USE stsc
SELECT *
FROM st_cp
```

查询结果：

```
stno     stname    stsex    stbirthday    specialit   tc
------   -------   -----    ----------    ---------   ----
122001   郭德强    男       1991-10-23    计算机      48
122002   谢萱      女       1992-09-11    计算机      52
122004   孙婷      女       1992-02-24    计算机      50
```

8.3.2 插入数据

使用 INSERT 语句通过视图向基表插入数据，有关 INSERT 语句的介绍参见第 7 章。

【例 8.7】 向 st_cp 视图中插入记录('122009','董智强','男','1992-11-23','计算机',50)。

```
USE stsc
INSERT INTO st_cp VALUES('122009','董智强','男','1992-11-23','计算机',50)
```

使用 SELECT 语句查询 st_cp 视图的基表 student。

```
USE stsc
SELECT *
FROM student
```

上述语句对基表 student 进行查询，该表已添加记录('122009','董智强','男','1992-11-23','计算机',50)。

查询结果：

```
stno     stname    stsex    stbirthday    speciality   tc
------   ------    ------   ----------    ---------    ----
121001   李贤友    男       1991-12-30    通信         52
121002   周映雪    女       1993-01-12    通信         49
121005   刘刚      男       1992-07-05    通信         50
```

122001	郭德强	男	1991-10-23	计算机	48
122002	谢萱	女	1992-09-11	计算机	52
122004	孙婷	女	1992-02-24	计算机	50
122009	董智强	男	1992-11-23	计算机	50

注意：当视图依赖的基表有多个时不能向该视图插入数据。

8.3.3 修改数据

使用 UPDATE 语句通过视图修改基表数据，有关 UPDATE 语句的介绍参见第 7 章。

【例 8.8】 将 st_cp 视图中学号为 122009 的学生的总学分增加两分。

```
USE stsc
UPDATE st_cp SET tc=tc+2
WHERE stno='122009'
```

使用 SELECT 语句查询 st_cp 视图的基表 student。

```
USE stsc
SELECT *
FROM student
```

上述语句对基表 student 进行查询，该表已将学号为 122009 的学生的总学分增加了两分。

查询结果：

```
stno     stname    stsex  stbirthday   speciality  tc
------   ------    -----  ----------   ---------   ----
121001   李贤友     男     1991-12-30   通信         52
121002   周映雪     女     1993-01-12   通信         49
121005   刘刚       男     1992-07-05   通信         50
122001   郭德强     男     1991-10-23   计算机       48
122002   谢萱       女     1992-09-11   计算机       52
122004   孙婷       女     1992-02-24   计算机       50
122009   董智强     男     1992-11-23   计算机       52
```

注意：当视图依赖的基表有多个时修改一次视图只能修改一个基表的数据。

8.3.4 删除数据

使用 DELETE 语句通过视图向基表删除数据，有关 DELETE 语句的介绍参见第 7 章。

【例 8.9】 删除 st_cp 视图中学号为 122009 的记录。

```
USE stsc
DELETE FROM st_cp
WHERE stno='122009'
```

使用 SELECT 语句查询 st_cp 视图的基表 student。

```
USE stsc
```

```
SELECT *
FROM student
```

上述语句对基表 student 进行查询，该表已删除记录('122009','董智强','男','1992-11-23','计算机',52)。

查询结果：

```
stno    stname  stsex  stbirthday   speciality  tc
-----   ------- ------ -----------  ----------  ----
121001  李贤友  男     1991-12-30   通信        52
121002  周映雪  女     1993-01-12   通信        49
121005  刘刚    男     1992-07-05   通信        50
122001  郭德强  男     1991-10-23   计算机      48
122002  谢萱    女     1992-09-11   计算机      52
122004  孙婷    女     1992-02-24   计算机      50
```

注意：当视图依赖的基表有多个时不能向该视图删除数据。

8.4　修改视图定义

在视图定义之后可以修改视图定义，而无须删除并重新创建视图，修改视图的定义可以使用图形界面方式，也可以使用 T-SQL 的 ALTER VIEW 语句。

1. 使用图形界面方式修改视图定义

使用图形界面方式修改视图定义举例如下。

【例 8.10】　使用图形界面方式修改例 8.1 中创建的视图 st_comm，以降序显示成绩。
操作步骤如下。

（1）启动 SQL Server Management Studio，在对象资源管理器中展开"数据库"节点，选中 stsc 数据库，展开该数据库节点，接着展开"视图"，选择 dbo. st_comm，然后右击，在弹出的快捷菜单中选择"设计"命令。

（2）进入视图设计器窗口，如图 8.4 所示，可以查看和修改视图结构，其操作和创建视图类似。

（3）在视图设计器窗口中将 grade 列的排序类型修改为"降序"，在 SQL 窗格中对应的 SELECT 语句自动修改为如下

```
SELECT TOP (100) PERCENT dbo.student.stno, dbo.student.stname, dbo. course.
cname, dbo.score.grade, dbo.student.speciality
FROM dbo.course INNER JOIN
        dbo.score ON dbo.course.cno = dbo.score.cno INNER JOIN
        dbo.student ON dbo.score.stno = dbo.student.stno
WHERE (dbo.student.speciality = '通信')
ORDER BY dbo.score.grade DESC
```

图 8.4　修改前的视图设计器窗口

修改视图定义的结果如图 8.5 所示。

图 8.5　修改后的视图设计器窗口

（4）修改完成后单击工具栏中的"执行"按钮运行修改后的 st_comm 视图，运行结果如图 8.6 所示，然后单击"保存"按钮将视图定义的修改保存。

	stno	stname	cname	grade	speciality
1	121001	李贤友	高等数学	94	通信
2	121001	李贤友	数字电路	92	通信
3	121001	李贤友	微机原理	91	通信
4	121005	刘刚	数字电路	87	通信
5	121005	刘刚	微机原理	85	通信
6	121005	刘刚	高等数学	82	通信
7	121002	周映雪	高等数学	73	通信
8	121002	周映雪	数字电路	72	通信
9	121002	周映雪	微机原理	65	通信

图 8.6 修改后的 st_comm 视图的执行结果

2. 使用 T-SQL 语句修改视图定义

使用 T-SQL 的 ALTER VIEW 语句修改视图。

语法格式：

```
ALTER VIEW [ schema_name . ] view_name [ ( column [ ,…n ] ) ]
  [ WITH <view_attribute>[,…n ] ]
  AS select_statement
  [ WITH CHECK OPTION ]
```

其中，view_attribute、select_statement 等参数与 CREATE VIEW 语句中的含义相同。

【例 8.11】 将例 8.2 定义的 st2_comm 视图进行修改，取消专业为"通信"的要求。

```
USE stsc
GO
ALTER VIEW st2_comm
AS
SELECT student.stno, student.stname, score.cno, score.grade
  FROM student, score
  WHERE student.stno=score.stno
  WITH CHECK OPTION
GO
```

上述语句通过 ALTER VIEW 语句对 st2_comm 视图的定义进行修改。

注意： ALTER VIEW 必须是批处理命令的第一条语句。

使用 SELECT 语句对修改后的 st2_comm 视图进行查询。

```
USE stsc
SELECT *
FROM st2_comm
```

查询结果：

```
stno    stname    cno    grade
-----   -------   -----   -----
121001  李贤友     102    92
```

121001	李贤友	205	91
121001	李贤友	801	94
121002	周映雪	102	72
121002	周映雪	205	65
121002	周映雪	801	73
121005	刘刚	102	87
121005	刘刚	205	85
121005	刘刚	801	82
122001	郭德强	801	NULL
122002	谢萱	203	94
122002	谢萱	801	95
122004	孙婷	203	81
122004	孙婷	801	86

从查询结果可以看出修改后的 st2_comm 视图已取消专业为"通信"的要求。

8.5 删 除 视 图

删除视图可以使用图形界面方式和 T-SQL 语句。

8.5.1 使用图形界面方式删除视图

启动 SQL Server Management Studio，在对象资源管理器中展开"数据库"节点，选中 stsc 数据库，展开该数据库节点，接着展开"视图"，选择需要删除的视图，这里选择 dbo.st.cp，然后右击，在弹出的快捷菜单中选择"删除"命令，进入"删除对象"对话框，单击"确定"按钮。

8.5.2 使用 T-SQL 语句删除视图

在 T-SQL 中使用 DROP VIEW 语句删除视图。

语法格式：

```
DROP VIEW [ schema_name . ] view_name [ …,n ] [ ; ]
```

其中 view_name 是视图名，使用 DROP VIEW 可删除一个或多个视图。

【例 8.12】 将 st_view2 视图删除。

```
USE stsc
DROP VIEW st_view2
```

8.6 小 结

本章主要介绍了以下内容。

（1）视图（view）是从一个或多个表或者其他视图导出的，用来导出视图的表称为基表，导出的视图又称为虚表。在数据库中只存储视图的定义，不存放视图对应的数据，这些数据仍然存放在原来的基表中。

（2）创建视图有使用图形界面和使用 T-SQL 语句两种方式，T-SQL 创建视图的语句是 CREATE VIEW 语句。

（3）查询视图使用 SELECT 语句，使用 SELECT 语句对视图进行查询与使用 SELECT 语句对表进行查询一样。

（4）更新视图指通过视图插入、删除、修改数据，由于视图是不存储数据的虚表，对视图的更新最终转化为对基表的更新。使用 INSERT 语句通过视图向基表插入数据，使用 UPDATE 语句通过视图修改基表数据，使用 DELETE 语句通过视图向基表删除数据。

（5）修改视图的定义可以使用图形界面方式，也可以使用 T-SQL 的 ALTER VIEW 语句。

（6）查看视图信息可以使用图形界面方式，也可以通过系统存储过程来查看。

（7）删除视图可以使用图形界面和 T-SQL 语句两种方式，在 T-SQL 中使用 DROP VIEW 语句删除视图。

习　题　8

一、选择题

8.1　下列关于视图的叙述正确的是_____。

　　A．视图可在数据库中存储数据

　　B．视图的建立会影响基表

　　C．视图的删除会影响基表

　　D．视图既可以通过表得到，也可以通过其他视图得到

8.2　以下关于视图的叙述错误的是_____。

　　A．视图可以从一个或多个其他视图中产生

　　B．视图是一种虚表，因此不会影响基表的数据

　　C．视图是从一个或者多个表中使用 SELECT 语句导出的

　　D．视图是查询数据库表中数据的一种方法

8.3　在 T-SQL 中，创建视图的命令是_____。

　　A．DECLARE VIEW　　　　　　　　B．CREATE VIEW

　　C．SET VIEW　　　　　　　　　　 D．ALTER VIEW

8.4　在 T-SQL 中，删除视图的命令是_____。

　　A．DELETE　　　　　B．CLEAR　　　　　C．DROP　　　　D．REMOVE

二、填空题

8.5　视图是从_____导出的。

8.6　用来导出视图的表称为基表，导出的视图又称为_____。

8.7　在数据库中只存储视图的_____，不存放视图对应的数据。

8.8　由于视图是不存储数据的虚表，对视图的更新最终转化为对_____的更新。

三、问答题

8.9　什么是视图？使用视图有哪些优点和缺点？

8.10　简述基表和视图的区别与联系。

8.11　什么是可更新视图？可更新视图必须满足哪些条件？

8.12　将创建视图的基表从数据库中删除掉，视图会被删除吗？为什么？

8.13　更改视图名称会导致哪些问题？

四、上机实验题

8.14　创建视图 st_co_sr，它包含学号、姓名、性别、课程号、课程名、成绩等列，并输出该视图的所有记录。

8.15　创建视图 st_computer，它包含学生姓名、课程名、成绩等列，且专业为计算机，并输出该视图的所有记录。

8.16　创建视图 st_av，它包含学生姓名、平均分等列，并输出该视图的所有记录。

第9章 | 索 引

本章要点

- 聚集索引和非聚集索引
- 使用图形界面方式或 T-SQL 语句创建索引
- 查看和修改索引属性
- 使用图形界面方式或 T-SQL 语句删除索引

数据库中的索引与书中的目录一样，可以通过它快速找到表中的特定行。索引是与表关联的存储在磁盘上的单独结构，它包含由表中的一列或多列生成的键，以及映射到指定表行的存储位置的指针，这些键存储在一个结构（B 树）中，使 SQL Server 可以快速、有效地查找与键值关联的行。

建立索引的作用如下。

（1）提高查询速度。

（2）保证数据记录的唯一性。

（3）查询优化依靠索引起作用。

（4）提高 ORDER BY、GROUP BY 的执行速度。

9.1 索引的分类

按照索引的结构将索引分为聚集索引和非聚集索引，按照索引实现的功能将索引分为唯一性索引和非唯一性索引，如果索引是由多列组合创建的，称为复合索引。

1．聚集索引

在聚集索引中，索引的顺序决定数据表中记录行的顺序，由于数据表中的记录行经过排序，所以每个表只能有一个聚集索引。

表列定义了 PRIMARY KEY 约束和 UNIQUE 约束时会自动创建索引。例如创建了表并将一个特定列标识为主键，则数据库引擎自动对该列创建 PRIMARY KEY 约束和索引。

SQL Server 按 B 树方式组织聚集索引。

2．非聚集索引

在非聚集索引中，索引的结构完全独立于数据行的结构，数据表中记录行的顺序和索引的顺序不同，索引表仅包含指向数据表的指针，这些指针本身是有序的，用于在表中快速定位数据行。一个表可以有多个非聚集索引。

SQL Server 也是按 B 树组织非聚集索引的。

9.2 索引的创建

在 SQL Server Management Studio 中可以用图形界面方式或 T-SQL 语句创建索引。

9.2.1 使用图形界面方式创建索引

【例 9.1】使用图形界面方式在 stsc 数据库的 student 表的 stbirthday 列创建一个升序的非聚集索引 idx_stbirthday。

操作步骤如下。

（1）启动 SQL Server Management Studio，在对象资源管理器中展开"数据库"节点，选中 stsc 数据库，展开该数据库节点，接着展开"表"，展开 dbo.student 节点，选中"索引"项并右击，选择"新建索引"→"非聚集索引"命令，如图 9.1 所示。

图 9.1 选择"非聚集索引"命令

（2）出现"新建索引"窗口，在"索引名称"框中输入索引名称，这里输入"idx_stbirthday"，然后单击"添加"按钮，如图 9.2 所示。

（3）弹出如图 9.3 所示的对话框，从表列列表中选中需要建立索引的列，这里选中 stbirthday，单击"确定"按钮。

图 9.2 "新建索引"窗口

图 9.3 选择列对话框

（4）返回到"新建索引"窗口，选择索引键列中的"排序顺序"为"升序"，如图 9.4 所示。

（5）选择"选项"，出现如图 9.5 所示的页面，其中的"自动重新计算统计信息""允许行锁""允许页锁""填充索引"等复选框保持默认值，不做任何修改。

图 9.4　设置排序顺序

图 9.5　"选项"设置页面

　　提供"填充因子"选项是为了优化索引数据的存储和性能,在创建或重新生成索引时,填充因子的值可确定每个叶级页上要填充数据的空间百分比,以便保留一定百分比的可用空间供以后扩展索引。填充因子的值为 1%~100%,服务器范围的默认值为 0,表示将完全填充叶级页。这里设置填充因子为 85%,并选中"填充索引"。

（6）选择"存储"，设置文件组为"PRIMARY"（主文件组）。

（7）单击"确定"按钮，完成创建索引的工作。

9.2.2 使用 T-SQL 语句创建索引

使用 T-SQL 中的 CREATE INDEX 语句为表创建索引。

语法格式：

```
CREATE [ UNIQUE ]                                           /*指定索引是否唯一*/
       [ CLUSTERED | NONCLUSTERED ]                         /*索引的组织方式*/
    INDEX index_name                                        /*索引名称*/
ON {[ database_name. [ schema_name ] . | schema_name. ] table_or_view_name}
   ( column [ ASC | DESC ] [ ,…n ] )                        /*索引定义的依据*/
[ INCLUDE ( column_name [ ,…n ] ) ]
[ WITH ( <relational_index_option> [ ,…n ] ) ]             /*索引选项*/
[ ON {   partition_scheme_name ( column_name )             /*指定分区方案*/
       | filegroup_name                                    /*指定索引文件所在的文件组*/
       | default
     }
]
[ FILESTREAM_ON { filestream_filegroup_name | partition_scheme_name | "NULL" } ]
                                                  /*指定FILESTREAM数据的位置*/
[ ; ]
```

说明：

- UNIQUE：表示表或视图创建唯一性索引。
- CLUSTERED | NONCLUSTERED：指定聚集索引还是非聚集索引。
- index_name：指定索引名称。
- column：指定索引列。
- ASC | DESC：指定升序还是降序。
- INCLUDE 子句：指定要添加到非聚集索引的叶级别的非键列。
- WITH 子句：指定定义的索引选项。
- ON partition_scheme_name：指定分区方案。
- ON filegroup_name：为指定文件组创建指定索引。
- ON default：为默认文件组创建指定索引。

【例 9.2】 在 stsc 数据库中 score 表的 grade 列上创建非聚集索引 idx_grade。

```
USE stsc
CREATE INDEX idx_grade ON score(grade)
```

【例 9.3】 在 stsc 数据库中 score 表的 stno 列和 cno 列上创建唯一聚集索引 idx_stno_cno。

```
USE stsc
CREATE UNIQUE CLUSTERED INDEX idx_stno_cno ON score(stno,cno)
```

说明：如果在创建唯一聚集索引 idx_stno_cno 之前已创建了主键索引，则创建索引

idx_stno_cno 失败，可在创建新聚集索引前删除现有的聚集索引。

9.3 查看和修改索引属性

查看和修改索引属性的方法有两种，即使用图形界面方式和使用系统存储过程及 T-SQL 语句。

9.3.1 使用图形界面方式查看和修改索引属性

使用图形界面方式查看和修改索引属性举例如下。

【例 9.4】 使用图形界面方式查看在 stsc 数据库的 student 表上建立的索引。

操作步骤如下。

（1）启动 SQL Server Management Studio，在对象资源管理器中展开"数据库"节点，选中 stsc 数据库，展开该数据库节点，接着展开"表"，展开 dbo.student 节点。

（2）选中"索引"项，在其下方列出已建的所有索引，这里是 idx_stbirthday（不唯一，非聚集）和 PK_student（聚集），前者是例 9.1 所建的非聚集索引，后者是在创建 student 表时指定 stno 为主键，由 SQL Server 系统自动创建的聚集索引。

（3）选中索引 idx_stbirthday，然后右击，在弹出的快捷菜单中选择"属性"命令。

（4）屏幕上出现"索引属性"窗口，如图 9.6 所示，在其中对索引的各选项进行修改，方法与"新建索引"窗口的操作类似（参看 9.2.1 节）。

图 9.6 "索引属性"窗口

9.3.2 使用系统存储过程查看索引属性

查看索引属性使用系统存储过程 sp_helpindex。

语法格式：

```
sp_helpindex [ @objname = ] 'name'
```

其中，'name'为需要查看其索引的表。

【例 9.5】 使用系统存储过程 sp_helpindex 查看 student 表上所建的索引。

```
USE stsc
GO
EXEC sp_helpindex student
GO
```

上述语句的执行结果如图 9.7 所示。

	index_name	index_description	index_keys
1	idx_stbirthday	nonclustered located on PRIMARY	stbirthday
2	PK__student__312D7734D9F9C259	clustered, unique, primary key located on PRIMARY	stno

图 9.7　查看 student 表上所建的索引

9.3.3 使用 T-SQL 语句修改索引属性

修改索引属性使用 ALTER INDEX 语句。

语法格式：

```
ALTER INDEX { index_name | ALL }
   ON <object>
   { REBUILD
     [ [PARTITION = ALL]
              [ WITH ( <rebuild_index_option> [ ,…n ] ) ]
   …
   }
```

说明：

- REBUILD：重建索引。
- rebuild_index_option：重建索引选项。

【例 9.6】 修改例 9.2 创建的索引 idx_grade，将填充因子（FILLFACTOR）改为 80。

```
USE stsc
ALTER INDEX idx_grade
  ON score
```

```
   REBUILD
      WITH (PAD_INDEX=ON, FILLFACTOR=80)
GO
```

上述语句将 idx_grade 索引的填充因子修改为 80，如图 9.8 所示。

图 9.8　修改 idx_grade 索引的填充因子

9.4　索引的删除

删除索引有两种方式，即使用图形界面方式和使用 T-SQL 语句。

9.4.1　使用图形界面方式删除索引

使用图形界面方式删除索引举例如下。

【例 9.7】　使用图形界面方式删除 score 表上建立的索引 idx_grade。

操作步骤如下。

（1）启动 SQL Server Management Studio，在对象资源管理器中展开"数据库"节点，选中 stsc 数据库，展开该数据库节点，接着展开"表"，展开 dbo.score 节点，选中 idx_grade 索引并右击，在弹出的快捷菜单中选择"删除"命令。

（2）屏幕上出现"删除对象"对话框，单击"确定"按钮，完成删除索引的工作。

9.4.2　使用 T-SQL 语句删除索引

使用 T-SQL 中的 DROP INDEX 语句删除索引。

语法格式：

```
DROP INDEX
{ index_name ON  table_or_view_name [ ,…n ]
  | table_or_view_name.index_name [ ,…n ]
}
```

【例 9.8】 删除已建索引 idx_grade。

```
USE stsc
DROP INDEX score.idx_grade
```

9.5 小   结

本章主要介绍了以下内容。

（1）索引是与表关联的存储在磁盘上的单独结构，它包含由表中的一列或多列生成的键，以及映射到指定表行的存储位置的指针，这些键存储在一个结构（B 树）中，使 SQL Server 可以快速、有效地查找与键值关联的行。

（2）在 SQL Server Management Studio 中可用图形界面方式或 T-SQL 语句创建索引，创建索引的语句是 CREATE INDEX。

（3）查看和修改索引属性有两种方式，即使用图形界面方式和使用系统存储过程及 T-SQL 语句，在 T-SQL 语句中修改索引属性使用 ALTER INDEX 语句。

（4）删除索引有两种方式，即使有图形界面方式和 T-SQL 语句，在 T-SQL 中使用 DROP INDEX 语句删除索引。

习 题 9

一、选择题

9.1 建立索引的作用之一是_____。

    A．节省存储空间   B．便于管理

    C．提高查询速度   D．提高查询和更新的速度

9.2 在 T-SQL 中创建索引的命令是_____。

    A．SET INDEX   B．CREATE INDEX

    C．ALTER INDEX   D．DECLARE INDEX

9.3 索引是对数据库表中_____字段的值进行排序。

    A．一个   B．多个   C．一个或多个   D．零个

9.4 在 T-SQL 中删除索引的命令是_____。

    A．DELETE   B．CLEAR   C．DROP   D．REMOVE

9.5 在 SQL Server 中设有商品表(商品号,商品名,生产日期,单价,类别)，经常需要执行下列查询：

```
SELECT 商品号,商品名,单价
  FROM 商品表 WHERE 类别 IN ('食品','家电')
```

```
ORDER BY 商品号
```
现需要在商品表上建立合适的索引来提高该查询的执行效率，下列建立索引的语句最合适的是_____。

    A．CREATE INDEX idxl ON 商品表(类别)

    B．CREATE INDEX idxl ON 商品表(商品号, 商品名, 单价)

    C．CREATE INDEX idxl ON 商品表(类别, 商品号) INCLUDE(商品名, 单价)

    D．CREATE INDEX idxl ON 商品表(商品号) INCLUDE(商品名, 单价) WHERE 类别='食品' OR 类别='家电'

二、填空题

9.6 在 SQL Server 中，在 t1 表的 c1 列上创建一个唯一聚集索引，请补全下面的语句。

```
CREATE _____ INDEX ixc1 ON t1(c1);
```

9.7 建立索引的主要作用是_____。

9.8 T-SQL 中创建索引的语句是_____。

三、问答题

9.9 什么是索引？

9.10 建立索引有何作用？

9.11 索引分为哪两种？各有什么特点？

9.12 如何创建升序和降序索引？

四、上机实验题

9.13 写出在 teacher 表的 tno 列上建立聚集索引的语句。

9.14 写出在 course 表的 credit 列上建立非聚集索引的语句，并设置填充因子为 90。

第 10 章 数据完整性

本章要点
- 数据完整性概述
- 域完整性
- CHECK 约束和 DEFAULT 约束
- 实体完整性
- PRIMARY KEY 约束和 UNIQUE 约束
- 参照完整性
- FOREIGN KEY 约束

数据完整性指数据库中数据的一致性和准确性,强制数据完整性可保证数据库中数据的质量。本章介绍数据完整性,包括域完整性、实体完整性、参照完整性等内容。

10.1 数据完整性概述

数据完整性一般包括域完整性、实体完整性、参照完整性、用户定义完整性,下面分别进行介绍。

1. 域完整性

域完整性指列数据输入的有效性,又称列完整性,通过 CHECK 约束、DEFAULT 约束、NOT NULL 约束等实现域完整性。

CHECK 约束通过显示输入到列中的值来实现域完整性,例如对于 stsc 数据库中的 score 表,grade 规定为 0 分~100 分,可用 CHECK 约束表示。

2. 实体完整性

实体完整性要求表中有一个主键,其值不能为空且能唯一地标识对应的记录,实体完整性又称为行完整性,通过 PRIMARY KEY 约束、UNIQUE 约束等实现数据的实体完整性。

例如,对于 stsc 数据库中的 student 表,stno 列作为主键,每一个学生的 stno 列能唯一地标识该学生对应的行记录信息,通过 stno 列建立主键约束实现 student 表的实体完整性。

3. 参照完整性

参照完整性保证主表中的数据与从表中数据的一致性,又称为引用完整性,在 SQL Server 中通过定义主键(主码)与外键(外码)之间的对应关系实现参照完整性,参照完整性确保键值在所有表中一致。

- 主键:表中能唯一标识每个数据行的一个或多个列。

- 外键：一个表中的一个或多个列的组合是另一个表的主键。

例如，将 student 表作为主表，表中的 stno 列作为主键，将 score 表作为从表，表中的 stno 列作为外键，从而建立主表与从表之间的联系实现参照完整性，student 表和 score 表的对应关系如表 10.1 和表 10.2 所示。

主键　　　　表 10.1　　student 表（主表）

stno	stname	stsex	stbirthday	speciality	tc
121001	李贤友	男	1991-12-30	通信	52
121002	周映雪	女	1993-01-12	通信	49
121005	刘刚	男	1992-07-05	通信	50

外键　　表 10.2　　score 表（从表）

stno	cno	grade
121001	102	92
121001	205	91
121001	801	94
121002	102	72
121002	205	65
121002	801	73
121005	102	87

如果定义了两个表之间的参照完整性，有以下几点要求。

- 从表不能引用不存在的键值。
- 如果主表中的键值更改了，那么在整个数据库中对从表中该键值的所有引用要进行一致的更改。
- 如果要删除主表中的某一记录，应先删除从表中与该记录匹配的相关记录。

4．用户定义完整性

用户可以定义不属于其他任何完整性类别的特定业务规则，所有完整性类别都支持用户定义完整性，包括 CREATE TABLE 中所有的列级约束和表级约束、规则、默认值、存储过程以及触发器。

域完整性、实体完整性、参照完整性通过约束来实现。

- CHECK 约束：检查约束，实现域完整性。
- NOT NULL 约束：非空约束，实现域完整性。
- PRIMARY KEY 约束：主键约束，实现实体完整性。
- UNIQUE 约束：唯一性约束，实现实体完整性。
- FOREIGN KEY 约束：外键约束，实现参照完整性。

10.2 域 完 整 性

域完整性通过 CHECK 约束、DEFAULT 约束、NOT NULL 约束等实现，下面介绍通过 CHECK 约束和 DEFAULT 约束实现域完整性。

10.2.1 CHECK 约束

CHECK 约束对输入列或整个表中的值设置检查条件，以限制输入值，保证数据库的数据完整性。

1. 使用图形界面方式创建与删除 CHECK 约束

使用图形界面方式创建与删除 CHECK 约束举例如下。

【例 10.1】 使用对象资源管理器在 stsc 数据库中 score 表的 grade 列上创建一个成绩为 0~100 的 CHECK 约束。

操作步骤如下。

（1）启动 SQL Server Management Studio，在对象资源管理器中展开"数据库"节点，选中 stsc 数据库，展开该数据库节点，接着展开"表"节点，选择 dbo. score，然后右击，在弹出的快捷菜单中选择"设计"命令，在打开的表设计器窗口中选择 grade 列，右击选择"CHECK 约束"命令。

（2）在弹出的"CHECK 约束"对话框中单击"添加"按钮，添加一个 CHECK 约束，这里是 CK_grade。在"表达式"文本框后面单击 ⋯ 按钮，打开"CHECK 约束表达式"对话框，编辑相应的 CHECK 约束表达式为 grade>=0 AND grade<=100（也可直接在文本框中输入内容），单击"确定"按钮，返回到"CHECK 约束"对话框，如图 10.1 所示。

图 10.1 "CHECK 约束"对话框

（3）在"CHECK 约束"对话框中单击"关闭"按钮，保存对各项的修改，完成 CHECK 约束的创建。

如果需要删除 CHECK 约束，在进入"CHECK 约束"对话框后选择需要删除的内容，单击"删除"按钮，再单击"关闭"按钮，完成 CHECK 约束的删除。

2. 使用 T-SQL 语句在创建表时创建 CHECK 约束

使用 T-SQL 语句在创建表时创建 CHECK 约束有两种方式，即作为列的约束或作为表的约束。

语法格式：

```
CREATE TABLE table_name                              /*指定表名*/
(    column_name  datatype
     {
          NOT NULL | NULL                            /*指定为空性*/
        | [ DEFAULT constraint_expression ]          /*指定默认值*/
        | [ CONSTRAINT constraint_name ] CHECK ( logical_expression )]
                                                     /*CHECK约束表达式*/
     }[,…n]
     [ CONSTRAINT constraint_name ] CHECK ( logical_expression )][,…n]
)
```

关键字 CHECK 表示 CHECK 约束，logical_expression 为 CHECK 约束表达式。

【例 10.2】 在 stsc 数据库中创建 goods 表，包含有关域完整性定义。

```
USE stsc
CREATE TABLE goods
(
    gid int NOT NULL,                                         /*商品号*/
    gname varchar(100) NOT NULL,                              /*商品名*/
    gprice float NOT NULL CHECK(gprice<=8000),                /*价格*/
    gclass varchar(60) DEFAULT 'articles of everyday use',    /*类型*/
    gamount int NOT NULL,                                     /*数量*/
    gdate date NULL,                                          /*上架日期*/
    trade_price float NOT NULL                                /*批发价格*/
)
```

注意： 如果在指定的一个约束中涉及多个列，该约束必须定义为表的约束。

3. 使用 T-SQL 语句在修改表时创建 CHECK 约束

使用 ALTER TABLE 的 ADD 子句可以在修改表时创建 CHECK 约束。

语法格式：

```
ALTER TABLE table_name
    ADD [<column_definition>]
        [CONSTRAINT constraint_name] CHECK (logical_expression)
```

【例 10.3】 通过修改 stsc 数据库的 goods 表增加批发价格列的 CHECK 约束。

数据完整性

```
USE stsc
ALTER TABLE goods
ADD CONSTRAINT CK_trade_price CHECK(trade_price<=7000)
```

4. 使用 T-SQL 语句删除 CHECK 约束

使用 ALTER TABLE 语句的 DROP 子句删除 CHECK 约束的语法格式如下。

```
ALTER TABLE table_name
    DROP CONSTRAINT check_name
```

【例 10.4】 删除 stsc 数据库的 goods 表的批发价格列的 CHECK 约束。

```
USE stsc
ALTER TABLE goods
DROP CONSTRAINT CK_trade_price
```

10.2.2 DEFAULT 约束

DEFAULT 约束通过定义列的默认值或使用数据库的默认值对象绑定表的列,当没有为某列指定数据时自动指定列的值。

在创建表时可以创建 DEFAULT 约束作为表定义的一部分。如果某个表已经存在,则可以为其添加 DEFAULT 约束,表中的每一列都可以包含一个 DEFAULT 约束。

其默认值可以是常量,也可以是表达式,还可以为 NULL 值。

在创建表时创建 DEFAULT 约束的语法格式如下。

```
[CONSTRAINT constraint_name]
DEFAULT constant_expression [FOR column_name]
```

【例 10.5】 在 stsc 数据库中创建 st 表时建立 DEFAULT 约束。

```
USE stsc
CREATE TABLE st
(
    stno char(6) NOT NULL PRIMARY KEY,
    stname char(8) NOT NULL,
    stsex char(2) NOT NULL DEFAULT '男',/* 定义stsex列的DEFAULT约束值为'男' */
    stbirthday date NOT NULL,
    speciality char(12) NULL DEFAULT'计算机', /* 定义speciality列的DEFAULT
                                                约束值为'计算机' */
    tc int NULL
)
GO
```

上述语句执行后,为验证 DEFAULT 约束的作用,向 st 表插入记录('122007','李茂', '1991-08-28',52),未指定 stsex(性别)列、speciality 列。

```
USE stsc
INSERT INTO st(stno,stname,stbirthday,tc)
VALUES('122007','李茂','1992-08-28',52)
GO
```

通过以下 SELECT 语句进行查询。

```
USE stsc
SELECT *
FROM st
GO
```

查询结果：

```
stno    stname    stsex    stbirthday    speciality    tc
-----   -------   ------   ----------    -----------   --------
122007  李茂       男        1992-08-28    计算机        52
```

由于已创建 stsex 列的 DEFAULT 约束值为'男'、speciality 列的 DEFAULT 约束值为'计算机'，虽然在插入记录中未指定 stsex 列、speciality 列，SQL Server 会自动为上述两列分别插入字符值'男'和'计算机'。

10.3　实体完整性

实体完整性通过 PRIMARY KEY 约束、UNIQUE 约束等实现。

通过 PRIMARY KEY 约束定义主键，一个表只能有一个 PRIMARY KEY 约束，且 PRIMARY KEY 约束不能取空值，SQL Server 为主键自动创建唯一性索引，实现数据的唯一性。

通过 UNIQUE 约束定义唯一性约束，为了保证在一个表的非主键列上不输入重复值，应在该列定义 UNIQUE 约束。

PRIMARY KEY 约束和 UNIQUE 约束的主要区别如下。

- 一个表只能创建一个 PRIMARY KEY 约束，但可以创建多个 UNIQUE 约束。
- PRIMARY KEY 约束的列值不允许为 NULL，UNIQUE 约束的列值可取 NULL。
- 在创建 PRIMARY KEY 约束时系统自动创建聚集索引，在创建 UNIQUE 约束时系统自动创建非聚集索引。

PRIMARY KEY 约束和 UNIQUE 约束都不允许对应列存在重复值。

10.3.1　使用图形界面方式创建与删除 PRIMARY KEY 约束、UNIQUE 约束

1. 使用图形界面方式创建与删除 PRIMARY KEY 约束

删除 PRIMARY KEY 约束的操作为在"对象资源管理器"中选择 dbo.student 表，然后右击，在弹出的快捷菜单中选择"设计"命令，进入表设计器窗口，选中主键所对应的行，然后右击，在弹出的快捷菜单中选择"删除主键"命令。

2. 使用图形界面方式创建与删除 UNIQUE 约束

使用图形界面方式创建与删除 UNIQUE 约束举例如下。

【例 10.6】　使用对象资源管理器在 stsc 数据库的 goods 表的商品名列创建 UNIQUE 约束。

操作步骤如下。

（1）启动 SQL Server Management Studio，在对象资源管理器中展开"数据库"节点，选中 stsc 数据库，展开该数据库节点，接着展开"表"节点，选择 dbo. goods，然后右击，在弹出的快捷菜单中选择"设计"命令，进入表设计器窗口，选择 gname 列并右击，在弹出的快捷菜单中选择"索引/键"命令，打开"索引/键"对话框。

（2）单击"添加"按钮，在右边的标识属性区域的"（名称）"栏中输入唯一键的名称，这里是"gname(ASC)"，在常规属性区域的"类型"栏中选择类型为"唯一键"，在常规属性区域的"列"栏后单击 ... 按钮，选择要创建索引的列，这里选择 gname 列，如图 10.2 所示。

图 10.2　创建唯一键

（3）单击"关闭"按钮，保存修改，完成 UNIQUE 约束的创建。

如果要删除 UNIQUE 约束，打开如图 10.2 所示的"索引/键"对话框，选择要删除的 UNIQUE 约束，单击"删除"按钮，然后单击"关闭"按钮即可。

10.3.2　使用 T-SQL 语句创建与删除 PRIMARY KEY 约束、UNIQUE 约束

1. 使用 T-SQL 语句在创建表时创建 PRIMARY KEY 约束、UNIQUE 约束

在创建表时创建 PRIMARY KEY 约束或 UNIQUE 约束的语法格式如下。

```
CREATE TABLE table_name                          /*指定表名*/
(    column_name datatype                        /*定义字段*/
      [ CONSTRAINT constraint_name ]             /*约束名*/
```

```
    { PRIMARY KEY | UNIQUE }                        /*定义约束类型*/
    [ CLUSTERED | NONCLUSTERED ]                     /*定义约束的索引类型*/
    [,…n]
)
```

说明：

- PRIMARY KEY | UNIQUE：定义约束的关键字，PRIMARY KEY 为主键，UNIQUE 为唯一键。
- CLUSTERED | NONCLUSTERED：定义约束的索引类型，CLUSTERED 表示聚集 索引，NONCLUSTERED 表示非聚集索引，与 CREATE INDEX 语句中的选项相同。

【例 10.7】 对 stsc 数据库中 goods2 表的商品号列创建 PRIMARY KEY 约束，对商品 名称列创建 UNIQUE 约束。

```
USE stsc
CREATE TABLE goods2
(
  gid int NOT NULL CONSTRAINT PK_gid PRIMARY KEY,
  gname varchar(100) NOT NULL CONSTRAINT UK_gname UNIQUE,
  gprice float NOT NULL CHECK(gprice<=8000),
  gclass varchar(60) DEFAULT 'articles of everyday use',
  gamount int NOT NULL,
  gdate date NULL,
  trade_price float NOT NULL
)
```

2. 使用 T-SQL 语句在修改表时创建 PRIMARY KEY 约束或 UNIQUE 约束
在修改表时创建 PRIMARY KEY 约束或 UNIQUE 约束的语法格式如下。

```
ALTER TABLE table_name
  ADD[ CONSTRAINT constraint_name ]{ PRIMARY KEY | UNIQUE }
      [ CLUSTERED | NONCLUSTERED]
      ( column [ ,…n ] )
```

【例 10.8】 在 stsc 数据库中创建 goods3 表后，通过修改表对商品号列创建 PRIMARY KEY 约束，对商品名称列创建 UNIQUE 约束。

```
USE stsc
ALTER TABLE goods3
ADD
  CONSTRAINT PK_gdid PRIMARY KEY(gid),
  CONSTRAINT UK_gdname UNIQUE(gname)
```

3. 使用 T-SQL 语句删除 PRIMARY KEY 约束、UNIQUE 约束
删除 PRIMARY KEY 约束或 UNIQUE 约束使用 ALTER TABLE 的 DROP 子句，其语 法格式如下。

```
ALTER TABLE table_name
  DROP CONSTRAINT constraint_name [,…n]
```

数据完整性

【例 10.9】 删除上例创建的 PRIMARY KEY 约束、UNIQUE 约束。

```
USE stsc
ALTER TABLE goods3
DROP CONSTRAINT PK_gdid, UK_gdname
```

10.4 参照完整性

表的一列或几列的组合的值在表中唯一地指定一行记录，选择这样的一列或多列的组合作为主键可实现表的实体完整性，通过定义 PRIMARY KEY 约束来创建主键。

外键约束定义了表与表之间的关系，通过将一个表中的一列或多列添加到另一个表中创建两个表之间的连接，这个列就成为第二个表的外键，通过定义 FOREIGN KEY 约束来创建外键。

使用 PRIMARY KEY 约束或 UNIQUE 约束来定义主表的主键或唯一键，使用 FOREIGN KEY 约束来定义从表的外键，可实现主表与从表之间的参照完整性。

定义表间参照关系的步骤是先定义主表的主键（或唯一键），再定义从表的外键。

10.4.1 使用图形界面方式创建与删除表间参照关系

1. 使用图形界面方式创建表间参照关系

使用图形界面方式创建表间参照关系举例如下。

【例 10.10】 使用对象资源管理器在 stsc 数据库中建立 student 表和 score 表的参照关系。

操作步骤如下。

（1）按照前面介绍的方法定义主表的主键，此处已定义 student 表的 stno 列为主键。

（2）启动 SQL Server Management Studio，在对象资源管理器中展开"数据库"节点，选中 stsc 数据库，展开该数据库节点，然后选择"数据库关系图"并右击，在弹出的快捷菜单中选择"新建数据库关系图"命令。

（3）在出现的窗口中选择要添加的表，这里选择 student 表和 score 表，单击"添加"按钮，然后单击"关闭"按钮。

（4）在"数据库关系图设计"窗口中将鼠标指向主表的主键，并拖动到从表，这里将 student 表的 stno 列拖动到从表 score 中的 stno 列。

（5）在弹出的"表和列"对话框中输入关系名，设置主键表和列名、外键表和列名，如图 10.3 所示，然后单击"表和列"对话框中的"确定"按钮，再单击"外键关系"窗口中的"确定"按钮。

（6）出现如图 10.4 所示的界面，单击"保存"按钮，在弹出的"选择名称"对话框中输入关系图名称，单击"确定"按钮，然后在弹出的"保存"对话框中单击"是"按钮，完成表间参照关系的创建。

图 10.3　设置参照完整性

图 10.4　建立主表和从表的参照关系

2. 使用图形界面方式删除表间参照关系

使用图形界面方式删除表间参照关系举例如下。

【**例 10.11**】使用对象资源管理器在 stsc 数据库中删除 student 表和 score 表的参照关系。操作步骤如下。

（1）在 stsc 数据库的"数据库关系图"目录下选择要修改的关系图，这里是 Diagram_student_score，然后右击，在弹出的快捷菜单中选择"修改"命令，打开"数据库关系图设计"窗口。

（2）在"数据库关系图设计"窗口中选择已经建立的关系，然后右击，选择"从数据库中删除关系"命令，如图 10.5 所示，在弹出的对话框中单击"是"按钮，删除主表和从表的参照关系。

图 10.5   删除主表和从表的参照关系

10.4.2   使用 T-SQL 语句创建与删除表间参照关系

1. 使用 T-SQL 语句创建表间参照关系

创建主键（PRIMARY KEY 约束）及唯一键（UNIQUE 约束）的方法在前面已经介绍，这里介绍使用 T-SQL 语句创建外键的方法。

1）在创建表的同时定义外键

语法格式：

```
CREATE TABLE table_name
(
     column_name  datatype
       [ CONSTRAINT constraint_name ]
     [ FOREIGN KEY ][ ( column [ ,…n ] )]
     REFERENCES referenced_table_name [ ( ref_column [ ,…n ] ) ]
     [ ON DELETE { NO ACTION | CASCADE | SET NULL | SET DEFAULT } ]
     [ ON UPDATE { NO ACTION | CASCADE | SET NULL | SET DEFAULT } ]
     [ NOT FOR REPLICATION ]
)
```

说明：

FOREIGN KEY 定义的外键应与参数 referenced_table_name 指定的主表中的主键或唯一键对应。

ON DELETE|ON UPDATE 可为外键定义以下参照动作。

- CASCADE：从父表删除或更新行时自动删除或更新行子表中匹配的行。
- NO ACTION：如果有一个相关的外键值在子表中，删除或更新父表中的主键值不允许。

【例 10.12】创建 stu 表，其中 stno 列作为外键，与已建立的以 stno 列作为主键的 student 表创建表间参照关系。

```
USE stsc
```

```
CREATE TABLE stu
(
  stno char(6) NOT NULL REFERENCES student(stno),
  stname char(8) NOT NULL,
  stbirthday date NULL
)
```

提示：在建立 student 表和 stu 表的表间参照关系后，若在 stu 表中输入数据，要求 stu 表中所有的学生学号都必须出现在 student 表中，否则数据不能提交。

【例 10.13】 创建 sco 表，以学号、课程号组合作为外键，与已建立的以学号、课程号组合作为主键的 score 表创建表间参照关系，并且当删除 score 表中的记录时同时删除 sco 表中与主键对应的记录。

```
USE stsc
CREATE TABLE sco
(
  stno char(6) NOT NULL,
  cno char(3) NOT NULL,
  grade int NULL,
  CONSTRAINT FK_sco FOREIGN KEY(stno,cno) REFERENCES score(stno,cno)
    ON DELETE CASCADE
)
```

提示：本例在建立 score 表和 sco 表的表间参照关系中使用了 ON DELETE CASCADE 语句，因此当删除 score 表中的记录时自动删除 stu 表中的匹配行。

2）通过修改表定义外键

使用 ALTER TABLE 语句的 ADD 子句定义外键约束，其语法格式与其他约束类似。

【例 10.14】修改 stsc 数据库中 score 表的定义，将它的课程号列定义为外键，假设 course 表的课程号列已定义为主键。

```
ALTER TABLE score
ADD CONSTRAINT FK_score_course FOREIGN KEY(cno)
  REFERENCES course(cno)
```

2. 使用 T-SQL 语句删除表间参照关系

使用 T-SQL 语句删除表间参照关系的语法格式如下。

```
ALTER TABLE table_name
  DROP CONSTRAINT constraint_name [,…n]
```

【例 10.15】 删除以上对 score（课程号）列定义的外键约束 FK_score_course。

```
ALTER TABLE score
DROP CONSTRAINT FK_score_course
```

10.5 综 合 训 练

1．训练要求

（1）在 test 数据库中建立 stu、cou、sco 表。

（2）将 stu 表中的 sno 修改为主键。

（3）将 stu 表中的 age 列的值设为 16～25。

（4）将 stu 表中 sex 列的默认值设为'男'。

（5）将 sco 表中的 sno 设置为引用 sco 表中 sno 列的外键。

（6）将 sco 表中的 cno 设置为引用 cou 表中 cno 列的外键。

（7）删除前面所有的限定。

2．T-SQL 语句的编写

根据题目要求编写 T-SQL 语句如下。

（1）在 test 数据库中创建 3 个表。

```
USE test
GO
CREATE TABLE stu              /*学生表*/
(  sno char(5),              /*学号*/
   sname char(10),           /*姓名*/
   age int,                  /*年龄*/
   sex char(2)               /*性别*/
)
CREATE TABLE cou             /*课程表*/
(  cno char(5),              /*课程号*/
   cname char(10),           /*课程名*/
   teacher char(10)          /*任课教师*/
)
CREATE TABLE sco             /*成绩表*/
(  sno char(5),              /*学号*/
   cno char(5),              /*课程号*/
   degree int                /*分数*/
)
```

（2）将 stu 中的 sno 改为非空属性，然后将其设置为主键。

```
USE test
GO
ALTER TABLE stu
ALTER COLUMN sno char(5) NOT NULL
GO
ALTER TABLE stu
ADD CONSTRAINT sno_pk PRIMARY KEY(sno)
GO
```

（3）将 stu 表中的 age 列的值设为 16~25。

```
USE test
GO
ALTER TABLE stu
ADD CONSTRAINT age_check CHECK(age>=16 AND age<=25)
GO
```

（4）将 stu 表中 sex 列的默认值设为'男'。

```
USE test
GO
ALTER TABLE stu
ADD CONSTRAINT sex_def DEFAULT '男' FOR sex
GO
```

（5）将 sco 表中的 sno 设置为引用 stu 表中 sno 列的外键。

```
USE test
GO
ALTER TABLE sco
ADD CONSTRAINT sno_fk
   FOREIGN KEY(sno) REFERENCES stu(sno)
GO
```

（6）将 cou 表中的 cno 设为主键，然后建立引用关系。

```
USE test
GO
ALTER TABLE cou
ALTER COLUMN cno char(5) NOT NULL
GO
ALTER TABLE cou
ADD CONSTRAINT cno_pk PRIMARY KEY(cno)
GO
ALTER TABLE sco
ADD CONSTRAINT cno_fk
   FOREIGN KEY(cno) REFERENCES cou(cno)
GO
```

（7）删除前面所有的限定。

```
USE test
GO
ALTER TABLE stu
DROP CONSTRAINT age_check
GO
ALTER TABLE stu
DROP CONSTRAINT sex_def
GO
ALTER TABLE sco
DROP CONSTRAINT sno_fk
GO
ALTER TABLE stu
DROP CONSTRAINT sno_pk
GO
ALTER TABLE sco
```

数据完整性

```
DROP CONSTRAINT cno_fk
GO
ALTER TABLE cou
DROP CONSTRAINT cno_pk
GO
```

10.6 小 结

本章主要介绍了以下内容。

（1）数据完整性指数据库中数据的一致性和准确性，强制数据完整性可保证数据库中数据的质量。数据完整性包括域完整性、实体完整性、参照完整性和实现上述完整性的约束。

- CHECK 约束：检查约束，实现域完整性。
- NOT NULL 约束：非空约束，实现域完整性。
- PRIMARY KEY 约束：主键约束，实现实体完整性。
- UNIQUE 约束：唯一性约束，实现实体完整性。
- FOREIGN KEY 约束：外键约束，实现参照完整性。

（2）域完整性指列数据输入的有效性，又称列完整性，通过 CHECK 约束、DEFAULT 约束、NOT NULL 约束、数据类型和规则等实现域完整性，可以使用图形界面方式或 T-SQL 语句创建与删除 CHECK 约束。

（3）实体完整性要求表中有一个主键，其值不能为空且能唯一地标识对应的记录，实体完整性又称为行完整性，通过 PRIMARY KEY 约束、UNIQUE 约束、索引或 IDENTITY 属性等实现数据的实体完整性，可以使用图形界面方式或 T-SQL 语句创建与删除 PRIMARY KEY 约束、UNIQUE 约束。

（4）参照完整性保证主表中的数据与从表中数据的一致性，又称为引用完整性，在 SQL Server 中通过定义主键（主码）与外键（外码）之间的对应关系实现参照完整性，参照完整性确保键值在所有表中一致。

外键约束定义了表与表之间的关系，通过定义 FOREIGN KEY 约束来创建外键，可以使用图形界面方式或 T-SQL 语句创建与删除 FOREIGN KEY 约束。

习 题 10

一、选择题

10.1 域完整性通过_____来实现。

    A. PRIMARY KEY 约束   B. FOREIGN KEY 约束

    C. CHECK 约束   D. 触发器

10.2 参照完整性通过_____来实现。

    A. PRIMARY KEY 约束   B. FOREIGN KEY 约束

    C. CHECK 约束   D. 规则

10.3 限制性别字段中只能输入"男"或"女"采用的约束是_____。

    A. UNIQUE 约束   B. PRIMARY KEY 约束

    C. FOREIGN KEY 约束   D. CHECK 约束

10.4 下列关于外键约束的叙述正确的是_____。

    A. 需要与另外一个表的主键相关联   B. 自动创建聚集索引

    C. 可以参照其他数据库的表   D. 一个表只能有一个外键约束

10.5 在 SQL Server 中，设某数据库应用系统中有商品类别表(商品类别号,类别名称,类别描述信息)和商品表(商品号,商品类别号,商品名称,生产日期,单价,库存量)。该系统要求增加每种商品在入库的时候自动检查其类别，禁止未归类商品入库的约束。下列实现此约束的语句中正确的是_____。

    A. ALTER TABLE 商品类别表 ADD CHECK(商品类别号 IN(SELECT 商品类别号 FROM 商品表))

    B. ALTER TABLE 商品表 ADD CHECK(商品类别号 IN (SELECT 商品类别号 FROM 商品类别表))

    C. ALTER TABLE 商品表 ADD FOREIGN KEY(商品类别号) REFERENCES 商品类别表(商品类别号)

    D. ALTER TABLE 商品类别表 ADD FOREIGN KEY(商品类别号) REFERENCES 商品表(商品类别号)

二、填空题

10.6 域完整性指_____数据输入的有效性，又称列完整性。

10.7 实体完整性要求表中有一个主键，其值不能为空且能唯一地标识对应的记录，它又称为_____。

10.8 修改某数据库的员工表，增加性别列的默认约束，使默认值为'男'，请补全下面的语句。

```
ALTER TABLE 员工表
ADD CONSTRAINT DF_员工表_性别 _____
```

10.9 修改某数据库的成绩表，增加成绩列的检查约束，使成绩限定在 0～100，请补全下面的语句。

```
ALTER TABLE 成绩表
ADD CONSTRAINT CK_成绩表_成绩_____
```

10.10 修改某数据库的商品表，增加商品号的主键约束，请补全下面的语句。

```
ALTER TABLE 商品表
ADD CONSTRAINT PK_商品表_商品号_____
```

10.11 修改某数据库的订单表，将它的商品号列定义为外键，假设引用表为商品表，其商品号列已定义为主键，请补全下面的语句。

```
ALTER TABLE 订单表
ADD CONSTRAINT FK_订单表_商品号_____
```

三、问答题

10.12 什么是数据完整性？SQL Server 有哪几种数据完整性类型？

10.13 怎样定义 CHECK 约束和 DEFAULT 约束？

10.14 什么是主键约束？什么是唯一性约束？两者有什么区别？

10.15 什么是外键约束？

四、上机实验题

10.16 在 score 表的 grade 列添加 CHECK 约束，限制 grade 列的值为 0～100。

10.17 使用 T-SQL 语句在 student 表的 stsex 列添加 DEFAULT 约束，使 stsex 列的默认值为'男'。

10.18 删除 student 表的 stno 列的 PRIMARY KEY 约束，然后在该列添加 PRIMARY KEY 约束。

10.19 在 score 表的 stno 列添加 FOREIGN KEY 约束。

第 11 章　　T-SQL 程序设计

本章要点

- 数据类型
- 标识符、常量、变量
- 运算符与表达式
- 流程控制语句
- 系统内置函数
- 用户定义函数
- 游标

SQL 语言是非过程化的查询语言,非过程化既是它的优点也是它的弱点,即缺少流程控制能力,难以实现应用业务中的逻辑控制,SQL 编程技术可以有效克服 SQL 语言实现复杂应用方面的不足。

Transact-SQL(T-SQL)是 Microsoft 公司在 SQL Server 数据库管理系统中 ANSI SQL-99标准的实现,为数据集的处理添加结构,它虽然与高级语言不同,但具有变量、数据类型、运算符和表达式、流程控制、函数、存储过程、触发器等功能,T-SQL 是面向数据编程的最佳选择。本章介绍 T-SQL 语言在程序设计方面的内容。

11.1　数　据　类　型

在 SQL Server 中,根据每个局部变量、列、表达式和参数对应的数据特性有不同的数据类型。SQL Server 支持两种数据类型,即系统数据类型和用户自定义数据类型。

11.1.1　系统数据类型

SQL Server 定义的系统数据类型如表 11.1 所示。

表 11.1　SQL Server 系统数据类型

数 据 类 型	符 号 标 识
整数型	bigint、int、smallint、tinyint
精确数值型	decimal、numeric
浮点型	float、real
货币型	money、smallmoney
位型	bit
字符型	char、varchar

续表

数 据 类 型	符 号 标 识
Unicode 字符型	nchar、nvarchar
文本型	text、ntext
二进制型	binary、varbinary
日期时间类型	datetime、smalldatetime、date、ime、datetime2、datetimeoffset
时间戳型	timestamp
图像型	image
其他	cursor、sql_variant、table、uniqueidentifier、xml、hierarchyid

系统数据类型又称基本数据类型，常用的系统数据类型参见 6.1.2 节。

11.1.2　用户自定义数据类型

在 SQL Server 中除提供的系统数据类型外，用户还可以自己定义数据类型。用户自定义数据类型根据基本数据类型进行定义，可将一个名称用于一个数据类型，能更好地说明该对象中所保存值的类型，方便用户使用。例如 student 表和 score 表都有 stno 列，该列应有相同的类型，即均为字符型值，长度为 6，不允许为空值，为了含义明确、使用方便，由用户定义一个数据类型，命名为 school_student_num，作为 student 表和 score 表的 stno 列的数据类型。

创建的用户自定义数据类型应有以下 3 个属性。

- 新数据类型的名称。
- 新数据类型所依据的系统数据类型。
- 为空性。

1. 创建用户自定义数据类型

1）使用图形界面方式创建

【例 11.1】　使用图形界面方式创建用户自定义数据类型 school_student_num。

操作步骤如下。

（1）启动 SQL Server Management Studio，在对象资源管理器中展开"数据库"节点，选中 stsc 数据库，展开该数据库节点，接着展开"可编程性"节点，展开"类型"节点，右击"用户定义数据类型"选项，在弹出的快捷菜单中选择"新建用户定义数据类型"命令，出现"新建用户定义数据类型"窗口。

（2）在"名称"文本框中输入自定义的数据类型名称，此处是 school_student_num；在"数据类型"下拉列表框中选择自定义数据类型的系统数据类型，此处是 char；在"长度"微调框中输入要定义的数据类型的长度，此处是 6；其他选项使用默认值，如图 11.1 所示，单击"确定"按钮，完成用户自定义数据类型的创建。

2）使用 CREATE TYPE 语句创建

使用 CRETAE TYPE 语句创建用户自定义数据类型的语法格式如下。

```
CREATE TYPE [ schema_name. ] type_name
   FROM base_type [ ( precision [ , scale ] ) ]
   [ NULL | NOT NULL ]
[ ; ]
```

图 11.1　"新建用户定义数据类型"窗口

说明：

type_name 为指定的用户自定义数据类型名称，base_type 为用户自定义数据类型所依据的系统数据类型。

【例 11.2】　使用 CREATE TYPE 语句创建用户自定义数据类型 school_student_num。

```
CREATE TYPE school_student_num
FROM char(6) NOT NULL
```

上述语句创建了用户自定义数据类型 school_student_num。

2．删除用户自定义数据类型

1）使用图形界面方式删除

如果要删除用户自定义数据类型，例如删除用户自定义数据类型 school_student_num，选择该类型，然后右击，在弹出的快捷菜单中选择"删除"命令，在打开的"删除对象"对话框中单击"确定"按钮即可。

2）使用 DROP TYPE 语句删除

使用 DROP TYPE 语句删除自定义数据类型的语法格式如下。

```
DROP TYPE [ schema_name. ] type_name [ ; ]
```

第 11 章

T-SQL 程序设计

例如，删除前面定义的 school_student_num 类型的语句如下。

```
DROP TYPE school_student_num
```

3．使用用户自定义数据类型定义列

使用用户自定义数据类型定义列可以采用图形界面和 T-SQL 语句两种方式实现，不同点是数据类型是用户自定义数据类型，而不是系统数据类型。

例如采用图形界面方式，使用用户自定义数据类型 school_student_num 定义 student 表的 stno 列，如图 11.2 所示。

图 11.2　使用用户自定义数据类型定义列

采用 T-SQL 语句方式，使用用户自定义数据类型 school_student_num 定义 student 表的 stno 列的语句如下。

```
USE stsc
CREATE TABLE student (
stno school_student_num NOT NULL PRIMARY KEY,
stname char(8) NOT NULL,
stsex char(2) NOT NULL,
stbirthday date NOT NULL,
speciality char(12) NULL,
tc int NULL
)
```

上述语句创建 student 表，与以前不同的是在定义 stno 列时引用了用户自定义数据类型 school_student_num。

11.1.3　用户自定义表数据类型

SQL Server 提供了一种称为用户自定义表数据类型的新的用户自定义类型，它可以作为参数提供给语句、存储过程或者函数。

创建自定义表数据类型使用 CREATE TYPE 语句。

语法格式:

```
CREATE TYPE [ schema_name. ] type_name
 AS TABLE ( <column_definition>
       [ <table_constraint> ] [ ,…n ] )
[ ; ]
```

说明:

<column_definition>是对列的描述,包含列名、数据类型、为空性、约束等。
<table_constraint>定义表的约束。

【例 11.3】 创建用户自定义表数据类型,包含课程表的所有列。

```
USE stsc
CREATE TYPE course_tabletype
  AS TABLE
(
    cno char(3) NOT NULL PRIMARY KEY,
    cname char(16) NOT NULL,
    credit int NULL,
    tno char(6) NULL
)
```

上述语句创建用户自定义表数据类型 course_tabletype,包含课程表的课程号、课程名、
学分、教师编号等列及其数据类型、为空性、主键约束等。

11.2 标识符、常量和变量

11.2.1 标识符

标识符用于定义服务器、数据库、数据库对象、变量等的名称,包括常规标识符和分
隔标识符两类。

1. 常规标识符

常规标识符就是不需要使用分隔标识符进行分隔的标识符,它以字母、下画线 (_)、
@或#开头,可后续一个或若干个 ASCII 字符、Unicode 字符、下画线 (_)、美元符号 ($)、
@或#,但不能全为下画线 (_)、@或#。

2. 分隔标识符

分隔标识符是包含在双引号 (")或者方括号 ([ ])内的常规标识符或不符合常规标识
符规则的标识符。

标识符允许的最大长度为 128 个字符,符合常规标识符规则的标识符可以分隔也可以
不分隔,对不符合标识符规则的标识符必须进行分隔。

11.2.2　常量

常量是在程序运行中其值不能改变的量，又称为标量值。常量的使用格式取决于值的数据类型，可分为整型常量、实型常量、字符串常量、日期时间常量、货币常量等。

1．整型常量

整型常量分为十进制整型常量、二进制整型常量、十六进制整型常量。

1）十进制整型常量

不带小数点的十进制数，例如 58、2491、+138 649 427、-3 694 269 714。

2）二进制整型常量

二进制数字串，用数字 0 或 1 组成，例如 101011110、10110111。

3）十六进制整型常量

前缀 0x 后跟十六进制数字串表示，例如 0x1DA、0xA2F8、0x37DAF93EFA、0x（0x 为空十六进制常量）。

2．实型常量

实型常量有定点表示和浮点表示两种方式。

定点表示举例如下。

24.7

3795.408

+274958149.4876

-5904271059.83

浮点表示举例如下。

0.7E-3

285.7E5

+483E-2

-18E4

3．字符串常量

字符串常量有 ASCII 字符串常量和 Unicode 字符串常量。

1）ASCII 字符串常量

ASCII 字符串常量是用单引号括起来由 ASCII 字符构成的符号串，举例如下。

'World'

'How are you!'

2）Unicode 字符串常量

Unicode 字符串常量与 ASCII 字符串常量相似，不同的是它前面有一个 N 标识符，N 前缀必须大写，举例如下。

N 'World'

N 'How are you!'

4．日期时间常量

日期时间常量用单引号将表示日期时间的字符串括起来构成，有以下格式的日期和时间。

- 字母日期格式：例如'June 25, 2011'。
- 数字日期格式：例如'9/25/2012'、'2013-03-11'。
- 未分隔的字符串格式：例如'20101026'。
- 时间常量：例如'15:42:47'、'09:38:AM'。
- 日期时间常量：例如'July 18, 2010 16:27:08'。

5．货币常量

货币常量是以"$"作为前缀的整型或实型常量数据，例如$38、$1842906、-$26.41、+$27485.13。

11.2.3　变量

变量是在程序运行中其值可以改变的量，一个变量应有一个变量名，变量名必须是一个合法的标识符。

变量分为局部变量和全局变量两类。

1．局部变量

局部变量由用户定义和使用，在局部变量名称前有"@"符号，局部变量仅在声明它的批处理或过程中有效，当批处理或过程执行结束后变成无效。

1）局部变量的定义

使用 DECLARE 语句声明局部变量，所有局部变量在声明后均初始化为 NULL。

语法格式：

```
DECLARE{ @local_variable  data_type [= value]}[ ,…n]
```

说明：

- local_variable：局部变量名，前面的@表示是局部变量。
- data_type：用于定义局部变量的类型。
- =value：为变量赋值。
- n：表示可定义多个变量，各变量间用逗号隔开。

2）局部变量的赋值

在定义局部变量后可使用 SET 语句或 SELECT 语句赋值。

（1）使用 SET 语句赋值。

使用 SET 语句赋值的语法格式如下。

```
SET  @local_variable＝expression
```

其中，@local_variable 是除 cursor、text、ntext、image、table 外的任何类型的变量名，变量名必须以"@"符号开头；expression 是任何有效的 SQL Server 表达式。

注意：为局部变量赋值，该局部变量必须首先使用 DECLARE 语句定义。

【例 11.4】 创建两个局部变量并赋值,然后输出变量值。

```
DECLARE @var1 char(10),@var2 char(20)
SET @var1='曹志'
SET @var2='是计算机学院的学生'
SELECT @var1+@var2
```

上述语句定义两个局部变量后采用 SET 语句赋值,将两个变量的字符值连接后输出。

运行结果:

```
-----      -----------------
曹志       是计算机学院的学生
```

【例 11.5】 创建一个局部变量,在 SELECT 语句中使用该变量查找计算机专业学生的学号、姓名、性别。

```
USE stsc
DECLARE @spe char(12)
SET @spe='计算机'
  SELECT stno, stname, stsex
  FROM student
  WHERE speciality=@spe
```

上述语句采用 SET 语句给局部变量赋值,再将变量值赋给 speciality 列进行查询输出。

运行结果:

```
stno     stname   stsex
------   -----    -----
122001   郭德强    男
122002   谢萱      女
122004   孙婷      女
```

【例 11.6】 将查询结果赋给局部变量。

```
USE stsc
DECLARE @snm char(8)
SET @snm=(SELECT stname FROM student WHERE stno= '121002')
SELECT @snm
```

上述语句定义局部变量后将查询结果赋给局部变量。

运行结果:

```
--------
周映雪
```

(2)使用 SELECT 语句赋值。

使用 SELECT 语句赋值的语法格式如下。

```
SELECT {@local_variable=expression} [,…n]
```

其中,@local_variable 是除 cursor、text、ntext、image 外的任何类型变量名,变量名

必须以@开头；expression 是任何有效的 SQL Server 表达式，包括标量子查询；n 表示可以给多个变量赋值。

【例 11.7】 使用 SELECT 语句给变量赋值。

```
USE stsc
DECLARE @no char(6), @name char(10)
SELECT @no=stno,@name=stname
FROM student
WHERE speciality='通信'
PRINT @no+'  '+@name
```

上述语句定义局部变量后使用 SELECT 语句给变量赋值，采用屏幕输出语句输出。

运行结果：

```
------ ----
121005 刘刚
```

说明：PRINT 语句是屏幕输出语句，该语句用于向屏幕输出信息，可输出局部变量、全局变量、表达式的值。

【例 11.8】 使用排序规则在查询语句中为变量赋值。

```
USE stsc
DECLARE @no char(6), @name char(10)
SELECT @no=stno,@name=stname
FROM student
WHERE speciality='通信'
ORDER BY stno DESC
PRINT @no+'  '+@name
```

上述语句使用排序规则在 SELECT 语句中给变量赋值。

运行结果：

```
------ -----
121001 李贤友
```

【例 11.9】 使用聚合函数为变量赋值。

```
USE stsc
DECLARE @hg int
SELECT @hg=MAX(grade) FROM score WHERE grade IS NOT NULL
PRINT '最高分'
PRINT @hg
```

上述语句使用聚合函数在 SELECT 语句中给变量赋值。

运行结果：

```
最高分
-----
95
```

2．全局变量

全局变量由系统定义，在名称前加"@@"符号，用于提供当前的系统信息。

T-SQL 全局变量作为函数引用，例如@@ERROR 返回上次执行的 T-SQL 语句的错误编号，@@CONNECTIONS 返回自上次启动 SQL Server 以来连接或试图连接的次数。

11.3   运算符与表达式

运算符是一种符号，用来指定在一个或多个表达式中执行的操作，SQL Server 的运算符有算术运算符、位运算符、比较运算符、逻辑运算符、字符串连接运算符、赋值运算符、一元运算符等。

11.3.1   算术运算符

算术运算符在两个表达式间执行数学运算，这两个表达式可以是任何数字数据类型。

算术运算符有+（加）、−（减）、*（乘）、/（除）和%（求模）5 种运算。+（加）和−（减）运算符也可用于对 datetime 及 smalldatetime 值进行算术运算。表达式是由数字、常量、变量和运算符组成的式子，表达式的结果是一个值。

11.3.2   位运算符

位运算符用于对两个表达式进行位操作，这两个表达式可以为整型或与整型兼容的数据类型，位运算符如表 11.2 所示。

表 11.2   位运算符

运 算 符	运 算 名 称	运 算 规 则
&	按位与	两个位均为 1 时结果为 1，否则为 0
|	按位或	只要一个位为 1 结果就为 1，否则为 0
^	按位异或	两个位的值不同时结果为 1，否则为 0

【例 11.10】 对两个变量进行按位运算。

```
DECLARE @a int ,@b int
SET @a=7
SET @b=4
SELECT @a&@b AS 'a&b',@a|@b AS 'a|b',@a^@b AS 'a^b'
```

上述语句对两个变量分别进行按位与、按位或、按位异或运算。

运行结果：

```
a&b     a|b      a^b
---     -----    ------
4       7        3
```

11.3.3   比较运算符

比较运算符用于测试两个表达式的值是否相同，它的运算结果返回 TRUE、FALSE 或

UNKNOWN 之一，SQL Server 中的比较运算符如表 11.3 所示。

表 11.3 比较运算符

运 算 符	运 算 名 称	运 算 符	运 算 名 称
=	相等	<=	小于或等于
>	大于	<>、!=	不等于
<	小于	!<	不小于
>=	大于或等于	!>	不大于

【例 11.11】 查询成绩表中成绩在 90 分以上的记录。

```
USE stsc
SELECT *
FROM score
WHERE grade>=90
```

上述语句在查询语句的 WHERE 条件中采用了比较运算符（大于或等于）。

运行结果：

```
stno      cno     grade
-----     ----    -----
121001    205     91
121001    102     92
121001    801     94
122002    203     94
122002    801     95
```

11.3.4 逻辑运算符

逻辑运算符用于对某个条件进行测试，运算结果为 TRUE 或 FALSE，逻辑运算符如表 11.4 所示。

表 11.4 逻辑运算符

运 算 符	运 算 规 则
AND	如果两个操作数的值都为 TRUE，运算结果为 TRUE
OR	如果两个操作数中有一个为 TRUE，运算结果为 TRUE
NOT	若一个操作数的值为 TRUE，运算结果为 FALSE，否则为 TRUE
ALL	如果每个操作数的值都为 TRUE，运算结果为 TRUE
ANY	在一系列操作数中只要有一个为 TRUE，运算结果就为 TRUE
BETWEEN	如果操作数在指定的范围内，运算结果为 TRUE
EXISTS	如果子查询包含一些行，运算结果为 TRUE
IN	如果操作数的值等于表达式列表中的一个，运算结果为 TRUE
LIKE	如果操作数与一种模式相匹配，运算结果为 TRUE
SOME	如果在一系列操作数中有些值为 TRUE，运算结果为 TRUE

在使用 LIKE 运算符进行模式匹配时用到的通配符如表 11.5 所示。

T-SQL 程序设计

表 11.5 通配符列表

通　配　符	说　　　明
%	代表 0 个或多个字符
_（下画线）	代表单个字符
[]	指定范围（如[a-f]、[0-9]）或集合（如[abcdef]）中的任何单个字符
[^]	指定不属于范围（如[^a-f]、[^0-9]）或集合（如[^abcdef]）的任何单个字符

【例 11.12】 查询在 1992 年出生且成绩为 80～95 分的学生情况。

```
USE stsc
SELECT a.stno, a.stname, a.stbirthday, b.cno, b.grade
FROM student a, score b
WHERE a.stno=b.stno AND a.stbirthday LIKE '1992%' AND b.grade BETWEEN 80
AND 95
```

上述语句在查询语句中采用了 LIKE 运算符进行模式匹配，使用通配符%代表多个字符。

运行结果：

```
stno    tname    stbirthday    cno    grade
-----   -------  -----------   ----   --------
121005  刘刚     1992-07-05    102    87
121005  刘刚     1992-07-05    205    85
121005  刘刚     1992-07-05    801    82
122002  谢萱     1992-09-11    203    94
122002  谢萱     1992-09-11    801    95
122004  孙婷     1992-02-24    203    81
122004  孙婷     1992-02-24    801    86
```

11.3.5　字符串连接运算符

字符串连接运算符"+"实现两个或多个字符串的连接运算。

【例 11.13】 多个字符串连接。

```
SELECT ('ab'+'cdefg'+'hijk') AS '字符串连接'
```

上述语句进行了多个字符串的连接。

运行结果：

```
字符串连接
-----------
abcdefghijk
```

11.3.6　赋值运算符

在给局部变量赋值的 SET 和 SELECT 语句中使用的"="运算符称为赋值运算符。

赋值运算符用于将表达式的值赋给另外一个变量，也可以使用赋值运算符在列标题和为列定义值的表达式之间建立关系，参见 11.2.3 节中的局部变量赋值部分。

11.3.7 一元运算符

一元运算符指只有一个操作数的运算符，包含+（正）、-（负）和~（按位取反）。按位取反运算符的使用举例如下。

设 a 的值为 9（1001），则~a 的值为 6（0110）。

11.3.8 运算符的优先级

当一个复杂的表达式有多个运算符时，运算符的优先级决定执行运算的先后次序，执行的顺序会影响所得到的运算结果。

运算符的优先级如表 11.6 所示，在一个表达式中按先高（优先级数字小）后低（优先级数字大）的顺序进行运算。

表 11.6 运算符的优先级列表

运 算 符	优 先 级
+（正）、-（负）、~（按位 NOT）	1
*（乘）、/（除）、%（模）	2
+（加）、+（串联）、-（减）	3
=、>、<、>=、<=、<>、!=、!>、!<等比较运算符	4
^（位异或）、&（位与）、|（位或）	5
NOT	6
AND	7
ALL、ANY、BETWEEN、IN、LIKE、OR、SOME	8
=（赋值）	9

11.4 流程控制语句

流程控制语句是用来控制程序执行流程的语句，通过对程序流程的组织和控制提高编程语言的处理能力，满足程序设计的需要，SQL Server 提供的流程控制语句如表 11.7 所示。

表 11.7 SQL Server 流程控制语句

流程控制语句	说 明
IF…ELSE	条件语句
GOTO	无条件转移语句
WHILE	循环语句
CONTINUE	用于重新开始下一次循环
BREAK	用于退出最内层的循环
RETURN	无条件返回
WAITFOR	为语句的执行设置延迟

11.4.1 BEGIN…END 语句

BEGIN…END 语句将多条 T-SQL 语句定义为一个语句块，在执行时该语句块作为一个整体来执行。

语法格式：

```
BEGIN
  { sql_statement | statement_block }
END
```

其中，关键字 BEGIN 指示 T-SQL 语句块开始，END 指示语句块结束；sql_statement 是语句块中的 T-SQL 语句；statement_block 表示使用 BEGIN…END 定义的另一个语句块。BEGIN…END 可以嵌套使用。

说明： 经常用到 BEGIN…END 语句块的语句和函数有 WHILE 循环语句、IF…ELSE 语句、CASE 函数。

【例 11.14】 BEGIN…END 语句示例。

```
BEGIN
  DECLARE @me char(20)
  SET @me = '移动电子商务'
  BEGIN
    PRINT '变量@me的值为:'
    PRINT @me
  END
END
```

上述语句实现了 BEGIN…END 语句的嵌套，外层 BEGIN…END 语句用于局部变量的定义和赋值，内层 BEGIN…END 语句用于屏幕输出。

运行结果：

```
变量@me的值为:
-------------
移动电子商务
```

11.4.2   IF…ELSE 语句

在使用 IF…ELSE 语句时需要对给定条件进行判定，当条件为真或假时分别执行不同的 T-SQL 语句或语句序列。

语法格式：

```
IF Boolean_expression                          /*条件表达式*/
{ sql_statement | statement_block }            /*条件表达式为真时执行*/
[ ELSE
{ sql_statement | statement_block } ]          /*条件表达式为假时执行*/
```

IF…ELSE 语句分为带 ELSE 部分和不带 ELSE 部分两种形式。

- 带 ELSE 部分：

```
IF 条件表达式
  A                   /*T-SQL语句或语句块*/
```

```
ELSE
  B                      /*T-SQL语句或语句块*/
```

当条件表达式的值为真时执行 A，然后执行 IF 语句的下一条语句；当条件表达式的值为假时执行 B，然后执行 IF 语句的下一条语句。

- 不带 ELSE 部分：

```
IF 条件表达式
  A                      /*T-SQL语句或语句块*/
```

当条件表达式的值为真时执行 A，然后执行 IF 语句的下一条语句；当条件表达式的值为假时直接执行 IF 语句的下一条语句。

在 IF 和 ELSE 后面的子句都允许嵌套，嵌套层数没有限制。

IF…ELSE 语句的执行流程如图 11.3 所示。

(a) 流程 1   (b) 流程 2

图 11.3 IF…ELSE 语句的流程图

【例 11.15】 IF…ELSE 语句示例。

```
USE stsc
GO
IF (SELECT AVG(grade) FROM score WHERE cno='102')>80
  BEGIN
    PRINT '课程:102'
    PRINT '平均成绩良好'
  END
ELSE
  BEGIN
    PRINT '课程:102'
    PRINT '平均成绩一般'
```

T-SQL 程序设计

```
END
```

上述语句采用了 IF…ELSE 语句，在 IF 和 ELSE 后面分别使用了 BEGIN…END 语句块。

运行结果：

```
课程:102
----------
平均成绩良好
```

11.4.3 WHILE、BREAK 和 CONTINUE 语句

1. WHILE 循环语句

当程序中的一部分语句需要重复执行时可以使用 WHILE 循环语句来实现。

语法格式：

```
WHILE Boolean_expression               /*条件表达式*/
{ sql_statement | statement_block }    /*T-SQL语句序列构成的循环体*/
```

WHILE 循环语句的执行流程如图 11.4 所示。

图 11.4   WHILE 语句的流程图

从 WHILE 语句的流程图可以看出其使用形式如下。

```
WHILE 条件表达式
    循环体              /*T-SQL语句或语句块*/
```

首先进行条件判断，当条件表达式的值为真时执行循环体中的 T-SQL 语句或语句块，然后再进行条件判断，当条件表达式的值为真时重复执行上述操作，直到条件表达式的值为假退出循环体，执行 WHILE 语句的下一条语句。

在循环体中可进行 WHILE 语句的嵌套。

【例 11.16】 显示字符串"Work"中每个字符的 ASCII 码值和字符。

```
DECLARE @pn int, @sg char(8)
SET @pn = 1
SET @sg = 'Work'
```

```
WHILE @pn <= LEN(@sg)
  BEGIN
    SELECT ASCII(SUBSTRING(@sg,@pn,1)),CHAR(ASCII(SUBSTRING(@sg,@pn,1)))
    SET @pn = @pn + 1
  END
```

上述语句采用了 WHILE 循环语句，循环条件为小于或等于字符串"Work"的长度值，在循环体中使用了 BEGIN…END 语句块，执行结果如图 11.5 所示。

图 11.5　WHILE 循环语句的执行结果

2．BREAK 语句

BREAK 语句的语法格式如下。

```
BREAK
```

该语句在循环语句中用于退出本层循环，当循环体中有多层循环嵌套时使用 BREAK 语句只能退出其所在的本层循环。

3．CONTINUE 语句

CONTINUE 语句的语法格式如下。

```
CONTINUE
```

该语句在循环语句中用于结束本次循环，重新转入循环开始条件的判断。

11.4.4　GOTO 语句

GOTO 语句用于实现无条件跳转，将执行流程转移到标号指定的位置。

语法格式：

```
GOTO label
```

其中，label 是要跳转的语句标号，标号必须符合标识符的命名规则。
标号的定义形式如下。

```
label : 语句
```

【例 11.17】　计算从 1 加到 100 的和。

```
DECLARE @nm int, @i int
SET @i = 0
SET @nm = 0
```

T-SQL 程序设计

```
lp:
SET @nm = @nm+ @i
SET @i = @i +1
IF @i <=100
  GOTO lp
PRINT '1+2+…+100 = '+CAST (@nm AS char(10))
```

上述语句采用了 GOTO 语句。

运行结果：

```
----------------
1+2+…+100 = 5050
```

11.4.5 RETURN 语句

RETURN 语句用于从查询语句块、存储过程或者批处理中无条件退出，位于 RETURN 之后的语句将不被执行。

语法格式：

```
RETURN [ integer_expression ]
```

其中，integer_expression 将整型表达式的值返回。

【例 11.18】 判断是否存在学号为 121002 的学生，如果存在则返回，如果不存在则插入该学号的学生的信息。

```
USE stsc
IF EXISTS(SELECT * FROM student WHERE stno='121002')
  RETURN
ELSE
  INSERT INTO student VALUES('121002','周映雪','女','1993-01-12','通信', 49)
```

当查询结果满足判断条件（存在有关学生记录）时通过 RETURN 语句返回，否则插入该生的记录。

11.4.6 WAITFOR 语句

WAITFOR 语句指定语句块、存储过程或事务执行的时刻或者需等待的时间间隔。

语法格式：

```
WAITFOR { DELAY 'time' | TIME 'time' }
```

其中，DELAY 'time'用于指定 SQL Server 必须等待的时间，TIME 'time'用于指定 SQL Server 等待到某一时刻。

【例 11.19】 设定在早上八点半执行查询语句。

```
USE stsc
BEGIN
  WAITFOR TIME '8:30'
  SELECT * FROM student
END
```

上述语句采用 WAITFOR 语句，用于指定 SQL Server 等待执行的时刻为 8:30。

11.4.7 TRY…CATCH 语句

TRY…CATCH 语句用于对 T-SQL 语言中的错误进行处理。

语法格式：

```
BEGIN TRY
    { sql_statement | statement_block }
END TRY
BEGIN CATCH
    [ { sql_statement | statement_block } ]
END CATCH
[ ; ]
```

11.5 系统内置函数

T-SQL 语言提供了 3 种系统内置函数，即标量函数、聚合函数、行集函数，这些函数是确定性的或非确定性的。例如，DATEADD 是确定性函数，因为对于其任何给定参数总是返回相同的结果；GETDATE 是非确定性函数，因为其每次执行后返回的结果都不同。

标量函数的输入参数和返回值的类型均为基本类型，SQL Server 包含的标量函数有数学函数、字符串函数、日期时间函数、系统函数、配置函数、系统统计函数、游标函数、文本和图像函数、元数据函数、安全函数。

下面介绍常用的标量函数。

1. 数学函数

数学函数用于对数值表达式进行数学运算并返回运算结果，常用的数学函数如表 11.8 所示。

表 11.8 数学函数表

函 数	描 述
ABS	返回数值表达式的绝对值
EXP	返回指定表达式以 e 为底的指数
CEILING	返回大于或等于数值表达式的最小整数
FLOOR	返回小于或等于数值表达式的最大整数
LN	返回数值表达式的自然对数
LOG	返回数值表达式以 10 为底的对数
POWER	返回对数值表达式进行幂运算的结果
RAND	返回 0~1 的一个随机值
ROUND	返回舍入到指定长度或精度的数值表达式
SIGN	返回数值表达式的正号（+）、负号（–）或零（0）
SQUARE	返回数值表达式的平方
SQRT	返回数值表达式的平方根

下面举例说明数学函数的使用。

1）ABS 函数

ABS 函数用于返回数值表达式的绝对值。

语法格式：

```
ABS ( numeric_expression )
```

其中，参数 numeric_expression 为数值表达式，返回值的类型与 numeric_expression 相同。

【例 11.20】 ABS 函数对不同数字的处理结果。

```
SELECT ABS(-4.7), ABS(0.0), ABS(+9.2)
```

上述语句采用了 ABS 函数分别求负数、零和正数的绝对值。

运行结果：

```
----    -------    -------
4.7        0.0          9.2
```

2）RAND 函数

RAND 函数用于返回一个 0~1 的随机值。

语法格式：

```
RAND ([ seed ] )
```

其中，参数 seed 是指定种子值的整型表达式，返回值的类型为 float。如果未指定种子值，则随机分配种子值，当指定种子值时返回的结果相同。

【例 11.21】 通过 RAND 函数产生随机数。

```
DECLARE @count int
SET @count = 6
SELECT RAND(@count) AS Random_Number
```

上述语句采用了 RAND 函数求随机数。

运行结果：

```
Random_Number
------------------
0.713685158069215
```

2．字符串函数

字符串函数用于对字符串、二进制数据和表达式进行处理，常用的字符串函数如表 11.9 所示。

表 11.9 字符串函数表

函　　数	描　　述
ASCII	ASCII 函数，返回字符表达式中最左侧的字符的 ASCII 代码值
CHAR	ASCII 代码转换函数，返回指定 ASCII 代码的字符
CHARINDEX	返回指定模式的起始位置
LEFT	左子串函数，返回字符串中从左边开始指定个数的字符
LEN	字符串函数，返回指定字符串表达式的字符（而不是字节）数，其中不包含尾随空格
LOWER	小写字母函数，将大写字符数据转换为小写字符数据后返回字符表达式
LTRIM	删除前导空格字符串，返回删除了前导空格之后的字符表达式
REPLACE	替换函数，用第三个表达式替换第一个字符串表达式中出现的所有第二个指定字符串表达式的匹配项
REPLICATE	复制函数，以指定的次数重复字符表达式
RIGHT	右子串函数，返回字符串中从右边开始指定个数的字符
RTRIM	删除尾随空格函数，删除所有尾随空格后返回一个字符串
SPACE	空格函数，返回由重复的空格组成的字符串
STR	数字向字符转换函数，返回由数字数据转换来的字符数据
SUBSTRING	子串函数，返回字符表达式、二进制表达式、文本表达式或图像表达式的一部分
UPPER	大写函数，返回小写字符数据转换为大写的字符表达式

1）LEFT 函数

LEFT 函数用于返回字符串中从左边开始指定个数的字符。

语法格式：

```
LEFT ( character_expression , integer_expression )
```

其中，参数 character_expression 为字符型表达式，integer_expression 为整型表达式，返回值为 varchar 型。

【例 11.22】 返回学院名最左边的两个字符。

```
USE stsc
SELECT DISTINCT LEFT(school,2)
FROM teacher
```

上述语句采用了 LEFT 函数求学院名最左边的两个字符。

运行结果：

```
--------
计算
数学
通信
```

2）LTRIM 函数

LTRIM 函数用于删除字符串中的前导空格并返回字符串。

语法格式：

```
LTRIM ( character_expression )
```

其中，参数 character_expression 为字符型表达式，返回值的类型为 varchar。

【例 11.23】 使用 LTRIM 函数删除字符串中的起始空格。

```
DECLARE @string varchar(30)
SET @string = '    大规模集成电路'
SELECT  LTRIM(@string)
```

上述语句采用了 LTRIM 函数删除字符串中的前导空格并返回字符串。

运行结果：

```
------------
大规模集成电路
```

3）REPLACE 函数

REPLACE 函数用第三个字符串表达式替换第一个字符串表达式中包含的第二个字符串表达式，并返回替换后的表达式。

语法格式：

```
REPLACE (string_expression1,string_expression2,string_expression3)
```

其中，参数 string_expression1、string_expression2 和 string_expression3 均为字符串表达式，其返回值为字符型。

【例 11.24】 用 REPLACE 函数实现字符串的替换。

```
DECLARE @str1 char(16),@str2 char(4),@str3 char(16)
SET @str1='电子商务系统'
SET @str2='系统'
SET @str3='概论'
SET @str3=REPLACE (@str1, @str2, @str3)
SELECT @str3
```

上述语句采用了 REPLACE 函数实现字符串的替换。

运行结果：

```
----------
电子商务概论
```

4）SUBSTRING 函数

SUBSTRING 函数用于返回表达式中指定的部分数据。

语法格式:

```
SUBSTRING ( expression , start , length )
```

其中,参数 expression 可以为字符串、二进制串、text、image 字段或表达式; start、length 均为整型,start 指定子串的开始位置,length 指定子串的长度(要返回的字节数)。

【例 11.25】 在一列中返回学生表中的姓,在另一列中返回表中学生的名。

```
USE stsc
SELECT SUBSTRING(stname, 1,1), SUBSTRING(stname, 2, LEN(stname)-1)
FROM student
ORDER BY stno
```

上述语句采用了 SUBSTRING 函数分别求"姓名"字符串中的子串"姓"和子串"名"。

运行结果:

```
---   ---
李    贤友
周    映雪
刘    刚
郭    德强
谢    萱
孙    婷
```

5)CHARINDEX 函数

CHARINDEX 函数用于在表达式 2 中搜索表达式 1 并返回其起始位置(如果找到)。

语法格式:

```
CHARINDEX ( expression1 ,expression2 [ , start_location ] )
```

其中,expression1 为包含要查找的序列的字符表达式,expression2 为要搜索的字符表达式,start_location 表示搜索起始位置的整数或 bigint 表达式。

【例 11.26】 查询学生姓名中是否含有"郭"。

```
USE stsc
SELECT * FROM student WHERE CHARINDEX('郭',stname)>0
```

上述语句采用了 CHARINDEX 函数求"姓名"字符串中是否含有指定字符。

运行结果:

```
stno    stname    stsex    stbirthday    speciality    tc
-----   -------   ------   -----------   -------------  -------
122001  郭德强     男        1991-10-23    计算机          48
```

3. 日期时间函数

日期时间函数用于对日期和时间数据进行各种不同的处理和运算,返回日期和时间值、字符串和数值等,常用的日期时间函数如表 11.10 所示。

表 11.10　日期时间函数表

函　　数	描　　述
DATEADD	返回给指定日期加上一个时间间隔后的新 datetime 值
DATEDIFF	返回跨两个指定日期的日期边界数和时间边界数
DATENAME	返回表示指定日期的指定日期部分的字符串
DATEPART	返回表示指定日期的指定日期部分的整数
DAY	返回一个整数，表示指定日期的天部分
GETDATE	以 datetime 值的 SQL Server 2008 标准内部格式返回当前系统日期和时间
GETUTCDATE	返回表示当前的 UTC 时间（通用协调时间或格林尼治标准时间）的 datetime 值，当前的 UTC 时间得自当前的本地时间和运行 Microsoft SQL Server 2008 实例的计算机操作系统中的时区设置
MONTH	返回表示指定日期的"月"部分的整数
YEAR	返回表示指定日期的年份的整数

在表 11.10 中，有关 datepart 的取值如表 11.11 所示。

表 11.11　datepart 的取值

datepart 取值	缩写形式	函数返回的值	datepart 取值	缩写形式	函数返回的值
year	yy, yyyy	年份	week	wk, ww	第几周
quarter	qq, q	季度	hour	hh	小时
month	mm, m	月	minute	mi, n	分钟
dayofyear	dy, y	一年的第几天	second	ss, s	秒
day	dd, d	日	millisecond	ms	毫秒

【例 11.27】　求 2013 年 6 月 1 日前后 100 天的日期。

```
DECLARE @curdt datetime,@ntdt datetime
SET @curdt='2013-6-1'
SET @ntdt=DATEADD(Dd,100,@curdt)
PRINT @ntdt
SET @ntdt=DATEADD(Dd,-100,@curdt)
PRINT @ntdt
```

上述语句采用了 DATEADD 函数分别求指定日期加上时间间隔和负的时间间隔后的新 datetime 值。

运行结果：

```
-- -- ---- -------
09  9 2013 12:00AM
02 21 2013 12:00AM
```

【例 11.28】　依据教师的出生时间计算年龄。

```
USE stsc
SET NOCOUNT ON
DECLARE @startdt datetime
SET @startdt = GETDATE()
SELECT tname AS 姓名, DATEDIFF(yy, tbirthday, @startdt ) AS 年龄 FROM teacher
```

上述语句通过 GETDATE 函数获取当前系统日期和时间，采用 DATEDIFF 函数由出生时间计算年龄。

运行结果：

```
姓名    年龄
-----   --------
刘林卓   54
周学莉   39
吴波     38
王冬琴   48
李伟     41
```

4．系统函数

系统函数用于返回有关 SQL Server 系统、数据库、数据库对象和用户的信息。

1）COL_NAME 函数

COL_NAME 函数根据指定的表标识号和列标识号返回列的名称。

语法格式：

```
COL_NAME ( table_id , column_id )
```

其中，table_id 为包含列的表的标识号，column_id 为列的标识号。

【例 11.29】 输出 student 表中所有列的列名。

```
USE stsc
DECLARE @i int
SET @i=1
WHILE @i<=6
  BEGIN
    PRINT COL_NAME(OBJECT_ID('student'),@i)
      SET @i=@i+1
END
```

上述语句通过 COL_NAME 函数根据 student 表标识号和列标识号返回所有列名。

运行结果：

```
----------
stno
stname
stsex
stbirthday
speciality
tc
```

2）CONVERT 函数

CONVERT 函数将一种数据类型的表达式转换为另一种数据类型的表达式。

语法格式：

```
CONVERT (data_type[(length)], expression [, style])
```

其中，data_type 为目标数据类型，length 为指定目标数据类型长度的可选整数，

expression 为表达式，style 指定 date 和 time 样式。例如，style 为 101 表示美国标准日期格式 mm/dd/yyyy，style 为 102 表示 ANSI 日期格式 yy.mm.dd。

【例 11.30】 输出 student 表中所有列的列名并将出生日期转换成 ANSI 格式。

```
USE stsc
SELECT stno AS 学号, stname AS 姓名, stsex AS 性别, CONVERT(char,
stbirthday,102) AS 出生日期
FROM student
```

上述语句通过 CONVERT 函数将出生日期转换成 ANSI 格式。

运行结果：

```
学号      姓名      性别      出生日期
------  -----   -----   -----------
121001  李贤友    男       1991.11.30
121002  周映雪    女       1993.01.12
121005  刘刚      男       1992.07.05
122001  郭德强    男       1991.10.23
122002  谢萱      女       1992.09.11
122004  孙婷      女       1992.02.24
```

3）CAST 函数

CAST 函数将一种数据类型的表达式转换为另一种数据类型的表达式。

语法格式：

```
CAST ( expression AS data_type [ (length ) ])
```

其中，expression 为表达式，data_type 为目标数据类型，length 为指定目标数据类型长度的可选整数。

【例 11.31】 求 2013 年 1 月 1 日后 200 天的日期。

```
SELECT CAST('2013-1-1'AS smalldatetime) + 200 AS '2013.1.1加上200天的日期'
```

上述语句通过 CAST 函数将指定日期转换成 smalldatetime 类型的"日期"加上 200 天的"日期"。

运行结果：

```
2013.1.1加上200天的日期
---------------------
2013-07-20 00:00:00
```

4）CASE 函数

CASE 函数用于计算条件列表并返回多个可能的结果表达式之一，有两种使用形式，一种是简单 CASE 函数，另一种是搜索型 CASE 函数。

（1）简单 CASE 函数：简单 CASE 函数将某个表达式与一组简单表达式进行比较以确定结果。

语法格式:

```
CASE input_expression
  WHEN when_expression THEN result_expression [···n ]
  [ ELSE else_result_expression]
END
```

其功能为计算 input_expression 表达式的值,并与每一个 when_expression 表达式的值比较,若相等,则返回对应的 result_expression 表达式的值,否则返回 else_result_expression 表达式的值。

(2) 搜索型 CASE 函数:搜索型 CASE 函数计算一组布尔表达式以确定结果。

语法格式:

```
CASE
  WHEN Boolean_expression THEN result_expression [···n ]
  [ ELSE else_result_expression]
END
```

其功能为按指定顺序为每个 WHEN 子句的 Boolean_expression 表达式求值,返回第一个取值为 TRUE 的 Boolean_expression 表达式对应的 result_expression 表达式的值;如果没有取值为 TRUE 的 Boolean_expression 表达式,则当指定 ELSE 子句时返回 else_result_expression 的值;若没有指定 ELSE 子句,则返回 NULL。

【例 11.32】 使用 CASE 函数将教师职称转换为职称类型。

```
USE stsc
SELECT tname AS '姓名', tsex AS '性别',
  CASE title
    WHEN '教授' THEN '高级职称'
    WHEN '副教授' THEN '高级职称'
    WHEN '讲师' THEN '中级职称'
    WHEN '助教' THEN '初级职称'
  END AS '职称类型'
FROM teacher
```

上述语句通过简单 CASE 函数将教师职称转换为职称类型。

运行结果:

```
姓名      性别      职称类型
------    ------    ------------------
刘林卓    男        高级职称
周学莉    女        中级职称
吴波      男        高级职称
王冬琴    女        高级职称
李伟      男        高级职称
```

【例 11.33】 使用 CASE 函数将学生成绩转换为成绩等级。

```
USE stsc
SELECT stno AS '学号', cno AS '课程号', level=
  CASE
    WHEN grade>=90 THEN 'A'
```

T-SQL 程序设计

```
    WHEN grade>=80 THEN 'B'
    WHEN grade>=70 THEN 'C'
    WHEN grade>=60 THEN 'D'
    WHEN grade<60 THEN 'E'
  END
FROM score
WHERE cno='801' AND grade IS NOT NULL
ORDER BY stno
```

上述语句通过搜索型 CASE 函数将学生成绩转换为成绩等级。

运行结果:

```
学号      课程号     level
------   -------   -----
121001   801       A
121002   801       C
121005   801       B
122002   801       A
122004   801       B
```

11.6 用户定义函数

用户定义函数是用户根据自己的需要定义的函数,用户定义函数有以下优点。
* 允许模块化程序设计。
* 执行速度更快。
* 减少网络流量。

用户定义函数分为标量函数和表值函数两类。

(1)标量函数:返回值为标量值,即返回一个单一数据值。

(2)表值函数:返回值为表值,该返回值不是单一数据值,而是由一个表值代表的记录集,即返回 table 数据类型。

表值函数分为以下两种。
* 内联表值函数:在 RETURN 子句中包含单个 SELECT 语句。
* 多语句表值函数:在 BEGIN…END 语句块中包含多个 SELECT 语句。

下面介绍系统表 sysobjects 的主要字段,如表 11.12 所示。

表 11.12 系统表 sysobjects 的主要字段

字 段 名	类 型	含 义
name	sysname	对象名
id	int	对象标识符
type	char(2)	对象类型,可以是下列值之一。 C:CHECK 约束;D:默认值或 DEFAULT 约束; F:FOREIGN KEY 约束;FN:标量函数; IF:内嵌表函数;K:PRIMARY KEY 或 UNIQUE 约束; L:日志;P:存储过程;R:规则;RF:复制筛选存储过程; S:系统表;TF:表值函数;TR:触发器;U:用户表; V:视图;X:扩展存储过程

11.6.1 用户定义函数的定义和调用

1. 标量函数

1）标量函数的定义

定义标量函数的语法格式如下。

```
CREATE FUNCTION [ schema_name. ] function_name          /*函数名部分*/
( [ { @parameter_name [ AS ][ type_schema_name. ] parameter_data_type
                                                        /*形参定义部分*/
  [ = default ] [ READONLY ] } [ ,…n ] ])
RETURNS return_data_type                                /*返回参数的类型*/
  [ WITH <function_option> [ ,…n ] ]                    /*函数选项定义*/
  [ AS ]
  BEGIN
    function_body                                       /*函数体部分*/
    RETURN scalar_expression                            /*返回语句*/
  END
[ ; ]
```

其中：

```
<function_option>::=
{
  [ ENCRYPTION ]
| [ SCHEMABINDING ]
| [ RETURNS NULL ON NULL INPUT | CALLED ON NULL INPUT ]
}
```

说明：

- function_name：用户定义函数名，函数名必须符合标识符的命名规则，对其架构来说，该名在数据库中必须是唯一的。

- @parameter_name：用户定义函数的形参名。在 CREATE FUNCTION 语句中可以声明一个或多个参数，用@符号作为第一个字符来指定形参名，每个函数的参数局部于该函数。

- scalar_parameter_data_type：参数的数据类型，可以为系统支持的基本标量类型，不能为 timestamp 类型、用户定义数据类型、非标量类型（例如 cursor 和 table）。type_schema_name 为参数所属的架构名。[= default]可以设置参数的默认值。如果定义了 default 值，则无须指定此参数的值即可执行函数。READONLY 选项用于指定不能在函数定义中更新或修改参数。

- scalar_return_data_type：函数使用 RETURNS 语句指定用户定义函数的返回值类型。scalar_return_data_type 可以是 SQL Server 支持的基本标量类型，但 text、ntext、image 和 timestamp 除外。若使用 RETURN 语句将返回 scalar_expression 表达式的值。

- function_body：由 T-SQL 语句序列构成的函数体。

- <function_option>：标量函数的选项。

根据上述语法格式得出定义标量函数的形式如下。

```
CREATE FUNCTION [所有者名.] 函数名
( 参数1 [AS] 类型1 [ = 默认值 ] ) [ ,…参数n [AS] 类型n [ = 默认值 ] ] )
RETURNS 返回值类型
[ WITH 选项 ]
[ AS ]
BEGIN
    函数体
    RETURN 标量表达式
END
```

【**例 11.34**】 定义一个标量函数 spe_av,按专业计算学生的平均年龄。

(1) 为了计算平均年龄,首先创建学生学号、姓名、专业和年龄的视图 st_age。

```
USE stsc
IF EXISTS(SELECT name FROM sysobjects WHERE name='st_age' AND type='v')
  DROP VIEW st_age
GO
CREATE VIEW st_age
  AS
  /*由当前日期的年份减去出生日期的年份取得年龄,指定该表达式名称为age*/
  SELECT stno, stname, speciality, datepart(yyyy,GETDATE( ))-datepart
  (yyyy,stbirthday) AS age
  FROM student
GO
```

(2) 创建用户定义标量函数 spe_av,按专业计算当前学生的平均年龄。

```
USE stsc
IF EXISTS(SELECT name FROM sysobjects WHERE name='spe_av' AND type='FN')
  DROP FUNCTION spe_av
GO
/*创建用户定义标量函数spe_av,@spe为该函数的形参,对应实参为'通信'或'计算机'专业*/
CREATE FUNCTION spe_av(@spe char(12))
RETURNS int    /*函数的返回值类型为整数类型*/
  AS
  BEGIN
DECLARE @av int    /*定义变量@av为整数类型*/
SELECT @av=
   /*由实参指定的专业传递给形参@spe作为查询条件,查询统计出该专业的平均年龄 */
     ( SELECT AVG(age)
        FROM st_age
    WHERE speciality=@spe
        )
RETURN @av    /*返回该专业平均年龄的标量值 */
    END
GO
```

2) 标量函数的调用

调用用户定义的标量函数有以下两种方式。

(1) 用 SELECT 语句调用:用 SELECT 语句调用标量函数的调用形式如下。

架构名.函数名(实参1,…,实参n)

其中，实参可以为已赋值的局部变量或表达式。

【例 11.35】 使用 SELECT 语句对例 11.34 定义的 spe_av 函数进行调用。

```
USE stsc
DECLARE @spe char(12)
DECLARE @comm int
SELECT @spe = '通信'
SELECT @comm=dbo.spe_av(@spe)
SELECT @comm AS '通信专业学生平均年龄'
```

上述语句使用 SELECT 语句对 spe_av 标量函数进行调用。

运行结果：

```
通信专业学生平均年龄
-----------------
24
```

（2）用 EXECUTE（EXEC）语句调用：用 EXECUTE（EXEC）语句调用标量函数的调用形式如下。

```
EXEC 变量名=架构名.函数名 实参1,…,实参n
```

或

```
EXEC 变量名=架构名.函数名 形参名1=实参1,…, 形参名n=实参n
```

【例 11.36】 使用 EXEC 语句对例 11.34 定义的 spe_av 函数进行调用。

```
DECLARE @cpt int
EXEC @cpt=dbo.spe_av  @spe = '计算机'
SELECT @cpt AS '计算机专业学生平均年龄'
```

上述语句使用 EXEC 语句对 spe_av 标量函数进行调用。

运行结果：

```
计算机专业学生平均年龄
-----------------
24
```

2．内联表值函数
标量函数只返回单个标量值，而内联表值函数返回表值（结果集）。
1）内联表值函数的定义
定义内联表值函数的语法格式如下。

```
CREATE FUNCTION [ schema_name. ] function_name  /*定义函数名部分*/
( [ { @parameter_name [ AS ] [ type_schema_name. ] parameter_data_type
 [ = default ] } [ ,…n ] ])                     /*定义参数部分*/
```

T-SQL 程序设计

```
RETURNS TABLE                                    /*返回值为表类型*/
   [ WITH <function_option> [ ,…n ] ]           /*定义函数的可选项*/
   [ AS ]
   RETURN [ ( ] select_stmt [ ) ] ]             /*通过SELECT语句返回内嵌表*/
[ ; ]
```

说明：

在内联表值函数中，RETURNS 子句只包含关键字 TABLE，RETURN 子句在括号中包含单个 SELECT 语句，SELECT 语句的结果集构成函数所返回的表。

【例 11.37】 定义查询学生姓名、性别、课程号、成绩的内联表值函数 stu_sco。

```
USE stsc
IF EXISTS(SELECT * FROM sysobjects WHERE name='stu_sco' AND (type='if' OR
type='tf'))
   DROP FUNCTION stu_sco
GO
/*创建用户定义内联表值函数stu_sco，@pr为该函数的形参，对应实参为'通信'或'计算机'专业*/
CREATE FUNCTION stu_sco(@pr char(12))
RETURNS TABLE       /*函数的返回值类型为table类型，没有指定表结构*/
   AS
/*由实参指定的专业传递给形参@pr作为查询条件，查询出该专业的学生情况，返回查询结果集构
成的表*/
   RETURN
   (
    SELECT a.stname,a.stsex,b.cno,b.grade
    FROM student a,score b
    WHERE a.stno=b.stno AND a.speciality=@pr
   )
GO
```

2）内联表值函数的调用

内联表值函数只能通过 SELECT 语句调用，在调用时可以只使用函数名。

【例 11.38】 使用 SELECT 语句对例 11.37 定义的 stu_sco 函数进行调用。

```
USE stsc
SELECT * FROM stu_sco('通信')
```

上述语句使用 SELECT 语句对 stu_sco 内联表值函数进行调用。

运行结果：

```
stname   stsex  cno    grade
------   ----   ----   ------
李贤友    男     102    92
李贤友    男     205    91
李贤友    男     801    94
周映雪    女     102    72
周映雪    女     205    65
周映雪    女     801    73
```

刘刚	男	102	87
刘刚	男	205	85

3. 多语句表值函数

多语句表值函数与内联表值函数均返回表值，它们的区别是多语句表值函数需要定义返回表的类型，返回表是多个 T-SQL 语句的结果集，其在 BEGIN…END 语句块中包含多个 T-SQL 语句；内联表值函数不需要定义返回表的类型，返回表是单个 T-SQL 语句的结果集，不需要用 BEGIN…END 分隔。

1）多语句表值函数的定义

定义多语句表值函数的语法格式如下。

```
CREATE FUNCTION [ schema_name. ] function_name        /*定义函数名部分*/
( [ { @parameter_name [ AS ] [ type_schema_name. ] parameter_data_type
  [ = default ] } ] [ ,…n ] ])                        /*定义函数参数部分*/
RETURNS @return_variable TABLE < table_type_definition>/*定义作为返回值的表*/
  [ WITH <function_option> [ ,…n ] ]                   /*定义函数的可选项*/
  [ AS ]
  BEGIN
    function_body                                      /*定义函数体*/
    RETURN
  END
[ ; ]
```

其中：

```
<table_type_definition>:: =                            /*定义表*/
( { <column_definition> <column_constraint> }
    [ <table_constraint>)
```

说明：

@return_variable 为表变量，function_body 为 T-SQL 语句序列，table_type_definition 为定义表结构的语句，该语法格式中其他项定义与标量函数相同。

【例 11.39】 定义由学号查询学生平均成绩的多语句表值函数 stu_sco2。

```
USE stsc
GO
/*创建用户定义多语句表值函数stu_sco2，@num为该函数的形参，对应实参为学号值*/
CREATE FUNCTION stu_sco2(@num char(6))
/*函数的返回值类型为table类型，返回表@tn，指定了表结构，定义了列属性*/
RETURNS @tn TABLE
  (
    average float
  )
  AS
  BEGIN
    INSERT @tn     /*向@tn表插入满足条件的记录*/
    /*由实参指定的学号值传递给形参@num作为查询条件，查询统计出该学生的平均成绩，通过
    INSERT语句插入到@tn表中 */
    SELECT AVG(score.grade)
    FROM score
```

```
        WHERE score.stno=@num
      RETURN
    END
GO
```

2）多语句表值函数的调用

多语句表值函数只能通过 SELECT 语句调用，在调用时可以只使用函数名。

【例 11.40】 使用 SELECT 语句对例 11.39 定义的 stu_sco2 函数进行调用。

```
USE stsc
SELECT * FROM stu_sco2('122002')
```

上述语句使用 SELECT 语句对 stu_sco2 多语句表值函数进行调用。

运行结果：

```
average
-----------------------
94
```

4．使用图形界面方式创建用户定义函数

使用图形界面方式创建用户定义函数的操作步骤如下。

（1）启动 SQL Server Management Studio，在对象资源管理器中展开"数据库"节点，选中 stsc 数据库，展开该数据库节点，接着展开"可编程性"节点，展开"函数"节点，右击"标量值函数"选项，在弹出的快捷菜单中选择"新建标量值函数"命令，出现标量函数定义模板界面，如图 11.6 所示。

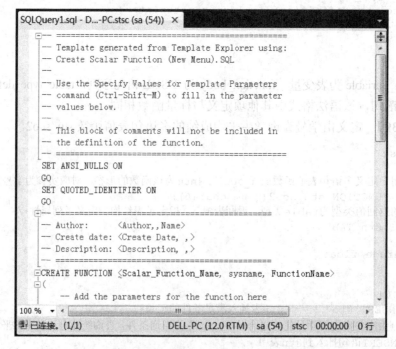

图 11.6　使用图形界面方式创建用户定义标量函数

（2）在该界面中编写脚本，然后执行该脚本，完成标量函数的创建。

11.6.2 用户定义函数的删除

删除用户定义函数有以下两种方法。

1．使用 T-SQL 语句删除

使用 T-SQL 语句删除用户定义函数的语法格式如下。

```
DROP FUNCTION { [ schema_name. ] function_name } [ ,…n ]
```

其中，function_name 是指要删除的用户定义的函数名称，可以一次删除一个或多个用户定义函数。

2．通过对象资源管理器删除

启动 SQL Server Management Studio，在对象资源管理器中展开"数据库"节点，选中 stsc 数据库，展开该数据库节点，接着展开"可编程性"节点，展开"函数"节点，展开"标量值函数"节点或"表值函数"节点，选择要删除的用户定义函数，然后右击，在弹出的快捷菜单中选择"删除"命令，在弹出的"删除对象"对话框中单击"确定"按钮。

11.7 游   标

由 SELECT 语句返回的完整行集称为结果集，应用程序，特别是嵌入到 T-SQL 语句中的应用程序，并不总能将整个结果集作为一个单元来有效地处理，这些应用程序需要一种机制以便每次处理一行或一部分行，游标就是提供这种机制的对结果集的一种扩展。

11.7.1 游标的概念

由 SELECT 语句返回的完整行集称为结果集，使用 SELECT 语句进行查询时可以得到这个结果集，但有时用户需要对结果集中的某一行或部分行进行单独处理，这在 SELECT 的结果集中无法实现，游标（cursor）就是提供这种机制的对结果集的一种扩展，SQL Server 通过游标提供了对一个结果集进行逐行处理的能力。

游标包括以下两部分内容。

- 游标结果集：定义游标的 SELECT 语句返回的结果集的集合。
- 游标当前行指针：指向该结果集中某一行的指针。

游标具有下列优点。

- 允许定位在结果集的特定行。
- 从结果集的当前位置检索一行或一部分行。
- 支持对结果集中当前位置的行进行数据修改。
- 为由其他用户对显示在结果集中的数据库数据所做的更改提供不同级别的可见性支持。
- 提供脚本、存储过程和触发器中用于访问结果集中的数据的 T-SQL 语句。

- 使用游标可以在查询数据的同时对数据进行处理。

11.7.2 游标的基本操作

游标的基本操作包括声明游标、打开游标、提取数据、关闭游标和删除游标。
使用游标的基本过程如下。

- 声明 T-SQL 变量。
- 使用 DECLARE CURSOR 语句声明游标。
- 使用 OPEN 语句打开游标。
- 使用 FETCH 语句提取数据。
- 使用 CLOSE 语句关闭游标。
- 使用 DEALLOCATE 语句删除游标。

1．声明游标

声明游标使用 DECLARE CURSOR 语句。

语法格式：

```
DECLARE cursor_name [ INSENSITIVE ] [ SCROLL ] CURSOR
  FOR select_statement
[ FOR { READ ONLY | UPDATE [ OF column_name [ ,…n ] ] } ]
```

说明：

- cursor_name：游标名，它是与某个查询结果集相联系的符号名。
- INSENSITIVE：指定系统将创建供所定义的游标使用的数据的临时副本，对游标的所有请求都从 tempdb 中的该临时表中得到应答，因此在对该游标进行提取操作时返回的数据中不反映对基表所做的修改，并且该游标不允许修改。如果省略 INSENSITIVE，则任何用户对基表提交的删除和更新都反映在后面的提取中。
- SCROLL：说明所声明的游标可以前滚、后滚，可使用所有的提取选项（FIRST、LAST、PRIOR、NEXT、RELATIVE、ABSOLUTE）。如果省略 SCROLL，则只能使用 NEXT 提取选项。
- select_statement：SELECT 语句，由该查询产生与所声明的游标相关联的结果集。在该 SELECT 语句中不能出现 COMPUTE、COMPUTE BY、INTO 或 FOR BROWSE 关键字。
- READ ONLY：说明所声明的游标为只读的。

2．打开游标

游标在声明而且被打开以后位于第 1 行，打开游标使用 OPEN 语句。

语法格式：

```
OPEN { { [ GLOBAL ] cursor_name } | cursor_variable_name }
```

其中，cursor_name 是要打开的游标名，cursor_variable_name 是游标变量名，该名称引用一个游标；GLOBAL 说明打开的是全局游标，否则打开局部游标。

【例 11.41】 使用游标 stu_cur 求学生表中第 1 行的学生情况。

```
USE stsc
DECLARE stu_cur CURSOR FOR SELECT stno, stname, tc FROM student
OPEN stu_cur
FETCH NEXT FROM stu_cur
CLOSE stu_cur
DEALLOCATE stu_cur
```

上述语句定义和打开游标 stu_cur，求学生表中第 1 行的学生情况。

运行结果：

```
stno     stname      tc
------   -------     -----
121001   李贤友      52
```

3. 提取数据

游标在打开以后使用 FETCH 语句提取数据。

语法格式：

```
FETCH[ [ NEXT | PRIOR | FIRST | LAST | ABSOLUTE{n| @nvar } | RELATIVE { n | @nvar} ]
    FROM ]
{ { [ GLOBAL ] cursor_name } | @cursor_variable_name }
[ INTO @variable_name [ ,…n ] ]
```

说明：

- cursor_name 为要从中提取数据的游标名，@cursor_variable_name 为游标变量名，引用要进行提取操作的已打开的游标。
- NEXT | PRIOR | FIRST | LAST：用于说明读取数据的位置。NEXT 说明读取当前行的下一行，并且使其置为当前行。如果 FETCH NEXT 是对游标的第一次提取操作，则读取的是结果集的第 1 行，NEXT 为默认的游标提取选项。PRIOR 说明读取当前行的前一行，并且使其置为当前行。如果 FETCH PRIOR 是对游标的第一次提取操作，则无值返回且游标置于第 1 行之前。FIRST 读取游标中的第 1 行并将其作为当前行。LAST 读取游标中的最后一行并将其作为当前行。
- ABSOLUTE { n | @nvar }和 RALATIVE { n | @nvar }：给出读取数据的位置与游标头或当前位置的关系，其中 n 必须为整型常量，变量@nvar 必须为 smallint、tinyint 或 int 类型。
- INTO：将读取的游标数据存放到指定的变量中。
- GLOBAL：全局游标。

在提取数据时用到的游标函数有@@CURSOR_STATUS，下面进行介绍。

T-SQL 程序设计

第 11 章

@@CURSOR_STATUS 函数用于返回上一条游标 FETCH 语句的状态，其语法格式如下。

```
CURSOR_STATUS
( { 'local' , 'cursor_name' }          /*指明数据源为本地游标*/
  | { 'global' , 'cursor_name' }       /*指明数据源为全局游标*/
  | { 'variable' , cursor_variable }   /*指明数据源为游标变量*/
)
```

其中，常量字符串 local、global 用于指定游标类型，local 表示为本地游标，global 表示为全局游标，参数 cursor_name 用于指定游标名；常量字符串 variable 用于说明其后的游标变量为一个本地变量，参数 cursor_variable 为本地游标变量名。@@CURSOR_STATUS 函数的返回值如表 11.13 所示。

表 11.13 @@CURSOR_STATUS 函数的返回值表

返 回 值	说 明
0	FETCH 语句执行成功
−1	FETCH 语句执行失败
−2	被读取的记录不存在

【例 11.42】 使用游标 stu_cur2 求包含学号、姓名、专业、平均分的学生情况表。

```
USE stsc
SET NOCOUNT ON
DECLARE @st_no int,@st_name char(8),@st_spe char(8),@st_avg float
                                                   /*声明变量*/
DECLARE stu_cur2 CURSOR                            /*声明游标*/
  /*查询产生与所声明的游标相关联的学生情况结果集*/
  FOR SELECT a.stno, a.stname, a.speciality,AVG(b.grade)
     FROM student a, score b
     WHERE a.stno=b.stno AND b.grade>0
     GROUP BY a.stno, a.stname, a.speciality
     ORDER BY a.speciality, a.stno
OPEN stu_cur2                                      /*打开游标*/
FETCH NEXT FROM stu_cur2 INTO @st_no,@st_name,@st_spe,@st_avg
                                                   /*提取第1行数据*/
PRINT '学号 姓名    专业  平均分'                    /*打印表头*/
PRINT '------------------------------'
WHILE @@fetch_status = 0                           /*循环打印和提取各行数据*/
BEGIN
  PRINT cast(@st_no as char(8))+@st_name+@st_spe+' '+cast(@st_avg as char(6))
  FETCH NEXT FROM stu_cur2 INTO @st_no,@st_name,@st_spe,@st_avg
END
CLOSE stu_cur2                                     /*关闭游标*/
DEALLOCATE stu_cur2                                /*释放游标*/
```

上述语句定义和打开游标 stu_cur2，为求学生表各行的学生情况，设置 WHILE 循环，在 WHILE 条件表达式中采用@@fetch_status 函数返回上一条游标 FETCH 语句的状态，当返回值为 0 时 FETCH 语句成功，循环继续进行，否则退出循环。

运行结果：

学号	姓名	专业	平均分
122002	谢萱	计算机	94
122004	孙婷	计算机	83
121001	李贤友	通信	92
121002	周映雪	通信	70
121005	刘刚	通信	84

4．关闭游标

游标使用完毕后要及时关闭，关闭游标使用 CLOSE 语句。

语法格式：

```
CLOSE { { [ GLOBAL ] cursor_name } | @cursor_variable_name }
```

该语句参数的含义与 OPEN 语句中的相同。

5．删除游标

在游标关闭后如果不再需要游标，应释放其定义所占用的系统空间，即删除游标，删除游标使用 DEALLOCATE 语句。

语法格式：

```
DEALLOCATE { { [ GLOBAL ] cursor_name } | @cursor_variable_name }
```

该语句参数的含义与 OPEN 和 CLOSE 语句中的相同。

11.8　综 合 训 练

1．训练要求

使用多语句表值函数和游标对各专业平均分进行评价。

（1）创建一个多语句表值函数 st_average，返回的表对象包含 801 课程的各专业平均分。

（2）创建一个游标 st_evaluation，对各专业平均分进行评价。

2．T-SQL 语句的编写

根据题目要求编写 T-SQL 语句如下。

（1）创建函数 st_average：

```
USE stsc
GO
IF EXISTS(SELECT * FROM sysobjects WHERE name='st_average' AND type='tf')
DROP FUNCTION st_average
GO
/*创建用户定义多语句表值函数st_average，@cnum为该函数的形参，对应实参为课程号值*/
```

T-SQL 程序设计

```
CREATE FUNCTION st_average(@cnum char(6))
/*函数的返回值类型为table类型,返回表@rtb,定义了表的列spe、avgagr及其属性*/
RETURNS @rtb TABLE
  (
    spe char(12),
    avgagr int
  )
AS
  BEGIN
    INSERT @rtb(spe,avgagr)     /*向@rtb表插入满足条件的记录*/
      /*由实参指定的课程号值传递给形参@cnum作为查询条件,查询统计出该课程的平均成
      绩,通过INSERT语句插入到@rtb表中 */
      SELECT speciality, AVG(grade)
      FROM student a,score b
      WHERE a.stno=b.stno AND b.cno=@cnum
      GROUP BY speciality
      ORDER BY speciality
    RETURN
  END
GO
```

上述语句创建了一个多语句表值函数 st_average,返回表包括 spe(专业)列和 avgagr
(平均分)列。

(2)创建和使用游标 st_evaluation:

```
USE stsc
DECLARE @pr char(6),@asc int,@ev char(10)          /*声明变量*/
DECLARE st_evaluation CURSOR                        /*声明游标*/
  /*通过SELECT语句调用多语句表值函数st_average,查询产生与所声明的游标相关联的801
  课程情况的结果集*/
  FOR SELECT spe,avgagr from st_average('801')
OPEN st_evaluation    /*打开游标*/
FETCH NEXT FROM st_evaluation INTO @pr,@asc     /*提取第1行数据*/
PRINT '专业  平均分  考试评价'
PRINT '-------------------------'
WHILE @@fetch_status = 0                            /*循环打印和提取各行数据*/
  BEGIN
    SET @ev=CASE     /*使用搜索型CASE函数将成绩转换为等级*/
    WHEN @asc>=90 THEN '优秀'
    WHEN @asc>=80 THEN '良好'
    WHEN @asc>=70 THEN '中等'
    WHEN @asc>=60 THEN '及格'
    ELSE '不及格'
  END
  PRINT @pr+' '+CAST(@asc as char(10))+@ev
  FETCH NEXT FROM st_evaluation INTO @pr,@asc
END
CLOSE st_evaluation                                 /*关闭游标*/
DEALLOCATE st_evaluation                            /*释放游标*/
```

上述语句定义和打开游标 st_evaluation 后，在 WHILE 循环中采用搜索型 CASE 函数对各专业平均分进行评价。

运行结果：

专业	平均分	考试评价
计算机	90	优秀
通信	83	良好

11.9 小　　结

本章主要介绍了以下内容。

（1）Transact-SQL（T-SQL）是 Microsoft 公司在 SQL Server 数据库管理系统中 ANSI SQL-99 标准的实现，为数据集的处理添加结构，它虽然与高级语言不同，但具有变量、数据类型、运算符和表达式、流程控制、函数、存储过程、触发器等功能，T-SQL 是面向数据编程的最佳选择。

（2）在 SQL Server 中，根据每个局部变量、列、表达式和参数对应的数据特性有不同的数据类型。SQL Server 支持两种数据类型，即系统数据类型和用户自定义数据类型。

SQL Server 定义的系统数据类型有整数型、精确数值型、浮点型、货币型、位型、字符型、Unicode 字符型、文本型、二进制型、日期时间类型、时间戳型、图像型等。

（3）标识符用于定义服务器、数据库、数据库对象、变量等的名称，包括常规标识符和分隔标识符两类。

常量是在程序运行中其值不能改变的量，又称为标量值。常量的使用格式取决于值的数据类型，可分为整型常量、实型常量、字符串常量、日期时间常量、货币常量等。

变量是在程序运行中其值可以改变的量，一个变量应有一个变量名，变量名必须是一个合法的标识符。变量分为局部变量和全局变量两类。

（4）运算符是一种符号，用来指定在一个或多个表达式中执行的操作，SQL Server 的运算符有算术运算符、位运算符、比较运算符、逻辑运算符、字符串连接运算符、赋值运算符、一元运算符等。表达式是由数字、常量、变量和运算符组成的式子，表达式的结果是一个值。

（5）流程控制语句是用来控制程序执行流程的语句，通过对程序流程的组织和控制提高编程语言的处理能力，满足程序设计的需要。SQL Server 提供的流程控制语句有 IF…ELSE（条件语句）、WHILE（循环语句）、CONTINUE（用于重新开始下一次循环）、BREAK（用于退出最内层的循环）、GOTO（无条件转移语句）、RETURN（无条件返回）、WAITFOR（为语句的执行设置延迟）等。

（6）T-SQL 语言提供了 3 种系统内置函数，即标量函数、聚合函数、行集函数，这些函数是确定性的或非确定性的。

标量函数的输入参数和返回值的类型均为基本类型，SQL Server 包含的标量函数有数学函数、字符串函数、日期时间函数、系统函数、配置函数、系统统计函数、游标函数、

235

第 11 章

T-SQL 程序设计

文本和图像函数、元数据函数、安全函数等。

（7）用户定义函数是用户根据自己的需要定义的函数，用户定义函数分为标量函数和表值函数两类，其中表值函数分为内联表值函数和多语句表值函数两种。

（8）由 SELECT 语句返回的完整行集称为结果集，在使用 SELECT 语句进行查询时可以得到这个结果集，但有时用户需要对结果集中的某一行或部分行进行单独处理，这在 SELECT 的结果集中无法实现，游标（cursor）就是提供这种机制的对结果集的一种扩展，SQL Server 通过游标提供了对一个结果集进行逐行处理的能力。游标包括游标结果集和游标当前行指针两部分内容。

游标的基本操作包括声明游标、打开游标、提取数据、关闭游标和删除游标。

使用游标的基本过程是声明 T-SQL 变量，使用 DECLARE CURSOR 语句声明游标，使用 OPEN 语句打开游标，使用 FETCH 语句提取数据，使用 DEALLOCATE 语句删除游标。

习 题 11

一、选择题

11.1 在字符串函数中子串函数为_____。
    A. LTRIM()　　　　　　　　　　B. CHAR()
    C. STR()　　　　　　　　　　　D. SUBSTRING()

11.2 获取当前日期的函数为_____。
    A. DATEDIFF()　　　　　　　　B. DATEPART()
    C. GETDATE()　　　　　　　　　D. GETUDCDATE()

11.3 返回字符串表达式字符数的函数为_____。
    A. LEFT()　　　　　　　　　　　B. LEN()
    C. LOWER()　　　　　　　　　　D. LTRIM()

11.4 利用游标机制可以实现对查询结果集的逐行操作，下列关于 SQL Server 中游标的说法错误的是_____。
    A. 每个游标都有一个当前行指针，当游标打开后当前行指针自动指向结果集的第 1 行数据
    B. 如果在声明游标时未指定 INSENSITIVE 选项，则已提交的对基表的更新都会反映在后面的提取操作中
    C. 在关闭游标之后可以通过 OPEN 语句再次打开该游标
    D. 当@@FETCH_STATUS=0 时，表明游标的当前行指针已经移出了结果集范围

11.5 SQL Server 声明游标的 T-SQL 语句是_____。
    A. DECLARE CURSOR　　　　　B. ALTER CURSOR
    C. SET CURSOR　　　　　　　　D. CREATE CURSOR

11.6 下列关于游标的说法错误的是_____。
    A. 游标允许用户定位到结果集中的某行
    B. 游标允许用户读取结果集中当前行的位置的数据

C．游标允许用户修改结果集中当前行的位置的数据

D．游标中有个当前行指针，该指针只能在结果集中单向移动

二、填空题

11.7　T-SQL 语言提供了 3 种系统内置函数，即_____、聚合函数和行集函数。

11.8　用户定义函数有标量函数、内联表值函数和_____3 类。

11.9　在操作游标时判断数据提取状态的全局变量是_____。

11.10　删除用户定义函数的 T-SQL 语句是_____。

11.11　SQL Server 通过游标提供了对一个结果集进行_____的能力。

11.12　游标包括游标结果集和_____两部分内容。

三、问答题

11.13　什么是局部变量？什么是全局变量？如何标识它们？

11.14　举例说明流程控制语句的种类和使用方法。

11.15　SQL Server 支持哪几种用户定义函数？

11.16　举例说明用户定义函数的分类和使用方法。

11.17　简述游标的概念。

11.18　举例说明游标的使用步骤。

四、上机实验题

11.19　编写一个程序，判断 stsc 数据库中是否存在 score 表。

11.20　编写一个程序，输出所有学生的成绩对应的等级，没有成绩者显示"未考试"。

11.21　编写一个程序，用 PRINT 语句输出李伟老师所上课程的平均分。

11.22　编写一个程序，计算 1～100 中的所有奇数之和。

11.23　编写一个程序，采用游标方式输出所有课程的平均分。

11.24　编写一个程序，采用游标方式输出所有学号、课程号和成绩等级。

11.25　编写一个程序，采用游标方式输出各专业各课程的平均分。

第 12 章 | 存 储 过 程

本章要点

- 存储过程的特点和分类
- 存储过程的创建
- 存储过程的执行
- 存储过程的参数
- 存储过程的修改和删除

存储过程（stored procedure）是一组完成特定功能的 T-SQL 语句集合，预编译后放在数据库服务器端，用户通过指定存储过程的名称并给出参数（如果该存储过程带有参数）来执行存储过程。本章介绍存储过程的特点和分类、存储过程的创建和执行、存储过程的参数、存储过程的管理等内容。

12.1 存储过程概述

存储过程的 T-SQL 语句编译以后可多次执行，由于 T-SQL 语句不需要重新编译，所以执行存储过程可以提高性能。存储过程具有以下特点。

（1）存储过程已在服务器上存储。

（2）存储过程具有安全特性。

（3）存储过程允许模块化程序设计。

（4）存储过程可以减少网络通信流量。

（5）存储过程可以提高运行速度。

存储过程分为用户存储过程、系统存储过程和扩展存储过程。

1．用户存储过程

用户存储过程是用户数据库中创建的存储过程，完成用户指定的数据库操作，其名称不能以 sp_ 为前缀。用户存储过程包括 T-SQL 存储过程和 CLR 存储过程。

1）T-SQL 存储过程

T-SQL 存储过程是指保存的 T-SQL 语句集合，可以接受和返回用户提供的参数，本书将 T-SQL 存储过程简称为存储过程。

2）CLR 存储过程

CLR 存储过程是指对 Microsoft.NET Framework 公共语言运行时（CLR）方法的引用，可以接受和返回用户提供的参数。

2．系统存储过程

系统存储过程是由系统提供的存储过程，可以作为命令执行各种操作。系统存储过程定义在系统数据库 master 中，其前缀是 sp_，它们为检索系统表的信息提供了方便、快捷的方法。系统存储过程允许系统管理员执行修改系统表的数据库管理任务，可以在任何一个数据库中执行。

3．扩展存储过程

扩展存储过程允许用户使用编程语言（例如 C）创建自己的外部例程，在使用时需要先加载到 SQL Server 系统中，并且按照使用存储过程的方法执行。

12.2　存储过程的创建

存储过程的创建可使用 T-SQL 语句，也可使用图形界面方式。

12.2.1　使用图形界面方式创建存储过程

使用图形界面方式创建存储过程举例如下。

【例 12.1】　使用图形界面方式创建存储过程 sco_avg，用于求 102 课程的平均分。

操作步骤如下。

（1）启动 SQL Server Management Studio，在对象资源管理器中展开"数据库"节点，选中 stsc 数据库，展开该数据库节点，接着展开"可编程性"节点，右击"存储过程"选项，在弹出的快捷菜单中选择"新建"→"存储过程"命令，出现存储过程脚本编辑窗口，如图 12.1 所示。

图 12.1　选择"新建"→"存储过程"命令

（2）出现存储过程模板，如图 12.2 所示。

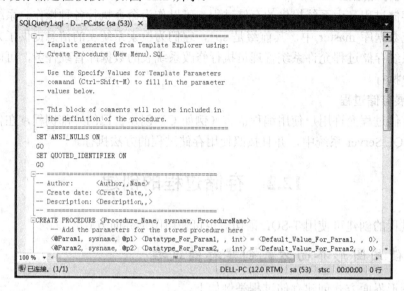

图 12.2　存储过程模板

在该窗口中输入要创建存储过程的语句，输入完成后单击"执行"按钮，系统提示"命令已成功完成"。

这里输入的创建存储过程的 T-SQL 语句如下。

```
CREATE PROCEDURE sco_avg
AS
BEGIN
  SET NOCOUNT ON
  SELECT AVG(grade) AS '102课程的平均分'
  FROM score
  WHERE cno='102'
END
GO
```

12.2.2　使用 T-SQL 语句创建存储过程

使用 T-SQL 创建存储过程的语句是 CREATE PROCEDURE。

语法格式：

```
CREATE { PROC | PROCEDURE } [schema_name.] procedure_name [ ; number ]
                                                    /*定义过程名*/
  [ { @parameter [ type_schema_name. ] data_type } /*定义参数的类型*/
  [ VARYING ] [ = default ] [ OUT | OUTPUT ] [READONLY] ][ ,…n ]
                                                    /*定义参数的属性*/
  [ WITH {[ RECOMPILE ] [,] [ ENCRYPTION ] }]      /*定义存储过程的处理方式*/
  [ FOR REPLICATION ]
  AS  <sql_statement> [;]                          /*执行的操作*/
```

说明：

- procedure_name：定义的存储过程的名称。
- number：可选整数，用于对同名的过程分组。
- @parameter：存储过程中的形参（形式参数的简称），可以声明一个或多个形参，将@用作第一个字符来指定形参名称，且必须符合有关标识符的命名规则，执行存储过程应提供相应的实参（实际参数的简称），除非定义了该参数的默认值。
- data_type：形参的数据类型，所有数据类型都可以用作形参的数据类型。
- VARYING：指定作为输出参数支持的结果集。
- default：参数的默认值，如果定义了 default 值，则无须指定相应的实参即可执行过程。
- READONLY：指示不能在过程的主体中更新或修改参数。
- RECOMPILE：指示每次运行该过程将重新编译。
- OUTPUT：指示参数是输出参数，此选项的值可以返回给调用 EXECUTE 的语句。
- sql_statement：包含在过程中的一个或多个 T-SQL 语句，但有某些限制。

存储过程可以带参数，也可以不带参数，这里创建不带参数的存储过程。

【例 12.2】 在 stsc 数据库上设计存储过程 stu_score，用于查找所有学生的成绩情况。

```
USE stsc
GO
/*如果存在存储过程stu_score，则将其删除*/
IF EXISTS(SELECT * FROM sysobjects WHERE name='stu_score' AND TYPE='P')
  DROP PROCEDURE stu_score
GO
/*CREATE PROCEDURE必须是批处理的第一条语句，此处GO不能缺少*/
CREATE PROCEDURE stu_score                    /*创建不带参数的存储过程*/
AS
  SELECT a.stno, a.stsex, a.stname, b.cname, c.grade
    FROM student a, course b, score c
    WHERE a.stno=c.stno AND b.cno=c.cno
    ORDER BY a.stno
GO
```

单击"执行"按钮，系统提示"命令已成功完成"，展开 stsc 数据库，然后展开"可编程性"节点，右击"存储过程"选项，在弹出的快捷菜单中选择"刷新"命令，可以看出在存储过程包含的节点中出现了 dbo.stu_score 存储过程。如果有错误消息，用户应根据提示进行修改，直到该存储过程创建成功为止。

12.3 存储过程的使用

在存储过程的使用中介绍存储过程的执行、存储过程的参数等内容。

12.3.1 存储过程的执行

存储过程的执行可使用 T-SQL 语句方式，也可使用图形界面方式。

存储过程

1. 使用 T-SQL 语句执行存储过程

使用 T-SQL 中的 EXECUTE（或 EXEC）语句可以执行一个已定义的存储过程。

语法格式：

```
[ { EXEC | EXECUTE } ]
{ [ @return_status = ]
    { module_name [ ;number ] | @module_name_var }
    [ [ @parameter = ] { value| @variable [ OUTPUT ] | [ DEFAULT ] }]
    [,…n ]
  [ WITH RECOMPILE ]
}
[;]
```

说明：

（1）参数@return_status 为可选的整型变量，保存存储过程的返回状态，在 EXECUTE 语句使用该变量之前必须对其定义。

（2）参数 module_name 是要调用的存储过程或用户定义标量函数的完全限定或者不完全限定名称。

（3）@parameter 表示 CREATE PROCEDURE 或 CREATE FUNCTION 语句中定义的参数名，value 为实参。如果省略@parameter，则后面的实参顺序要与定义时参数的顺序一致。在使用@parameter_name=value 格式时，参数名称和实参不必按在存储过程或函数中定义的顺序提供。但是，如果任何参数使用了@parameter_name=value 格式，则后续的所有参数都必须使用该格式。@variable 表示局部变量，用于保存 OUTPUT 参数返回的值。DEFAULT 关键字表示不提供实参，而是使用对应的默认值。

（4）WITH RECOMPILE 表示执行模块后强制编译、使用和放弃新计划。

【例 12.3】 使用 T-SQL 语句执行存储过程 stu_score。

存储过程 stu_score 通过 EXECUTE stu_score 或 EXEC stu_score 语句执行。

```
USE stsc
GO
EXECUTE stu_score
GO
```

运行结果：

```
stno    stsex   stname   cname     grade
-----   ----    ------   ------    ------
121001  男      李贤友    数字电路   92
121001  男      李贤友    微机原理   91
121001  男      李贤友    高等数学   94
121002  女      周映雪    数字电路   72
121002  女      周映雪    微机原理   65
121002  女      周映雪    高等数学   73
121005  男      刘刚      数字电路   87
121005  男      刘刚      微机原理   85
121005  男      刘刚      高等数学   82
122001  男      郭德强    高等数学   NULL
122002  女      谢萱      数据库系统  94
```

```
122002    女    谢萱    高等数学    95
122004    女    孙婷    数据库系统  81
122004    女    孙婷    高等数学    86
```

注意：CREATE PROCEDURE 必须是批处理的第一条语句，且只能在一个批处理中创建并编译。

【例 12.4】 使用 T-SQL 语句执行存储过程 sco_avg。

存储过程 sco_avg 通过以下语句执行：

```
USE stsc
GO
EXECUTE sco_avg
GO
```

运行结果：

```
102课程的平均分
---------------------------
83
```

2．使用图形界面方式执行存储过程

使用图形界面方式执行存储过程举例如下。

【例 12.5】 使用图形界面方式执行存储过程 sco_avg。

操作步骤如下。

（1）在 stsc 数据库的"存储过程"目录下选择要执行的存储过程，例如 sco_avg 存储过程，然后右击该存储过程，在弹出的快捷菜单中选择"执行存储过程"命令。

（2）出现如图 12.3 所示的"执行过程"窗口，如果列出存储过程的参数形式，用户需要设置并输入参数的值。

图 12.3 "执行过程"窗口

（3）单击"确定"按钮。

运行结果：

```
102课程的平均分
--------------
83
```

12.3.2 存储过程的参数

参数用于在存储过程和调用方之间交换数据，输入参数允许调用方将数据值传递到存储过程，输出参数允许存储过程将数据值传递回调用方。

下面介绍带输入参数存储过程的使用、带默认参数存储过程的使用、带输出参数存储过程的使用以及存储过程的返回值等。

1．带输入参数存储过程的使用

为了定义存储过程的输入参数，必须在 CREATE PROCEDURE 语句中声明一个或多个变量及类型。

执行带输入参数存储过程有以下两种传递参数的方式。

- 按位置传递参数：采用实参列表方式，使传递参数和定义时的参数顺序一致。
- 通过参数名传递参数：采用"参数=值"的方式，各个参数的顺序可以任意排列。

带输入参数存储过程的使用通过以下实例说明。

【例 12.6】 创建一个带输入参数存储过程 stu_cou，输出指定学号学生的所有课程中的最高分及其课程名。

```
USE stsc
GO
CREATE PROCEDURE stu_cou(@num int)/*存储过程stu_cou指定的参数@num是输入参数*/
AS
SELECT a.stno, a.stname, a.stsex, b.cname, c.grade
FROM student a, course b, score c
WHERE a.stno=@num AND a.stno=c.stno AND b.cno=c.cno AND c.grade=
   (SELECT MAX(grade) FROM score WHERE stno = @num)
GO
```

采用按位置传递参数，将实参 121001 传递给形参@num 的执行存储过程的语句如下。

```
EXECUTE stu_cou 121001
```

或通过参数名传递参数，将实参 121001 传递给形参@num 的执行存储过程的语句如下。

```
EXECUTE stu_cou @num='121001'
```

运行结果：

```
stno    stname   stsex   cname     grade
-----   -------  ------  -------   -------
121001  李贤友    男      高等数学    94
```

2．带默认参数存储过程的使用

在创建存储过程时可为参数设置默认值，默认值必须为常量或 NULL。

在调用存储过程时如果未指定对应的实参值，则自动用对应的默认值代替。

参见以下例题。

【例 12.7】 修改上例的存储过程，重新命名为 stu_cou2，指定默认学号为 122004。

```
USE stsc
GO
/*存储过程stu_cou2为形参@num设置默认值'122004')*/
CREATE PROCEDURE stu_cou2(@num int='122004')
AS
SELECT a.stno, a.stname, a.stsex, b.cname, c.grade
FROM student a, course b, score c
WHERE a.stno=@num AND a.stno=c.stno AND b.cno=c.cno AND c.grade=
  (SELECT MAX(grade) FROM score WHERE stno=@num)
GO
```

不指定实参调用默认参数存储过程 stu_cou2，执行语句如下。

```
EXECUTE stu_cou2
```

运行结果：

```
stno    stname  stsex   cname       grade
------  -------  ------  --------    -------
122004  孙婷       女       高等数学       86
```

指定实参为'121005'调用默认参数存储过程 stu_cou2，执行语句如下。

```
EXECUTE stu_cou2 @num='121005'
```

运行结果：

```
stno    stname   stsex    cname       grade
------  -------   ------   --------    -------
121005  刘刚        男        数字电路       87
```

3．带输出参数存储过程的使用

定义输出参数可从存储过程返回一个或多个值到调用方，使用带输出参数存储过程，在 CREATE PROCEDURE 和 EXECUTE 语句中都必须使用 OUTPUT 关键字。

【例 12.8】 创建一个存储过程 stu_op，返回代表姓名和平均分的两个输出参数@stu_name、@stu_avg。

```
USE stsc
GO
CREATE PROCEDURE stu_op
```

```
(
    @stu_num int,
    @stu_name char(8) OUTPUT,                    /*定义形参@stu_name为输出参数*/
    @stu_avg float OUTPUT                         /*定义形参@stu_avg为输出参数*/
)
AS
SELECT @stu_name=a.stname,@stu_avg=AVG(b.grade)
    FROM student a, score b
    WHERE a.stno=b.stno AND NOT grade is NULL
    GROUP BY a.stno, a.stname
    HAVING a.stno=@stu_num
GO
```

执行带输出参数存储过程的语句如下。

```
/*定义形参@stu_name、@stu_avg为输出参数*/
DECLARE @stu_name char(8)
DECLARE @stu_avg float
EXEC stu_op '122002', @stu_name OUTPUT, @stu_avg OUTPUT
SELECT '姓名'=@stu_name, '平均分'=@stu_avg
GO
```

查找学号为'122002'的学生的姓名和平均分。

运行结果：

```
姓名   平均分
---   -----
谢萱   94
```

注意： 在创建或使用输出参数时必须对输出参数进行定义。

4. 存储过程的返回值

在存储过程执行后会返回整型状态值，若返回 0，表示成功执行；若返回整数-1~-99，表示没有成功执行。

用户也可以使用 RETURN 语句定义返回值。

【例 12.9】 创建存储过程 pr_test，根据输入参数来判断其返回值。

创建存储过程 pr_test 的语句如下。

```
USE stsc
GO
CREATE PROCEDURE pr_test (@ipt int=0)
AS
IF @ipt=0
    RETURN 0
IF @ipt>0
```

```
    RETURN 50
IF @ipt<0
    RETURN -50
GO
```

执行该存储过程的语句如下。

```
USE stsc
GO
DECLARE @ret int
EXECUTE @ret= pr_test 1
PRINT '返回值'
PRINT '------'
PRINT @ret
EXECUTE @ret= pr_test 0
PRINT @ret
EXECUTE @ret= pr_test -1
PRINT @ret
GO
```

运行结果:

```
返回值
------------
50
0
-50
```

12.4 存储过程的管理

存储过程的管理包括修改和删除存储过程等内容。

12.4.1 修改存储过程

修改存储过程可以使用图形界面方式或 ALTER PROCEDURE 语句。

1. 使用图形界面方式修改存储过程

使用图形界面方式修改存储过程举例如下。

【例 12.10】 使用图形界面方式修改存储过程 stu_score。

操作步骤如下。

(1) 启动 SQL Server Management Studio,在对象资源管理器中展开"数据库"节点,选中 stsc 数据库,展开该数据库节点,接着展开"可编程性"节点,展开"存储过程"选项,然后右击 dbo.stu_score 节点,在弹出的快捷菜单中选择"修改"命令。

(2) 出现存储过程脚本编辑窗口,可在该窗口中修改相关的 T-SQL 语句。修改完成后单击"执行"按钮,若执行成功则修改了存储过程。

2. 使用 ALTER PROCEDURE 语句修改存储过程

使用 ALTER PROCEDURE 语句修改已存在的存储过程的语法格式如下。

```
ALTER { PROC | PROCEDURE } [schema_name.] procedure_name [ ; number ]
  [ { @parameter [ type_schema_name. ] data_type }
  [ VARYING ] [ = default ] [ OUT[PUT] ] ][ ,…n ]
[ WITH {[ RECOMPILE ] [,] [ ENCRYPTION ] }]
[ FOR REPLICATION ]
AS  <sql_statement>
```

其中各参数的含义与 CREATE PROCEDURE 相同。

【例 12.11】 修改存储过程 stu_score，用于查找通信专业学生的成绩情况。

```
/*修改存储过程stu_score*/
ALTER PROCEDURE stu_score
AS
SELECT a.stno, a.stsex, a.stname, b.cname, c.grade
  FROM student a, course b, score c
  WHERE a.stno=c.stno AND b.cno=c.cno AND a.speciality='通信'
  ORDER BY a.stno
GO
```

在原存储过程 stu_score 的 SQL 语句的 WHERE 条件中增加了 a.speciality='通信'部分，使修改达到题目查找通信专业学生的成绩情况的要求，其执行语句如下。

```
EXECUTE stu_score
```

运行结果:

```
stno      stsex    stname    cname     grade
-----     -------  --------  --------  --------
121001    男       李贤友    数字电路   92
121001    男       李贤友    微机原理   91
121001    男       李贤友    高等数学   94
121002    女       周映雪    数字电路   72
121002    女       周映雪    微机原理   65
121002    女       周映雪    高等数学   73
121005    男       刘刚      数字电路   87
121005    男       刘刚      微机原理   85
121005    男       刘刚      高等数学   82
```

12.4.2 删除存储过程

删除存储过程有两种方式，即使有图形界面方式或使用 DROP PROCEDURE 语句。

1. 使用图形界面方式删除存储过程

下面举例说明如何使用图形界面方式删除存储过程。

【例 12.12】 使用图形界面方式删除存储过程 pr_test3。

操作步骤如下。

（1）启动 SQL Server Management Studio，在对象资源管理器中展开"数据库"节点，选中 stsc 数据库，展开该数据库节点，接着展开"可编程性"节点，展开"存储过程"选项，然后右击 dbo. pr_test3 节点，在弹出的快捷菜单中选择"删除"命令。

（2）出现"删除对象"对话框，单击"确定"按钮即可删除存储过程 pr_test3。

2．使用 DROP PROCEDURE 语句删除存储过程

使用 DROP PROCEDURE 语句删除存储过程的语法格式如下。

```
DROP PROCEDURE { procedure } [ ,…n ]
```

其中，procedure 指要删除的存储过程或存储过程组的名，n 为可以指定多个存储过程同时删除。

【例 12.13】 删除存储过程 stu_score。

```
USE stsc
DROP PROCEDURE stu_score
```

12.5 综 合 训 练

1．训练要求

使用存储过程和函数对指定专业各课程的平均分进行评价。

（1）创建一个多语句表值函数 fun_avge()，返回的表对象包含指定专业各课程的平均分。

（2）创建一个存储过程 proc_pm，通过游标 cur_eva 对各课程的平均分进行评价。

2．T-SQL 语句的编写

根据题目要求编写 T-SQL 语句如下。

（1）创建一个多语句表值函数 fun_avge。

```
USE stsc
IF EXISTS(SELECT * FROM sysobjects            /*如果存在函数fun_avge()则删除*/
  WHERE name='fun_avge' AND type='TF')
  DROP FUNCTION fun_avge
GO
CREATE FUNCTION fun_avge(@sp char(12))        /*创建多语句表值函数fun_avge()*/
RETURNS @mt TABLE
  (
    spec char(12),
    cunm char(12),
    avgd int
  )
AS
BEGIN
    INSERT @mt(spec,cunm,avgd)
      SELECT a.speciality, b.cname, AVG(grade)
      FROM student a, course b, score c
      WHERE a.speciality=@sp AND a.stno=c.stno AND b.cno=c.cno AND grade
      IS NOT NULL
      GROUP BY a.speciality, b.cname
      ORDER BY speciality
    RETURN
END
GO
```

第 12 章

存储过程

上述语句创建了多语句表值函数 fun_avge()，返回表包含 spec（专业）、cunm（课程）、avgd（平均分）等列。

（2）创建并执行存储过程 proc_pm。

```
USE stsc
GO
IF EXISTS(SELECT * FROM sysobjects WHERE name='proc_pm' AND TYPE='P')
  DROP PROCEDURE proc_pm
GO
CREATE PROCEDURE proc_pm(@sp char(12))              /*创建存储过程proc_pm*/
AS
BEGIN
  DECLARE @pr char(6), @cnm char(12), @avgs int, @eva char(10)
  /*声明游标cur_eva,调用多语句表值函数fun_avge(),函数返回表给出与游标关联的结果集*/
  DECLARE cur_eva CURSOR FOR SELECT spec, cunm, avgd FROM fun_avge(@sp)
  OPEN cur_eva              /*打开游标 */
  FETCH NEXT FROM cur_eva INTO @pr, @cnm, @avgs              /*提取第1行数据*/
  PRINT '专业    课程     平均分  考试评价'
  PRINT '-----------------------------------'
    WHILE @@fetch_status = 0
      BEGIN
        SET @eva=CASE
          WHEN @avgs>=90 THEN '优秀'
          WHEN @avgs>=80 THEN '良好'
          WHEN @avgs>=70 THEN '中等'
          WHEN @avgs>=60 THEN '及格'
          ELSE '不及格'
        END
        PRINT @pr+' '+@cnm+CAST(@avgs as char(8))+@eva
        FETCH NEXT FROM cur_eva INTO @pr, @cnm, @avgs          /*提取下一行数据*/
      END
  CLOSE cur_eva            /*关闭游标*/
  DEALLOCATE cur_eva       /*释放游标*/
END
```

上述语句在存储过程 proc_pm 中采用游标 cur_eva 对指定专业各课程的平均分进行评价。

```
USE stsc
GO
EXEC proc_pm '通信'
GO
```

上述语句执行存储过程 proc_pm，将实参'通信'传递给形参@sp。

运行结果：

```
专业    课程      平均分    考试评价
----    ------    ------    -------
通信    高等数学   83        良好
通信    数字电路   83        良好
通信    微机原理   80        良好
```

```
USE stsc
GO
EXEC proc_pm '计算机'
GO
```

上述语句执行存储过程 proc_pm，将实参'计算机'传递给形参@sp。

运行结果：

```
专业      课程        平均分      考试评价
-----   --------   --------   -----------
计算机    高等数学     90        优秀
计算机    数据库系统    87        良好
```

12.6　小　　结

本章主要介绍了以下内容。

（1）存储过程（stored procedure）是一组完成特定功能的 T-SQL 语句集合，预编译后放在数据库服务器端，用户通过指定存储过程的名称并给出参数（如果该存储过程带有参数）来执行存储过程。存储过程的 T-SQL 语句编译以后可多次执行，由于 T-SQL 语句不需要重新编译，所以执行存储过程可以提高性能。

存储过程分为用户存储过程、系统存储过程和扩展存储过程。

（2）存储过程的创建可使用 T-SQL 语句，也可使用图形界面方式。T-SQL 创建存储过程的语句是 CREATE PROCEDURE。

（3）存储过程的执行可使用 T-SQL 语句，也可使用图形界面方式，使用 EXECUTE（或EXEC）命令可以执行一个已定义的存储过程。

（4）参数用于在存储过程和调用方之间交换数据，输入参数允许调用方将数据值传递到存储过程，输出参数允许存储过程将数据值传递回调用方。

为了定义存储过程的输入参数，必须在 CREATE PROCEDURE 语句中声明一个或多个变量及类型。

在创建存储过程时可以为参数设置默认值，默认值必须为常量或 NULL。在调用存储过程时如果未指定对应的实参值，则自动用对应的默认值代替。

定义输出参数可以从存储过程返回一个或多个值到调用方，使用带输出参数存储过程，在 CREATE PROCEDURE 和 EXECUTE 语句中都必须使用 OUTPUT 关键字。

在存储过程执行后会返回整型状态值，若返回 0，则表示成功执行；若返回整数-1～-99，表示没有成功执行，也可以使用 RETURN 语句定义返回值。

（5）修改存储过程可以使用图形界面方式或使用 ALTER PROCEDURE 语句。查看存储过程可以使用图形界面方式和使用系统存储过程。

（6）删除存储过程有两种方式，即使有图形界面方式和使用 DROP PROCEDURE 语句。

习　题　12

一、选择题

12.1　下列关于存储过程的说法正确的是_____。

A．在定义存储过程的代码中可以包含增、删、改、查语句

B．用户可以向存储过程传递参数，但不能输出存储过程产生的结果

C．存储过程的执行是在客户端完成的

D．存储过程是存储在客户端的可执行代码

12.2　下列关于存储过程的描述正确的是_____。

A．存储过程的存在独立于表，它存放在客户端，供客户端使用

B．存储过程可以使用流程控制语句和变量，增强了 SQL 的功能

C．存储过程只是一些 T-SQL 语句的集合，不能看作 SQL Server 的对象

D．存储过程在调用时会自动编译，因此使用方便

12.3　创建存储过程的用处主要是_____。

A．提高数据操作效率　　　　　　　B．维护数据的一致性

C．实现复杂的业务规则　　　　　　D．增强引用完整性

12.4　定义一个包含两个输入参数和两个输出参数的存储过程，各参数均为整型，下列定义该存储过程的语句正确的是_____。

A．CREATE PROC P1 @x1, @x2 int,

@x3, @x4 int OUTPUT

B．CREATE PROC P1 @x1 int, @x2 int,

@x3, @x4 int OUTPUT

C．CREATE PROC P1 @x1 int, @x2 int,

@x3 int, @x4 int OUTPUT

D．CREATE PROC P1 @x1 int, @x2 int,

@x3 int OUTPUT, @x4 int OUTPUT

12.5　设有存储过程定义语句 CREATE PROC P1 @x int, @y int OUTPUT, @z int OUTPUT，下列调用该存储过程的语句正确的是_____。

A．EXEC P1 10, @a int OUTPUT, @b int OUTPUT

B．EXEC P1 10, @a int, @b int OUTPUT

C．EXEC P1 10, @a OUTPUT, @b OUTPUT

D．EXEC P1 10, @a, @b OUTPUT

二、填空题

12.6　存储过程是一组完成特定功能的 T-SQL 语句集合，_____放在数据库服务器端。

12.7　T-SQL 创建存储过程的语句是_____。

12.8　使用_____语句可以执行一个已定义的存储过程。

12.9　定义存储过程的输入参数，必须在 CREATE PROCEDURE 语句中声明一个或多

个_____。

12.10　使用带输出参数存储过程，在 CREATE PROCEDURE 和 EXECUTE 语句中必须使用_____关键字。

三、问答题

12.11　什么是存储过程？使用存储过程有什么好处？

12.12　简述存储过程的分类。

12.13　怎样创建存储过程？

12.14　怎样执行存储过程？

12.15　什么是存储过程的参数？有哪几种类型？

四、上机实验题

12.16　在 stsc 数据库中设计一个存储过程 stu_all，输出所有学生的学号、姓名、课程名和分数，并用相关数据进行测试。

12.17　在 stsc 数据库中设计一个存储过程 avg_spec，求指定专业(默认专业为'计算机')的平均分，并用相关数据进行测试。

12.18　在 stsc 数据库中设计一个存储过程 avg_course，求指定课程号的课程名和平均分，并用相关数据进行测试。

存储过程

第 13 章　　触　发　器

本章要点
- 触发器的作用和分类
- DML 触发器的创建
- DML 触发器的使用
- DDL 触发器的创建和使用
- 触发器的修改、删除、启用和禁用

触发器（trigger）是特殊类型的存储过程，其特殊性主要体现于它在插入、删除或修改指定表中的数据时自动触发执行。本章介绍触发器的概念、创建和使用 DML 触发器、创建和使用 DDL 触发器以及触发器的管理等内容。

13.1　触发器概述

存储过程是一组 T-SQL 语句，它们在编译后存储在数据库中。触发器是一种特殊的存储过程，其特殊性主要体现在对特定表（或列）进行特定类型的数据修改时激发。SQL Server 中的一个表可以有多个触发器，可根据 INSERT、UPDATE 或 DELETE 语句对触发器进行设置，也可以对一个表上的特定操作设置多个触发器。触发器不能通过名称直接调用，更不允许设置参数。

触发器与存储过程的差别如下。
- 触发器是自动执行的，而存储过程需要显式调用才能执行。
- 触发器是建立在表或视图之上的，而存储过程是建立在数据库之上的。

触发器的作用如下。
- SQL Server 提供约束和触发器两种主要机制来强制使用业务规则和数据完整性，触发器实现比约束更为复杂的限制。
- 可以对数据库中的相关表实现级联更改。
- 可以防止恶意或错误的 INSERT、UPDATE 和 DELETE 操作。
- 可以评估数据修改前后表的状态，并根据该差异采取措施。
- 强制表的修改要符合业务规则。

在 SQL Server 中有两种常规类型的触发器，即 DML 触发器和 DDL 触发器。

1．DML 触发器

当数据库中发生数据操作语言（DML）事件时将调用 DML 触发器。DML 事件包括在指定表或视图中修改数据的 INSERT 语句、UPDATE 语句或 DELETE 语句。DML 触发器可以查询其他表，还可以包含复杂的 T-SQL 语句，将触发器和触发它的语句作为可在触发器内回滚的单个事务对待。如果检测到错误，则整个事务自动回滚。

2．DDL 触发器

当服务器或数据库中发生数据定义语言（DDL）事件时将调用 DDL 触发器。这些语句主要是以 CREATE、ALTER、DROP 等关键字开头的语句。DDL 触发器的主要作用是执行管理操作，例如审核系统、控制数据库的操作等。

13.2　创建 DML 触发器

通常有两种方式创建 DML 触发器，即使用图形界面方式和使用 T-SQL 语句，下面分别介绍。

13.2.1　使用图形界面方式创建 DML 触发器

下面举例说明使用图形界面方式创建 DML 触发器。

【例 13.1】使用图形界面方式在 course 表上创建触发器 trig_cou，当该表的行进行插入、修改、删除时输出所有的行。

操作步骤如下。

（1）启动 SQL Server Management Studio，在对象资源管理器中展开"数据库"节点，选中 stsc 数据库，展开该数据库节点，接着选中"表"节点并展开，选中 course 节点并展开，然后右击"触发器"选项，在弹出的快捷菜单中选择"新建触发器"命令，如图 13.1 所示。

图 13.1　选择"新建触发器"命令

（2）出现触发器模板，如图 13.2 所示。

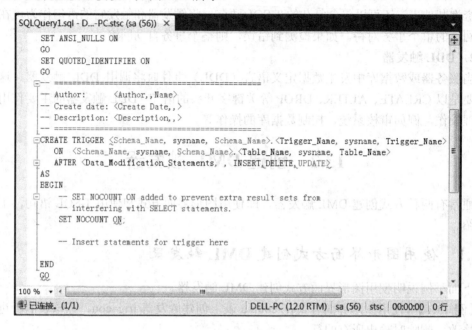

图 13.2　触发器模板

在该窗口中输入要创建触发器的语句，输入完成后单击"执行"按钮，系统提示"命令已成功完成"。

这里输入的创建触发器的 T-SQL 语句如下。

```
SET ANSI_NULLS ON
GO
SET QUOTED_IDENTIFIER ON
GO
CREATE TRIGGER trig_cou
    ON course
    AFTER INSERT,DELETE,UPDATE
AS
BEGIN
    SET NOCOUNT ON
    SELECT * FROM course
END
GO
```

13.2.2　使用 T-SQL 语句创建 DML 触发器

DML 触发器是当发生数据操纵语言（DML）事件时要执行的操作。DML 触发器用于在数据被修改时强制执行业务规则，以及扩展 Microsoft SQL Server 约束、默认值和规则的完整性检查逻辑。

创建 DML 触发器的语法格式如下。

```
CREATE TRIGGER [ schema_name . ]trigger_name
   ON { table | view }                        /*指定操作对象*/
         [ WITH  ENCRYPTION ]                  /*说明是否采用加密方式*/
   { FOR |AFTER | INSTEAD OF }
         { [ INSERT ] [ , ] [ UPDATE ] [ , ] [ DELETE ] }
                                               /*指定激活触发器的动作*/
   [ NOT FOR REPLICATION ]                     /*说明该触发器不用于复制*/
AS  sql_statement [ ; ]
```

说明:

- trigger_name: 用于指定触发器的名称。
- table | view: 在表上或视图上执行触发器。
- AFTER 关键字: 用于说明触发器在指定操作都成功执行后触发, 不能在视图上定义 AFTER 触发器, 如果仅指定 FOR 关键字, 则 AFTER 是默认值, 一个表可以创建多个给定类型的 AFTER 触发器。
- INSTEAD OF 关键字: 指定用触发器中的操作代替触发语句的操作, 在表或视图上每个 INSERT、UPDATE、DELETE 语句最多可以定义一个 INSTEAD OF 触发器。
- { [INSERT] [,] [UPDATE] [,] [DELETE] }: 指定激活触发器的语句类型, 必须至少指定一个选项, INSERT 表示将新行插入表时激活触发器, UPDATE 表示更改某一行时激活触发器, DELETE 表示从表中删除某一行时激活触发器。
- sql_statement: 表示触发器的 T-SQL 语句, 指定 DML 触发器触发后要执行的动作。
  在执行 DML 触发器时系统创建了两个特殊的临时表 inserted 和 deleted。由于 inserted 表和 deleted 表都是临时表, 它们在触发器执行时被创建, 触发器执行完毕就消失, 所以只可以在触发器的语句中使用 SELECT 语句查询这两个表。
- 执行 INSERT 操作: 插入到触发器表中的新记录被插入到 inserted 表中。
- 执行 DELETE 操作: 从触发器表中删除的记录被插入到 deleted 表中。
- 执行 UPDATE 操作: 先从触发器表中删除旧记录, 再插入新记录, 其中被删除的旧记录被插入到 deleted 表中, 插入的新记录被插入到 inserted 表中。
  使用触发器有以下限制。
- CREATE TRIGGER 必须是批处理中的第一条语句, 并且只能应用到一个表中。
- 触发器只能在当前的数据库中创建, 但触发器可以引用当前数据库的外部对象。
- 在同一 CREATE TRIGGER 语句中可以为多种操作(例如 INSERT 和 UPDATE)定义相同的触发器操作。
- 如果一个表的外键在 DELETE、UPDATE 操作上定义了级联, 则不能在该表上定义 INSTEAD OF DELETE、INSTEAD OF UPDATE 触发器。
- 对于含有 DELETE 或 UPDATE 操作定义的外键表, 不能使用 INSTEAD OF DELETE 和 INSTEAD OF UPDATE 触发器。
- 触发器中不允许包含 CREATE DATABASE、ALTER DATABASE、LOAD DATABASE、RESTORE DATABASE、DROP DATABASE、LOAD LOG、RESTORE LOG、DISK

INIT、DISK RESIZE 和 RECONFIGURE 等 T-SQL 语句。

- DML 触发器最大的用途是返回行级数据的完整性，而不是返回结果，所以应当尽量避免返回任何结果集。

【例 13.2】 在 stsc 数据库的 student 表上创建触发器 trig_stu，在 student 表插入、修改、删除数据时显示该表中的所有记录。

```
USE stsc
GO
/*CREATE TRIGGER必须是批处理的第一条语句，此处GO不能缺少*/
CREATE TRIGGER trig_stu              /*创建触发器trig_stu*/
  ON student
AFTER INSERT, DELETE, UPDATE
AS
BEGIN
  SET NOCOUNT ON
  SELECT * FROM student
END
GO
```

下面的语句向 student 表中插入一条记录。

```
USE stsc
GO
INSERT INTO student VALUES('122006','谢翔','男','1992-09-16','计算机',52)
GO
```

运行结果：

```
stno    stname    stsex    stbirthday    speciality    tc
------  --------  -------  ------------  -----------  ----
121001  李贤友    男       1991-12-30    通信          52
121002  周映雪    女       1993-01-12    通信          49
121005  刘刚      男       1992-07-05    通信          50
122001  郭德强    男       1991-10-23    计算机        48
122002  谢萱      女       1992-09-11    计算机        52
122004  孙婷      女       1992-02-24    计算机        50
122006  谢翔      男       1992-09-16    计算机        52
```

运行结果中出现该表的所有记录，新插入的记录也在里面。

注意：CREATE TRIGGER 必须是批处理的第一条语句，且只能在一个批处理中创建并编译。

13.3 使用 DML 触发器

DML 触发器分为 AFTER 触发器和 INSTEAD OF 触发器。

inserted 表和 deleted 表是 SQL Server 为每个 DML 触发器创建的临时专用表，这两个表的结构与该触发器作用的表的结构相同，触发器执行完成后这两个表即被删除。inserted 表存放由于执行 INSERT 或 UPDATE 语句要向表中插入的所有行，deleted 表存放由于执行

DELETE 或 UPDATE 语句要从表中删除的所有行。

13.3.1 使用 AFTER 触发器

AFTER 触发器为后触发型触发器,在引发触发器执行的语句中的操作都成功执行并且所有约束检查已成功完成后才执行触发器。在 AFTER 触发器中一个表可以创建多个给定类型的 AFTER 触发器。

1. 执行 INSERT 操作

当执行 INSERT 操作时触发器将被激活,新的记录插入到触发器表中,同时也添加到 inserted 表中。

【例 13.3】 在 stsc 数据库的 student 表上创建一个 INSERT 触发器 trig_insert,向 student 表插入数据时如果姓名重复,则回滚到插入操作之前。

```
USE stsc
GO
CREATE TRIGGER trig_insert            /*创建INSERT触发器trig_insert*/
  ON student
AFTER INSERT
AS
BEGIN
  DECLARE @nm char(8)
  SELECT @nm=inserted.stname FROM inserted
  IF EXISTS(SELECT stname FROM student WHERE stname=@nm)
    BEGIN
      PRINT '不能插入重复的姓名'
      ROLLBACK TRANSACTION                    /*回滚到插入操作之前的状态*/
    END
END
```

向 student 表插入一条记录,该记录中的姓名与 student 表中的姓名重复。

```
USE stsc
GO
INSERT INTO student(stno, stname, stsex, stbirthday) VALUES('121007','刘刚','男','1992-03-28')
GO
```

运行结果:

不能插入重复的姓名
消息 3609,级别 16,状态 1,第 3 行
事务在触发器中结束。批处理已中止。

由于进行了事务回滚,所以未向 student 表插入新记录。

注意: ROLLBACK TRANSACTION 语句用于回滚之前所做的修改,将数据库恢复到原来的状态。

2. 执行 UPDATE 操作

当执行 UPDATE 操作时触发器将被激活,当在触发器表中修改记录时表中原来的记录

被移动到 deleted 表中，修改后的记录插入到 inserted 表中。

【例 13.4】 在 stsc 数据库的 student 表上创建一个 UPDATE 触发器 trig_update，防止用户修改 student 表的总学分。

```
USE stsc
GO
CREATE TRIGGER trig_update                /*创建UPDATE触发器trig_update*/
  ON student
AFTER UPDATE
AS
IF UPDATE(tc)
  BEGIN
    PRINT '不能修改总学分'
    ROLLBACK TRANSACTION                  /*回滚到更新操作之前的状态*/
  END
GO
```

下面的语句修改 student 表中学号为 121002 的学生的总学分。

```
USE stsc
GO
UPDATE student
SET tc=52
WHERE stno='121002'
GO
```

运行结果：

不能修改总学分
消息 3609，级别 16，状态 1，第 3 行
事务在触发器中结束。批处理已中止。

由于进行了事务回滚，所以未修改 student 表中的总学分。

3．执行 DELETE 操作

当执行 DELETE 操作时触发器将被激活，当在触发器表中删除记录时表中删除的记录被移动到 deleted 表中。

【例 13.5】 在 stsc 数据库的 student 表上创建一个 DELETE 触发器 trig_delete，防止用户删除 student 表中通信专业学生的记录。

```
USE stsc
GO
CREATE TRIGGER trig_delete                /*创建DELETE触发器trig_delete*/
  ON student
AFTER DELETE
AS
  IF EXISTS(SELECT * FROM deleted WHERE speciality='通信')
```

```
    BEGIN
      PRINT '不能删除通信专业学生记录'
      ROLLBACK TRANSACTION                        /*回滚到删除操作之前的状态*/
    END
GO
```

下面的语句删除 student 表中通信专业学生的记录。

```
USE stsc
GO
DELETE student
WHERE speciality='通信'
GO
```

运行结果：

不能删除通信专业学生记录
消息 3609，级别 16，状态 1，第 3 行
事务在触发器中结束。批处理已中止。

由于进行了事务回滚，所以未删除 student 表中通信专业学生的记录。

13.3.2　使用 INSTEAD OF 触发器

INSTEAD OF 触发器为前触发型触发器，指定执行触发器的不是执行引发触发器的语句而是替代引发语句的操作。在表或视图上每个 INSERT、UPDATE、DELETE 语句最多可以定义一个 INSTEAD OF 触发器。

AFTER 触发器是在触发语句执行后触发的，与 AFTER 触发器不同的是，INSTEAD OF 触发器触发时只执行触发器内部的 SQL 语句，而不执行激活该触发器的 SQL 语句。

【例 13.6】　在 stsc 数据库的 course 表上创建一个 INSTEAD OF 触发器 trig_istd，当用户向 course 表中插入数据时显示 course 表中的所有记录。

```
USE stsc
GO
CREATE TRIGGER trig_istd            /*创建INSTEAD OF触发器trig_istd*/
  ON course
INSTEAD OF INSERT
AS
  SELECT * FROM course
GO
```

下面的语句向 course 表中插入记录。

```
USE stsc
GO
INSERT INTO course(cno, cname) VALUES('206', '数据结构')
GO
```

运行结果：

```
cno   cname      credit      tno
---   --------   --------    --------
102   数字电路    3           102101
203   数据库系统  3           204101
205   微机原理    4           204107
208   计算机网络  4           NULL
801   高等数学    4           801102
```

可见被插入的记录并未插入到 course 表中，却将插入记录的语句替代为 INSTEAD OF INSERT 触发器中的 T-SQL 语句。

【例 13.7】 在 stsc 数据库的 score 表上创建一个 INSTEAD OF 触发器 trig_istd2，防止用户对 score 表中的数据进行任何删除。

```
USE stsc
GO
CREATE TRIGGER trig_istd2            /*创建INSTEAD OF触发器trig_istd2*/
  ON score
INSTEAD OF DELETE
AS
  PRINT '不能对score表进行删除操作'
GO
```

下面的语句删除 score 表中的记录。

```
USE stsc
GO
DELETE score
WHERE cno='205'
GO
```

运行结果：

不能对score表进行删除操作

因此 score 表中的记录保持不变。

13.4   创建和使用 DDL 触发器

DDL 触发器在响应数据定义语言（DDL）语句时触发，与 DML 触发器不同的是它们不会为了响应表或视图的 UPDATE、INSERT 或 DELETE 语句而激发，与此相反，它们将为了响应 DDL 语言的 CREATE、ALTER 和 DROP 语句而激发。

DDL 触发器一般用于以下目的。

- 用于管理任务，例如审核和控制数据库操作。
- 防止对数据库结构进行某些更改。
- 希望数据库中发生某种情况以响应数据库结构中的更改。

- 要记录数据库结构中的更改或事件。

13.4.1 创建 DDL 触发器

创建 DDL 触发器的语法格式如下。

```
CREATE TRIGGER trigger_name
  ON { ALL SERVER | DATABASE }
  [ WITH ENCRYPTION ]
  { FOR | AFTER } { event_type | event_group } [ ,…n ]
AS  sql_statement [ ; ] [ …n ]
```

说明：

- ALL SERVER 关键字指将当前 DDL 触发器的作用域应用于当前服务器。ALL DATABASE 指将当前 DDL 触发器的作用域应用于当前数据库。
- event_type 表示执行之后将导致触发 DDL 触发器的 T-SQL 语句事件的名称。
- event_group 是预定义的 T-SQL 语句事件分组的名称。

其他选项与创建 DML 触发器的语法格式中的相同。

13.4.2 使用 DDL 触发器

下面举一个实例说明 DDL 触发器的使用。

【例 13.8】 在 stsc 数据库上创建一个触发器 trig_db，防止用户对该数据库中任一表的修改和删除。

```
USE stsc
GO
CREATE TRIGGER trig_db              /*创建DDL触发器trig_db*/
  ON DATABASE
AFTER DROP_TABLE, ALTER_TABLE
AS
BEGIN
  PRINT '不能修改表结构'
  ROLLBACK TRANSACTION               /*回滚之前的操作*/
END
GO
```

下面的语句修改 stsc 数据库上 student 表的结构，增加一列，并且 student 表的结构保持不变。

```
USE stsc
GO
ALTER TABLE student ADD class int
GO
```

运行结果：

不能修改表结构

消息 3609，级别 16，状态 2，第 3 行
事务在触发器中结束。批处理已中止。

13.5 触发器的管理

触发器的管理包括修改触发器、删除触发器、启用或禁用触发器等内容。

13.5.1 修改触发器

修改触发器有两种方式，即使用图形界面方式和使用 ALTER TRIGGER 语句。

1．使用图形界面方式修改触发器

下面举例说明使用图形界面方式修改触发器。

【例 13.9】 使用图形界面方式修改 student 表上的 trig_stu 触发器。

操作步骤如下。

（1）启动 SQL Server Management Studio，在对象资源管理器中展开"数据库"节点，选中 stsc 数据库，展开该数据库节点，接着选中"表"节点并展开，选中 student 节点并展开，选中"触发器"节点并展开，然后右击 trig_stu 触发器，在弹出的快捷菜单中选择"修改"命令。

（2）出现触发器脚本编辑窗口，可以在该窗口中修改相关的 T-SQL 语句。修改完成后单击"执行"按钮，若执行成功则修改了触发器。

2．使用 ALTER TRIGGER 语句修改触发器

修改触发器使用 ALTER TRIGGER 语句，修改触发器包括修改 DML 触发器和修改 DDL 触发器，下面分别介绍。

1）修改 DML 触发器

修改 DML 触发器的语法格式如下。

```
ALTER TRIGGER schema_name.trigger_name
  ON ( table | view )
  [ WITH ENCRYPTION ]
  ( FOR | AFTER | INSTEAD OF )
    { [ DELETE ] [ , ] [ INSERT ] [ , ] [ UPDATE ] }
  [ NOT FOR REPLICATION ]
  AS sql_statement [ ; ] [ …n ]
```

2）修改 DDL 触发器

修改 DDL 触发器的语法格式如下。

```
ALTER TRIGGER trigger_name
  ON { DATABASE | ALL SERVER }
  [ WITH ENCRYPTION ]
  { FOR | AFTER } { event_type [ ,…n ] | event_group }
  AS sql_statement [ ;
```

【例 13.10】 修改在 stsc 数据库的 student 表上创建的触发器 trig_stu，在 student 表中插入、修改、删除数据时输出 inserted 和 deleted 表中的所有记录。

```
USE stsc
GO
ALTER TRIGGER trig_stu                    /*修改DDL触发器trig_stu*/
  ON student
AFTER INSERT, DELETE, UPDATE
AS
BEGIN
  PRINT 'inserted:'
  SELECT * FROM inserted
  PRINT 'deleted:'
  SELECT * FROM deleted
END
GO
```

下面的语句在 student 表中删除一条记录。

```
USE stsc
GO
DELETE FROM student WHERE stno='122006'
GO
```

运行结果：

```
inserted:
stno    stname   stsex   stbirthday   speciality    tc
----    ------   -----   ----------   ----------    ---

deleted:
stno    stname   stsex   stbirthday   speciality    tc
------  ------   -----   ----------   ----------    ----
122006  谢翔      男      1992-09-16   计算机         52
```

结果中所显示的 deleted 表中的记录为从 student 表删除的记录。

13.5.2　删除触发器

删除触发器可以使用图形界面方式或 DROP TRIGGER 语句。

1. 使用图形界面方式删除触发器

下面举例说明使用图形界面方式删除触发器。

【例 13.11】 使用图形界面方式删除触发器 trig_insert。

操作步骤如下。

（1）启动 SQL Server Management Studio，在对象资源管理器中展开"数据库"节点，选中 stsc 数据库，展开该数据库节点，接着选中"表"节点并展开，选中 student 节点并展开，选中"触发器"节点并展开，然后右击 trig_insert 触发器，在弹出的快捷菜单中选择"删除"命令。

（2）出现"删除对象"对话框，单击"确定"按钮即可删除触发器 trig_insert。

2. 使用 DROP TRIGGER 语句删除触发器

删除触发器使用 DROP TRIGGER 语句，其语法格式如下。

```
DROP TRIGGER schema_name.trigger_name [ ,…n ] [ ; ]    /*删除DML触发器*/
DROP TRIGGER trigger_name [ ,…n ] ON { DATABASE | ALL SERVER }[ ; ]
/*删除DDL触发器*/
```

【例 13.12】 删除 DML 触发器 trig_stu。

```
DROP TRIGGER trig_stu
```

【例 13.13】 删除 DDL 触发器 trig_db。

```
DROP TRIGGER trig_db ON DATABASE
```

13.5.3 启用或禁用触发器

触发器在创建之后便启用了，如果暂时不需要使用某个触发器，可以禁用该触发器。禁用的触发器并没有被删除，仍然存储在当前数据库中，但在执行触发操作时该触发器不会被调用。

启用或禁用触发器可以使用图形界面方式或 ENABLE/DISABLE TRIGGER 语句。

1. 使用图形界面方式禁用触发器

使用图形界面方式禁用触发器举例如下。

【例 13.14】 使用图形界面方式禁用 student 表上的触发器 trig_update。

操作步骤如下。

（1）启动 SQL Server Management Studio，在对象资源管理器中展开"数据库"节点，选中 stsc 数据库，展开该数据库节点，接着选中"表"节点并展开，选中 student 节点并展开，选中"触发器"节点并展开，然后右击 trig_update 触发器，在弹出的快捷菜单中选择"禁用"命令。

（2）如果该触发器已禁用，在这里选择"启用"命令即可启用该触发器。

2. 使用 DISABLE TRIGGER 语句禁用触发器和使用 ENABLE TRIGGER 语句启用触发器

（1）使用 DISABLE TRIGGER 语句禁用触发器，其语法格式如下。

```
DISABLE TRIGGER { [ schema_name . ] trigger_name [ ,…n ] | ALL }
ON { object_name | DATABASE | ALL SERVER } [ ; ]
```

其中，trigger_name 是要禁用的触发器的名称，object_name 是创建 DML 触发器 trigger_name 的表或视图的名称。

（2）使用 ENABLE TRIGGER 语句启用触发器，其语法格式如下。

```
ENABLE TRIGGER { [ schema_name . ] trigger_name [ ,…n ] | ALL }
ON { object_name | DATABASE | ALL SERVER } [ ; ]
```

其中，trigger_name 是要启用的触发器的名称，object_name 是创建 DML 触发器 trigger_name

的表或视图的名称。

【例 13.15】 使用 DISABLE TRIGGER 语句禁用 student 表上的触发器 trig_delete。

```
USE stsc
GO
DISABLE TRIGGER trig_delete on student
GO
```

【例 13.16】 使用 ENABLE TRIGGER 语句启用 student 表上的触发器 trig_delete。

```
USE stsc
GO
ENABLE TRIGGER trig_delete on student
GO
```

13.6 综 合 训 练

1. 训练要求

使用触发器，如果插入 score 表中的数据在 student 表中没有对应的学号，则将此记录删除并提示不能插入。

创建一个触发器 trig_del，当向 score 表中插入一条记录时如果插入的数据在 student 表中没有对应的学号，则将此记录删除并提示不能插入此记录。

2. T-SQL 语句的编写

根据题目要求编写 T-SQL 语句如下。

```
USE stsc
GO
IF EXISTS(SELECT * FROM sysobjects WHERE name='trig_del' AND type = 'TR')
    DROP TRIGGER trig_del
GO
CREATE TRIGGER trig_del                /*创建触发器trig_del*/
ON score
FOR INSERT
AS
DECLARE @num float
SELECT @num=inserted.stno FROM inserted
IF NOT EXISTS(SELECT stno FROM student WHERE student.stno=@num)
    PRINT '不能插入在student表中没有对应学号的记录'
    DELETE score WHERE stno=@num
GO
```

上述语句创建了触发器 trig_del。

```
USE stsc
GO
INSERT INTO score VALUES('121012','205',92)
```

运行结果：

不能插入在student表中没有对应学号的记录

由于向 score 表中插入的记录在 student 表中不存在，出现上述运行结果，并且 score 表中的记录保持不变。

13.7 小　结

本章主要介绍了以下内容。

（1）触发器是一种特殊的存储过程，其特殊性主要体现在对特定表（或列）进行特定类型的数据修改时激发。SQL Server 提供了约束和触发器两种主要机制来强制使用业务规则和数据完整性，触发器可实现比约束更加复杂的限制。

（2）SQL Server 中有两种常规类型的触发器，即 DML 触发器、DDL 触发器。

当数据库中发生数据操作语言（DML）事件时将调用 DML 触发器，DML 事件包括在指定表或视图中修改数据的 INSERT 语句、UPDATE 语句或 DELETE 语句。

当服务器或数据库中发生数据定义语言（DDL）事件时将调用 DDL 触发器，这些语句主要是以 CREATE、ALTER、DROP 等关键字开头的语句。

（3）通常有两种方式创建 DML 触发器，即使用图形界面方式和使用 T-SQL 语言，T-SQL 使用 CREATE TRIGGER 语句创建 DML 触发器。

（4）DML 触发器分为 AFTER 触发器和 INSTEAD OF 触发器。

AFTER 触发器为后触发型触发器，在引发触发器执行的语句中的操作都成功执行并且所有约束检查已成功完成后才执行触发器。在 AFTER 触发器中一个表可以创建多个给定类型的 AFTER 触发器。

INSTEAD OF 触发器为前触发型触发器，指定执行触发器的不是执行引发触发器的语句而是替代引发语句的操作。在表或视图上每个 INSERT、UPDATE、DELETE 语句最多可以定义一个 INSTEAD OF 触发器。

inserted 表和 deleted 表是 SQL Server 为每个 DML 触发器创建的临时专用表，这两个表的结构与该触发器作用的表的结构相同，触发器执行完成后这两个表即被删除。inserted 表存放由于执行 INSERT 或 UPDATE 语句要向表中插入的所有行，deleted 表存放由于执行 DELETE 或 UPDATE 语句要从表中删除的所有行。

（5）DDL 触发器在响应数据定义语言 DDL 的 CREATE、ALTER 和 DROP 语句时激发。

（6）修改触发器有两种方式，即使用图形界面方式和使用 ALTER TRIGGER 语句。

删除触发器可以使用图形界面方式或 DROP TRIGGER 语句。

启用或禁用触发器可以使用图形界面方式或 ENABLE/DISABLE TRIGGER 语句。

习　题　13

一、选择题

13.1　触发器是特殊类型的存储过程，它由用户对数据的更改操作自动引发执行，下列数据库控制中适用于触发器实现的是＿＿＿＿。

      A．并发控制　　　　B．恢复控制　　　C．可靠性控制　　　　D．完整性控制

13.2　下列关于触发器的描述正确的是_____。

      A．触发器是自动执行的，可以在一定的条件下触发

      B．触发器不可以同步数据库的相关表进行级联更新

      C．SQL Server 不支持 DDL 触发器

      D．触发器不属于存储过程

13.3　创建触发器的用处主要是_____。

      A．提高数据查询效率　　　　　　B．实现复杂的约束

      C．加强数据的保密性　　　　　　D．增强数据的安全性

13.4　当执行由 UPDATE 语句引发的触发器时，下列关于该触发器临时工作表的说法中正确的是_____。

      A．系统会自动产生 updated 表来存放更改前的数据

      B．系统会自动产生 updated 表来存放更改后的数据

      C．系统会自动产生 inserted 表和 deleted 表，用 inserted 表存放更改后的数据，
　　　用 deleted 表存放更改前的数据

      D．系统会自动产生 inserted 表和 deleted 表，用 inserted 表存放更改前的数据，
　　　用 deleted 表存放更改后的数据

13.5　设在 sc(sno, cno, grade)表上定义了如下触发器。

```
CREATE TRIGGER tri1 ON sc INSTEAD OF inserted…
```

当执行语句 INSERT INTO sc VALUES('s001','c01', 90)时会引发触发器的执行。下列关于触发器执行时表中数据的说法正确的是_____。

      A．sc 表和 inserted 表中均包含新插入的数据

      B．sc 表和 inserted 表中均不包含新插入的数据

      C．sc 表中包含新插入的数据，inserted 表中不包含新插入的数据

      D．sc 表中不包含新插入的数据，inserted 表中包含新插入的数据

13.6　设某数据库在非工作时间（每天 8:00 以前、18:00 以后、周六和周日）不允许授权用户在职工表中插入数据。下列方法中能够实现此需求且最为合理的是_____。

      A．建立存储过程　　　　　　　　B．建立后触发型触发器

      C．定义内联表值函数　　　　　　D．建立前触发型触发器

二、填空题

13.7　触发器是一种特殊的存储过程，其特殊性主要体现在对特定表或列进行特定类型的数据修改时_____。

13.8　SQL Server 支持两种类型的触发器，它们是前触发型触发器和_____触发型触发器。

13.9　在一个表上针对每个操作可以定义_____个前触发型触发器。

13.10　如果在某个表的 INSERT 操作上定义了触发器，则当执行 INSERT 语句时系统产生的临时工作表是_____。

13.11　对于后触发型触发器,当在触发器中发现引发触发器执行的操作违反了约束时需要通过_____语句撤销已执行的操作。

13.12　AFTER 触发器在引发触发器执行的语句中的操作都成功执行并且所有_____检查已成功完成后才执行触发器。

三、问答题

13.13　什么是触发器?其主要功能是什么?

13.14　触发器分为哪几种?

13.15　INSERT 触发器、UPDATE 触发器和 DELETE 触发器有什么不同?

13.16　AFTER 触发器和 INSTEAD OF 触发器有什么不同?

13.17　inserted 表和 deleted 表中各存放什么内容?

四、上机实验题

13.18　设计一个触发器,当删除 teacher 表中的一条记录时自动删除 course 表中该教师所上课程的记录。

13.19　设计一个触发器,该触发器防止用户修改 score 表中的 grade 列。

13.20　设计一个触发器,当插入或修改 score 表中的 grade 列时该触发器检查插入的数据是否在 0~100 范围内。

13.21　在 stsc 数据库上设计一个 DDL 触发器,当删除或修改任何表结构时显示相应的提示信息。

事 务 和 锁

本章要点
- 事务原理
- 事务处理语句
- 并发影响
- 可锁定资源和锁模式

事务用于保证连续多个操作的全部完成，从而保证数据的完整性；锁定机制用于对多个用户进行并发控制。本章介绍事务原理、事务类型、事务模式、事务处理语句、锁定概述、并发影响、可锁定资源和锁模式、死锁等内容。

14.1 事 务

事务（transaction）是 SQL Server 中单个的逻辑工作单元，该单元被作为一个整体进行处理，事务保证连续多个操作必须全部执行成功，否则必须立即恢复到任何操作执行前的状态，即执行事务的结果是要么全部将数据所要执行的操作完成，要么全部数据都不修改。

14.1.1 事务原理

事务是作为单个逻辑工作单元执行的一系列操作，事务的处理必须满足 ACID 原则，即原子性（atomicity）、一致性（consistency）、隔离性（isolation）和持久性（durability）。

（1）原子性：事务必须是原子工作单元，即事务中包括的诸操作要么全执行，要么全不执行。

（2）一致性：事务在完成时必须使所有的数据保持一致状态。在相关数据库中，所有规则都必须应用于事务的修改，以保持所有数据的完整性。事务结束时，所有的内部数据结构都必须是正确的。

（3）隔离性：一个事务的执行不能被其他事务干扰，即一个事务内部的操作及使用的数据对其他并发事务是隔离的，并发执行的各个事务间不能互相干扰。事务查看数据时数据所处的状态要么是另一并发事务修改它之前的状态，要么是另一事务修改它之后的状态，这称为事务的可串行性。因为它能够重新装载起始数据，并且重播一系列事务，以使数据结束时的状态与原始事务执行的状态相同。

（4）持久性：指一个事务一旦提交，则它对数据库中数据的改变就应该是永久的，即使以后出现系统故障也不应该对其执行结果有任何影响。

14.1.2 事务类型

SQL Server 的事务可分为两类，即系统提供的事务和用户定义的事务。

1. 系统提供的事务

系统提供的事务是指在执行某些 T-SQL 语句时一条语句就构成了一个事务，这些语句如下。

```
CREATE   ALTER TABLE   DROP
INSERT   DELETE   UPDATE
SELECT
REVOKE   GRANT
OPEN   FETCH
```

例如执行以下创建表的语句。

```
CREATE TABLE course
(
    cno char(3) NOT NULL PRIMARY KEY,
    cname char(16) NOT NULL,
    credit int NULL,
    tno char(6) NULL,
)
```

这条语句本身就构成了一个事务，它要么建立起含 4 列的表结构，要么不能创建含 4 列的表结构，而不会建立起含 1 列、2 列或 3 列的表结构。

2. 用户定义的事务

在实际应用中大部分是用户定义的事务。用户定义的事务用 BEGIN TRANSACTION 指定一个事务的开始，用 COMMIT 或 ROLLBACK 指定一个事务的结束。

注意：在用户定义的事务中必须明确指定事务的结束，否则系统将把从事务开始到用户关闭连接前的所有操作都作为一个事务来处理。

14.1.3 事务模式

SQL Server 通过以下 3 种事务模式管理事务。

（1）自动提交事务模式：每条单独的语句都是一个事务。在此模式下，每条 T-SQL 语句在成功执行完成后都被自动提交，如果遇到错误，则自动回滚该语句。该模式为系统默认的事务管理模式。

（2）显式事务模式：该模式允许用户定义事务的启动和结束。事务以 BEGIN TRANSACTION 语句显式开始，以 COMMIT 或 ROLLBACK 语句显式结束。

（3）隐性事务模式：隐性事务不需要使用 BEGIN TRANSACTION 语句标识事务

的开始，但需要以 COMMIT 或 ROLLBACK 语句来提交或回滚事务。在当前事务完成提交或回滚后新事务自动启动。

14.1.4 事务处理语句

应用程序主要通过指定事务启动和结束的时间来控制事务，可以使用 T-SQL 语句来控制事务的启动和结束。事务处理语句包括 BEGIN TRANSACTION、COMMIT TRANSACTION、ROLLBACK TRANSACTION 语句。

1. BEGIN TRANSACTION

BEGIN TRANSACTION 语句用来标识一个事务的开始。

语法格式：

```
BEGIN { TRAN | TRANSACTION }
    [ { transaction_name | @tran_name_variable }
      [ WITH MARK [ 'description' ] ]
    ]
[ ; ]
```

说明：

- transaction_name：分配给事务的名称，必须符合标识符的命名规则，但标识符所包含的字符数不能超过 32。
- @tran_name_variable：用户定义的含有有效事务名称的变量的名称。
- WITH MARK ['description']：指定在日志中标记事务。description 是描述该标记的字符串。

BEGIN TRANSACTION 语句的执行使全局变量@@TRANCOUNT 的值加 1。

注意：显式事务的开始可以使用 BEGIN TRANSACTION 语句。

2. COMMIT TRANSACTION

COMMIT TRANSACTION 语句是提交语句，它使得自从事务开始以来所执行的所有数据修改成为数据库的永久部分，也用来标识一个事务的结束。

语法格式：

```
COMMIT { TRAN | TRANSACTION } [ transaction_name | @tran_name_variable ]
[ ; ]
```

说明：

- transaction_name：SQL Server 数据库引擎忽略此参数，transaction_name 指定由前面的 BEGIN TRANSACTION 分配的事务名称。
- @tran_name_variable：用户定义的含有有效事务名称的变量的名称。

COMMIT TRANSACTION 语句的执行使全局变量@@TRANCOUNT 的值减 1。

注意：隐性事务或显式事务的结束可以使用 COMMIT TRANSACTION 语句。

【**例 14.1**】 建立一个显式事务以显示 stsc 数据库中 student 表的数据。

```
BEGIN TRANSACTION
  USE stsc
  SELECT * FROM student
COMMIT TRANSACTION
```

上述语句创建的显式事务以 BEGIN TRANSACTION 语句开始，以 COMMIT TRANSACTION 语句结束。

【**例 14.2**】 建立一个显式命名事务以删除课程表和成绩表中课程号为"205"的记录行。

```
DECLARE @tran_nm char(20)
SELECT @tran_nm='tran_del'
BEGIN TRANSACTION @tran_nm
   DELETE FROM course WHERE cno='205'
   DELETE FROM score WHERE cno='205'
COMMIT TRANSACTION tran_del
```

上述语句创建的显式命名事务删除课程表和成绩表中课程号为"205"的记录行，在 BEGIN TRANSACTION 和 COMMIT TRANSACTION 语句之间的所有语句作为一个整体，当执行到 COMMIT TRANSACTION 语句时事务对数据库的更新操作才算确认。

【**例 14.3**】 建立一个隐性事务以插入课程表和成绩表中课程号为"205"的记录行。

```
SET IMPLICIT_TRANSACTIONS ON      /*启动隐性事务模式*/
GO
/*第一个事务由INSERT语句启动*/
USE stsc
INSERT INTO course VALUES('205','微机原理',4,'204107')
COMMIT TRANSACTION                /*提交第一个隐性事务*/
GO
/*第二个隐性事务由SELECT语句启动*/
USE stsc
SELECT COUNT(*) FROM score
INSERT INTO score VALUES('121001','205',91)
INSERT INTO score VALUES('121002','205',65)
INSERT INTO score VALUES('121005','205',85)
COMMIT TRANSACTION                /*提交第二个隐性事务*/
GO
SET IMPLICIT_TRANSACTIONS OFF    /*关闭隐性事务模式*/
GO
```

上述语句启动隐性事务模式后由 COMMIT TRANSACTION 语句提交了两个事务，第一个事务在 course 表中插入一条记录，第二个事务统计 score 表的行数并插入 3 条记录。隐性事务不需要 BEGIN TRANSACTION 语句标识开始位置，而由第一个 T-SQL 语句启动，直到遇到 COMMIT TRANSACTION 语句结束。

3．ROLLBACK TRANSACTION

ROLLBACK TRANSACTION 语句是回滚语句，它使得事务回滚到起点或指定的保存点处，也标识一个事务的结束。

语法格式：

```
ROLLBACK { TRAN | TRANSACTION }
    [ transaction_name | @tran_name_variable
    | savepoint_name | @savepoint_variable ]
[ ; ]
```

说明：

- transaction_name：事务名称。
- @tran_name_variable：事务变量名。
- savepoint_name：保存点名。
- @savepoint_variable：含有保存点名称的变量名。

如果事务回滚到开始点，则全局变量@@TRANCOUNT 的值减 1，如果只回滚到指定存储点，则@@TRANCOUNT 的值不变。

注意：ROLLBACK TRANSACTION 语句将显式事务或隐性事务回滚到事务的起点或事务内的某个保存点，也标识一个事务的结束。

【例 14.4】 建立事务对 course 表和 score 表进行插入操作，使用 ROLLBACK TRANSACTION 语句标识事务的结束。

```
BEGIN TRANSACTION
  USE stsc
  INSERT INTO course VALUES('206','数据结构',3, '204103')
  INSERT INTO score VALUES('122001','206',75)
  INSERT INTO score VALUES('122002','206',94)
  INSERT INTO score VALUES('122004','206',88)
ROLLBACK TRANSACTION
```

上述语句建立的事务对课程表和成绩表进行插入操作，但当服务器遇到回滚语句 ROLLBACK TRANSACTION 时清除自事务起点所做的所有数据修改，将数据恢复到开始工作之前的状态，所以事务结束后课程表和成绩表都不会改变。

【例 14.5】 建立的事务规定 student 表只能插入 8 条记录，如果超出 8 条记录，则插入失败，现在该表中已有 6 条记录，向该表中插入 3 条记录。

```
USE stsc
GO
BEGIN TRANSACTION
  INSERT INTO student VALUES('121006','刘美琳','女', '1992-04-21','通信',52)
  INSERT INTO student VALUES('121007','罗超','男', '1992-11-05','通信',50)
  INSERT INTO student VALUES('122009','何春蓉','女', '1992-06-15','计算机',52)
DECLARE @stCount int
SELECT @stCount=(SELECT COUNT(*) FROM student)
IF @stCount>8
  BEGIN
    ROLLBACK TRANSACTION
    PRINT '插入记录数超过规定数，插入失败！'
  END
ELSE
  BEGIN
    COMMIT TRANSACTION
    PRINT '插入成功！'
  END
```

上述语句从 BEGIN TRANSACTION 定义事务开始，向 student 表中插入 3 条记录，插入完成后对该表的记录计数，判断插入记录数已超过规定的 8 条记录，使用 ROLLBACK TRANSACTION 语句撤销该事务的所有操作，将数据恢复到开始工作之前的状态，事务结束后 student 表未改变。

【**例 14.6**】建立一个事务，向 course 表中插入一行数据，设置保存点，然后删除该行。

```
BEGIN TRANSACTION
  USE stsc
  INSERT INTO course VALUES('207','操作系统',3,'204104')
  SAVE TRANSACTION cou_point          /*设置保存点*/
  DELETE FROM course WHERE cno='207'
  ROLLBACK TRANSACTION cou_point      /*回滚到保存点cou_point*/
COMMIT TRANSACTION
```

上述语句建立的事务执行完毕后插入的一行并没有被删除，因为回滚语句 ROLLBACK TRANSACTION 将操作回退到保存点 cou_point，删除操作被撤销，所以 course 表中增加了一行数据。

【**例 14.7**】建立事务更新 course 表中一行的列值，设置保存点，然后插入一行到 teacher 表中。

```
BEGIN TRANSACTION tran_upd
  USE stsc
  UPDATE course SET tno='204106' WHERE cno='208'
  SAVE TRANSACTION coutn_point /*设置保存点*/
  INSERT teacher VALUES('204106','李世有','男', '1976-09-24','副教授', '计算机学院')
  IF (@@error=0)
```

```
    BEGIN
      ROLLBACK TRANSACTION coutn_point  /*如果上一个T-SQL语句执行成功，回滚到保存点
                                         coutn_point*/
    END
  ELSE
    COMMIT TRANSACTION tran_upd
```

上述语句建立的事务执行完毕后并未插入一行到 teacher 表中，由 IF 语句根据条件
(@@error=0)上一个 T-SQL 语句执行成功，回滚语句 ROLLBACK TRANSACTION 将操作
回退到保存点 coutn_point，插入操作被撤销，所以仅更新了 course 表中一行的列值。

4. 事务嵌套

在 SQL Server 中 BEGIN TRANSACTION 和 COMMIT TRANSACTION 语句也可以进
行嵌套，即事务可以嵌套执行。

全局变量@@TRANCOUNT 用于返回当前等待处理的嵌套事务的数量，如果没有等待处
理的事务，该变量值为 0。BEGIN TRANSACTION 语句将@@TRANCOUNT 加 1。ROLLBACK
TRANSACTION 将@@TRANCOUNT 递减至 0，但 ROLLBACK TRANSACTION savepoint_
name 除外，它不影响@@TRANCOUNT。COMMIT TRANSACTION 或 COMMIT WORK
将@@TRANCOUNT 减 1。

【例 14.8】 嵌套的 BEGIN TRANSACTION 和 COMMIT TRANSACTION 语句。

```
USE stsc
CREATE TABLE tran_clients
( cid int NOT NULL,
  cname char(8) NOT NULL)
GO
BEGIN TRANSACTION Tran1          /*@@TRANCOUNT为1*/
  INSERT INTO tran_clients VALUES(1,'李君')
  BEGIN TRANSACTION Tran2        /*@@TRANCOUNT为2*/
    INSERT INTO tran_clients VALUES(2, '刘佳慧')
    BEGIN TRANSACTION Tran3      /*@@TRANCOUNT为3*/
      PRINT @@TRANCOUNT
      INSERT INTO tran_clients VALUES(3, '王玉山')
    COMMIT TRANSACTION Tran3     /*@@TRANCOUNT为2*/
    PRINT @@TRANCOUNT
  COMMIT TRANSACTION Tran2       /*@@TRANCOUNT为1*/

  PRINT @@TRANCOUNT
COMMIT TRANSACTION Tran1         /*@@TRANCOUNT为0*/
PRINT @@TRANCOUNT
```

14.2　锁　　定

锁定是 SQL Server 用来同步多个用户同时对同一个数据块的访问的一种机制，用于控

事务和锁

制多个用户的并发操作，以防止用户读取到由其他用户更改的数据或者多个用户同时修改同一数据，从而确保事务的完整性和数据库的一致性。

14.2.1 并发影响

修改数据的用户会影响同时读取或修改相同数据的其他用户，即使这些用户可以并发访问数据。并发操作带来的数据不一致性包括丢失更新、脏读、不可重复读、幻读等。

（1）丢失更新（lost update）：当两个事务同时更新数据时系统只能保存最后一个事务更新的数据，导致另一个事务更新数据丢失。

（2）脏读（dirty read）：当第一个事务正在访问数据而第二个事务正在更新该数据但尚未提交时会发生脏读问题，此时第一个事务正在读取的数据可能是"脏"（不正确）数据，从而引起错误。

（3）不可重复读（unrepeatable read）：如果第一个事务两次读取同一文档，但在两次读取之间另一个事务重写了该文档，当第一个事务第二次读取文档时文档已更改，此时发生原始读取不可重复。

（4）幻读：当对某行执行插入或删除操作而该行属于某个事务正在读取的行的范围时会发生幻读问题。由于其他事务的删除操作，事务第一次读取的行的范围显示有一行不再存在于第二次或后续读取内容中。同样，由于其他事务的插入操作，事务第二次或后续读取的内容显示有一行并不存在于原始读取内容中。

14.2.2 可锁定资源和锁模式

1．可锁定资源

SQL Server 具有多粒度锁定，允许一个事务锁定不同类型的资源。为了尽量减少锁定的开销，数据库引擎自动将资源锁定在适合任务的级别。锁定在较小的粒度（例如行）可以提高并发度，但开销较大，因为如果锁定了许多行需要持有更多的锁。锁定在较大的粒度（例如表）会降低并发度，因为锁定整个表限制了其他事务对表中任意部分的访问，但其开销较小，因为需要维护的锁较少。

可锁定资源的粒度由细到粗列举如下。

（1）数据行（row）：数据页中的单行数据。

（2）索引行（key）：索引页中的单行数据，即索引的键值。

（3）页（page）：页是 SQL Server 存取数据的基本单位，其大小为 8KB。

（4）扩展盘区（exten）：一个盘区由 8 个连续的页组成。

（5）表（table）：包括所有数据和索引的整个表。

（6）数据库（database）：整个数据库。

2．锁模式

SQL Server 使用不同的锁模式锁定资源,这些锁模式确定了并发事务访问资源的方式,共有 7 种锁模式,分别是共享、更新、排他、意向、架构、大容量更新、键范围锁。

1）共享锁（S 锁）

共享锁允许并发事务在封闭式并发控制下读取资源。当资源上存在共享锁时任何其他事务都不能修改数据，读取操作一完成就立即释放资源上的共享锁，除非将事务隔离级别设置为可重复读或更高级别，或者在事务持续时间内用锁定提示保留共享锁。

2）更新锁（U 锁）

更新锁可以防止常见的死锁。在可重复读或可序列化事务中此事务读取数据，获取资源（页或行）的共享锁，然后修改数据，此操作要求锁转换为排他锁。如果两个事务获得了资源上的共享模式锁，然后试图同时更新数据，则一个事务尝试将锁转换为排他锁。共享模式到排他锁的转换必须等待一段时间，因为一个事务的排他锁与其他事务的共享模式锁不兼容，发生锁等待。第二个事务试图获取排他锁以进行更新。由于两个事务都要转换为排他锁，并且每个事务都等待另一个事务释放共享模式锁，所以发生死锁。

若要避免这种潜在的死锁问题需要使用更新锁，一次只有一个事务可以获得资源的更新锁。如果事务修改资源，则更新锁转换为排他锁。

3）排他锁（X 锁）

排他锁可防止并发事务对资源进行访问，其他事务不能读取或修改排他锁锁定的数据。

4）意向锁

意向锁表示 SQL Server 需要在层次结构中的某些底层资源（例如表中的页或行）上获取共享锁或排他锁。例如，放置在表级的共享意向锁表示事务打算在表中的页或行上放置共享锁。在表级设置意向锁可防止另一个事务随后在包含那一页的表上获取排他锁。意向锁可以提高性能，因为 SQL Server 仅在表级检查意向锁来确定事务是否可以安全地获取该表上的锁，而无须检查表中的每行或每页上的锁以确定事务是否可以锁定整个表。

意向锁包括意向共享（IS）、意向排他（IX）以及与意向排他共享（SIX）锁。

- 意向共享（IS）锁：通过在各资源上放置 S 锁，表明事务的意向是读取层次结构中的部分（而不是全部）底层资源。
- 意向排他（IX）锁：通过在各资源上放置 X 锁，表明事务的意向是修改层次结构中的部分（而不是全部）底层资源。IX 是 IS 的超集。
- 意向排他共享（SIX）锁：通过在各资源上放置 IX 锁，表明事务的意向是读取层次结构中的全部底层资源并修改部分（而不是全部）底层资源。

5）架构锁

在执行依赖于表架构的操作时使用架构锁，架构锁包含两种类型，即架构修改（Sch-M）锁和架构稳定性（Sch-S）锁。

在执行表的数据定义语言操作（例如增加列或删除表）时使用架构修改（Sch-M）锁。

当编译查询时使用架构稳定性（Sch-S）锁。架构稳定性（Sch-S）锁不阻塞任何事务锁，包括排他锁。因此在编译查询时其他事务（包括在表上有排他锁的事务）都能继续运行，但不能在表上执行 DDL 操作。

6）大容量更新（BU）锁

当将数据大容量复制到表且指定了 TABLOCK 提示或者使用 sp_tableoption 设置了 table lock on bulk 表选项时将使用大容量更新锁。大容量更新锁允许进程将数据并发地大容量复制到同一个表，同时可防止其他不进行大容量复制数据的进程访问该表。

7）键范围锁

键范围锁用于序列化的事务隔离级别，可以保护由 T-SQL 语句读取的记录集合中隐含的行范围。键范围锁可以防止幻读，还可以防止对事务访问的记录集进行幻像插入或删除。

14.2.3 死锁

两个事务分别锁定某个资源而又分别等待对方释放其锁定的资源时将发生死锁，除非某个外部进程断开死锁，否则死锁中的两个事务将无限期等待下去。SQL Server 死锁监视器自动定期检查陷入死锁的任务。如果监视器检测到循环依赖关系，将选择其中的一个任务作为牺牲品，然后终止其事务并提示错误，这样其他任务就可以完成其事务。对于事务以错误终止的应用程序，它还可以重试该事务，但通常要等到与它一起陷入死锁的其他事务完成后执行。

将哪个会话选为死锁牺牲品取决于每个会话的死锁优先级，如果两个会话的死锁优先级相同，则 SQL Server 实例将回滚开销较低的会话选为死锁牺牲品。例如，如果两个会话都将其死锁优先级设置为 HIGH，则此实例便将它估计回滚开销较低的会话选为牺牲品。

如果会话的死锁优先级不同，则将死锁优先级最低的会话选为死锁牺牲品。

下列方法可将死锁减至最少。

（1）按同一顺序访问对象。

（2）避免事务中的用户交互。

（3）保持事务简短并处于一个批处理中。

（4）使用较低的隔离级别。

（5）使用基于行版本控制的隔离级别。

（6）将 READ_COMMITTED_SNAPSHOT 数据库选项设置为 ON，使得已提交读事务使用行版本控制。

（7）使用快照隔离。

（8）使用绑定连接。

14.3 小　　结

本章主要介绍了以下内容。

（1）事务是作为单个逻辑工作单元执行的一系列操作，事务的处理必须满足 ACID 原则，即原子性（atomicity）、一致性（consistency）、隔离性（isolation）和持久性（durability）。

SQL Server 的事务可以分为两类，即系统提供的事务和用户定义的事务。

（2）SQL Server 通过 3 种事务模式管理事务，即自动提交事务模式、显式事务模式和隐性事务模式。

显式事务模式以 BEGIN TRANSACTION 语句显式开始，以 COMMIT 或 ROLLBACK 语句显式结束。

隐性事务模式不需要使用 BEGIN TRANSACTION 语句标识事务的开始，但需要以

COMMIT 语句来提交事务，或以 ROLLBACK 语句来回滚事务。

（3）事务处理语句包括 BEGIN TRANSACTION、COMMIT TRANSACTION、ROLLBACK TRANSACTION 语句。

（4）锁定是 SQL Server 用来同步多个用户同时对同一个数据块的访问的一种机制，用于控制多个用户的并发操作，以防止用户读取到由其他用户更改的数据或者多个用户同时修改同一数据，从而确保事务的完整性和数据库的一致性。

并发操作带来的数据不一致性包括丢失更新、脏读、不可重复读、幻读等。

可锁定资源的粒度由细到粗为数据行（row）、索引行（key）、页（page）、扩展盘区（extent）、表（table）、数据库（database）。

SQL Server 使用不同的锁模式锁定资源，这些锁模式确定了并发事务访问资源的方式，共有 7 种锁模式，分别是共享、更新、排他、意向、架构、大容量更新、键范围锁。

（5）两个事务分别锁定某个资源而又分别等待对方释放其锁定的资源时将发生死锁。将死锁减至最少的方法。

习　题　14

一、选择题

14.1　如果有两个事务同时对数据库中的同一数据进行操作，不会引起冲突的操作是_____。

　　A．一个是 DEIETE，一个是 SELECT

　　B．一个是 SELECT，一个是 DELETE

　　C．两个都是 UPDATE

　　D．两个都是 SELECT

14.2　解决并发操作带来的数据不一致问题普遍采用_____技术。

　　A．存取控制　　　　B．锁　　　　　　C．恢复　　　　　D．协商

14.3　若某数据库系统中存在一个等待事务集{Tl, T2, T3, T4, T5}，其中 Tl 正在等待被 T2 锁住的数据项 A2，T2 正在等待被 T4 锁住的数据项 A4，T3 正在等待被 T4 锁住的数据项 A4，T5 正在等待被 Tl 锁住的数据项 A。下列有关此系统所处状态及需要进行的操作的说法中正确的是_____。

　　A．系统处于死锁状态，撤销其中任意一个事务即可退出死锁状态

　　B．系统处于死锁状态，通过撤销 T4 可使系统退出死锁状态

　　C．系统处于死锁状态，通过撤销 T5 可使系统退出死锁状态

　　D．系统未处于死锁状态，不需要撤销其中的任何事务

二、填空题

14.4　事务的处理必须满足的 ACID 原则为原子性、一致性、隔离性和_____。

14.5　显式事务模式以_____语句显式开始，以 COMMIT 或 ROLLBACK 语句显式结束。

14.6　隐性事务模式需要以 COMMIT 语句来提交事务，或以_____语句来回滚事务。

事务和锁

14.7　锁定是 SQL Server 用来同步多个用户同时对同一个_____的访问的一种机制。

14.8　并发操作带来的数据不一致性包括丢失更新、脏读、不可重复读、_____等。

14.9　两个事务分别锁定某个资源而又分别等待对方_____其锁定的资源时将发生死锁。

三、问答题

14.10　什么是事务？事务的作用是什么？

14.11　ACID 原则有哪几个？

14.12　事务模式有哪几种？

14.13　为什么要在 SQL Server 中引入锁定机制？

14.14　锁模式有哪些？

14.15　为什么会产生死锁？怎样解决死锁现象？

四、上机实验题

14.16　建立一个显式事务以显示 stsc 数据库的 course 表中的数据。

14.17　建立一个隐性事务以插入课程表和成绩表中的新课程号的记录行。

14.18　建立一个事务，向 score 表中插入一行数据，设置保存点，然后删除该行。

系统安全管理

本章要点

- SQL Server 安全机制
- SQL Server 身份验证模式
- 服务器登录名的创建、修改和删除
- 数据库用户的创建、修改和删除
- 服务器角色和数据库角色
- 服务器登录名和数据库用户的权限管理

数据库的安全性是数据库服务器的重要功能之一，SQL Server 采用了复杂的安全保护措施，体现在其安全机制和身份验证模式上。

本章介绍 SQL Server 安全机制和身份验证模式、服务器登录名管理、数据库用户管理、角色、权限管理等内容。

15.1 SQL Server 安全机制和身份验证模式

SQL Server 具有三层结构的安全机制和两种身份验证模式，下面分别介绍。

15.1.1 SQL Server 安全机制

SQL Server 的安全机制分为三层结构，包括服务器安全管理、数据库安全管理、数据库对象的访问权限管理。

1. 服务器安全管理

用户登录 SQL Server 服务器必须通过身份验证，服务器安全性建立在控制服务器登录名和密码的基础上，这是 SQL Server 安全机制的第一道防线。

2. 数据库安全管理

用户要对某一数据库进行操作，必须是该数据库的用户或数据库角色的成员，这是 SQL Server 安全机制的第二道防线。

3. 数据库对象的访问权限管理

用户要访问数据库里的某一对象，必须事先由数据库拥有者赋予该用户访问某一对象的权限，这是 SQL Server 安全机制的第三道防线。

注意：假设 SQL Server 服务器是一幢大楼，大楼中的每一个房间代表数据库，房间里的资料柜代表数据库对象，则登录名是进入大楼的钥匙，用户名是进入房间的钥匙，用户权限是打开资料柜的钥匙。

15.1.2　SQL Server 身份验证模式

SQL Server 提供了两种身份验证模式，即 Windows 验证模式和 SQL Server 验证模式，这两种模式登录 SQL Server 服务器的情形如图 15.1 所示。

图 15.1　以两种验证模式登录 SQL Server 服务器

1. Windows 验证模式

在 Windows 验证模式下，由于用户登录 Windows 时已进行身份验证，登录 SQL Server 时就不再进行身份验证。

2. SQL Server 验证模式

在 SQL Server 验证模式下，SQL Server 服务器要对登录的用户进行身份验证。

当 SQL Server 在 Windows 操作系统上运行时，系统管理员可设定登录验证模式的类型为 Windows 验证模式或混合模式。当采用混合模式时，SQL Server 系统既允许使用 Windows 登录账号登录，也允许使用 SQL Server 登录账号登录。

15.2　服务器登录名的管理

服务器登录名的管理包括创建登录名、修改登录名、删除登录名等，下面分别介绍。

15.2.1　创建登录名

Windows 验证模式和 SQL Server 验证模式都可以使用图形界面方式和 T-SQL 语句两

种方式创建登录名。

1. 使用图形界面方式创建登录名

下面介绍使用图形界面方式创建登录名的过程。

【例 15.1】 使用图形界面方式创建登录名 Mike。

使用图形界面方式创建登录名操作步骤如下：

（1）启动 SQL Server Management Studio，在对象资源管理器中展开"安全性"节点，然后选中"登录名"选项，右击该选项，在弹出的快捷菜单中选择"新建登录名"命令，如图 15.2 所示。

（2）出现如图 15.3 所示的"登录名-新建"窗口，在"登录名"文本框中输入创建的登录名"Mike"，选择"SQL Server 身份验证"（如果选择"Windows 身份验证"，可单击"搜索"按钮，在"选择用户或用户组"对话框中选择相应的用户名并添加到"登录名"文本框中）。

图 15.2 选择"新建登录名"命令　　　　　图 15.3 "登录名-新建"窗口

由于选择了"SQL Server 身份验证"，需要在"密码"和"确认密码"文本框中输入密码，此处输入"1234"，将"强制实施密码策略"复选框取消选中，然后单击"确定"按钮，完成登录名的设置。

2. 使用 T-SQL 语句创建登录名

创建登录名使用 CREATE LOGIN 语句，其语法格式如下。

```
CREATE LOGIN login_name
{ WITH PASSWORD = 'password' [ HASHED ] [ MUST_CHANGE ]
    [ , <option_list> [ ,… ] ]            /*WITH子句用于创建SQL Server登录名*/
```

```
| FROM                              /*FROM子句用于创建其他登录名*/
{
    WINDOWS [ WITH <windows_options> [ ,…] ]
    | CERTIFICATE certname
    | ASYMMETRIC KEY asym_key_name
}
}
```

说明:

- 创建 SQL Server 登录名使用 WITH 子句,PASSWORD 用于指定正在创建的登录名的密码,password 为密码字符串。
- 创建 Windows 登录名使用 FROM 子句,在 FROM 子句的语法格式中 WINDOWS 关键字指定将登录名映射到 Windows 登录名,其中<windows_options>为创建 Windows 登录名的选项,DEFAULT_DATABASE 指定默认数据库,DEFAULT_ LANGUAGE 指定默认语言。

【例 15.2】 使用 T-SQL 语句创建登录名 Qian、Lee1、Ben。

以下语句用于创建 SQL Server 验证模式登录名 Qian。

```
CREATE LOGIN Qian
  WITH PASSWORD='1234',
  DEFAULT_DATABASE=stsc
```

以下语句用于创建 SQL Server 验证模式登录名 Lee1。

```
CREATE LOGIN Lee1
  WITH PASSWORD='1234',
  DEFAULT_DATABASE=stsc
```

以下语句用于创建 Windows 验证模式登录名 Ben。

```
CREATE LOGIN Ben
  WITH PASSWORD='1234',
  DEFAULT_DATABASE=stsc
```

15.2.2 修改登录名

修改登录名可以使用图形界面方式和 T-SQL 语句两种方式。

1. 使用图形界面方式修改登录名

使用图形界面方式修改登录名举例如下。

【例 15.3】 使用图形界面方式修改登录名 Mike 的密码,将它的密码改为 123456。

使用图形界面方式修改登录名的操作步骤如下。

(1)启动 SQL Server Management Studio,在对象资源管理器中展开"安全性"节点,展开"登录名"节点,然后选中 Mike 选项,右击该选项,在弹出的快捷菜单中选择"属性"命令。

(2)出现"登录属性-Mike"窗口,在"密码"和"确认密码"文本框中输入新密码"123456",然后单击"确定"按钮,完成登录名密码的修改。

2. 使用 T-SQL 语句修改登录名

修改登录名使用 ALTER LOGIN 语句，其语法格式如下。

```
ALTER LOGIN login_name
{
  status_option | WITH set_option […]
}
```

其中，login_name 为需要更改的登录名，在 WITH set_option 选项中可指定新的登录名和新密码等。

使用 T-SQL 语句修改登录名举例如下。

【例 15.4】 使用 T-SQL 语句修改登录名 Lee1，将其改为 Lee2。

```
ALTER LOGIN Lee1
  WITH name=Lee2
```

15.2.3 删除登录名

用户可以使用图形界面方式和 T-SQL 语句两种方式删除登录名。

1. 使用图形界面方式删除登录名

使用图形界面方式删除登录名举例如下。

【例 15.5】 使用图形界面方式删除登录名 Lee2。

使用图形界面方式删除登录名的操作步骤如下。

（1）启动 SQL Server Management Studio，在对象资源管理器中展开"安全性"节点，展开"登录名"节点，然后选中 Lee2 选项，右击该选项，在弹出的快捷菜单中选择"删除"命令。

（2）在弹出的"删除对象"对话框中单击"确定"按钮，即可删除登录名 Lee2。

2. 使用 T-SQL 语句删除登录名

删除登录名使用 DROP LOGIN 语句，其语法格式如下。

```
DROP LOGIN login_name
```

其中，login_name 为指定要删除的登录名。

【例 15.6】 使用 T-SQL 语句删除登录名 Ben。

```
DROP LOGIN Ben
```

15.3 数据库用户的管理

一个用户取得合法的登录名仅能够登录到 SQL Server 服务器，不表明能对数据库和数据库对象进行某些操作。

用户对数据库的访问和对数据库对象进行的所有操作都是通过数据库用户来控制的。数据库用户总是基于数据库，一个登录名总是与一个或多个数据库用户对应，两个不同的数据库可以有两个相同的数据库用户。

注意： 数据库用户可以与登录名相同，也可以与登录名不同。

15.3.1 创建数据库用户

创建数据库用户必须首先创建登录名，创建数据库用户有图形界面方式和 T-SQL 语句两种方式，以下将"数据库用户"简称为"用户"。

1. 使用图形界面方式创建用户

使用图形界面方式创建用户举例如下。

【例 15.7】 使用图形界面方式创建用户 Acc。

使用图形界面方式创建用户的操作步骤如下。

（1）启动 SQL Server Management Studio，在对象资源管理器中展开"数据库"节点，展开 stsc 节点，展开"安全性"节点，然后选中"用户"选项，右击该选项，在弹出的快捷菜单中选择"新建用户"命令，如图 15.4 所示。

（2）出现如图 15.5 所示的"数据库用户-新建"窗口，在"用户名"文本框中输入创建的用户名"Acc"，然后单击"登录名"右侧的".."按钮。

图 15.4 选择"新建用户"命令　　　　图 15.5 "数据库用户-新建"窗口

（3）弹出如图 15.6 所示的"选择登录名"对话框，单击"浏览"按钮，弹出如图 15.7 所示的"查找对象"对话框，在登录名列表中选择"Mike"然后，单击两次"确定"按钮。

图 15.6 "选择登录名"对话框

图 15.7 "查找对象"对话框

（4）返回"数据库用户-新建"窗口，单击"确定"按钮完成用户 Acc 的创建。

2. 使用 T-SQL 语句创建用户

创建数据库用户使用 CREATE USER 语句，其语法格式如下。

```
CREATE USER user_name
[{ FOR | FROM }
    {
      LOGIN login_name
    | CERTIFICATE cert_name
    | ASYMMETRIC KEY asym_key_name
    }
    | WITHOUT LOGIN
]
    [ WITH DEFAULT_SCHEMA = schema_name ]
```

说明：

- user_name 指定数据库用户名。
- FOR 或 FROM 子句用于指定相关联的登录名，LOGIN login_name 指定要创建数据库用户的 SQL Server 登录名。login_name 必须是服务器中有效的登录名，当此登录名进入数据库时它将获取正在创建的数据库用户的名称和 ID。

- WITHOUT LOGIN 指定不将用户映射到现有登录名。
- WITH DEFAULT_SCHEMA 指定服务器为此数据库用户解析对象名称时将搜索的第一个架构，默认为 dbo。

【例 15.8】 使用 T-SQL 语句创建用户 Dbm、Sur1、Sur2。

以下语句用于创建用户 Dbm，其登录名 Qian 已创建。

```
CREATE USER Dbm
  FOR LOGIN Qian
```

以下语句用于创建用户 Sur1，其登录名 Sg1 已创建。

```
CREATE USER Sur1
  FOR LOGIN Sg1
```

以下语句用于创建用户 Sur2，其登录名 Sg2 已创建。

```
CREATE USER Sur2
  FOR LOGIN Sg2
```

15.3.2 修改数据库用户

修改数据库用户使用图形界面方式和 T-SQL 语句两种方式。

1. 使用图形界面方式修改用户

使用图形界面方式修改用户举例如下。

【例 15.9】 使用图形界面方式修改用户 Acc。

使用图形界面方式修改用户的操作步骤如下。

（1）启动 SQL Server Management Studio，在对象资源管理器中展开"数据库"节点，展开 stsc 节点，展开"安全性"节点，展开"用户"节点，然后选中 Acc 选项，右击该选项，在弹出的快捷菜单中选择"属性"命令。

（2）出现"数据库用户-Acc"窗口，在其中进行相应的修改，单击"确定"按钮完成修改。

2. 使用 T-SQL 语句修改用户

修改数据库用户使用 ALTER USER 语句，其语法格式如下。

```
ALTER USER user_name
  WITH NAME = new_ user_name
```

其中，user_name 为要修改的数据库用户名，WITH NAME = new_user_name 指定新的数据库用户名。

【例 15.10】 使用 T-SQL 语句将用户 Sur2 修改为 Sur3。

```
USE stsc
ALTER USER Sur2
  WITH name=Sur3
```

15.3.3　删除数据库用户

删除数据库用户有图形界面方式和 T-SQL 语句两种方式。

1. 使用图形界面方式删除用户

【例 15.11】　使用图形界面方式删除用户 Sur1。

使用图形界面方式删除用户的操作步骤如下。

（1）启动 SQL Server Management Studio，在对象资源管理器中展开"数据库"节点，展开 stsc 节点，展开"安全性"节点，展开"用户"节点，然后选中 Sur1 选项，右击该选项，在弹出的快捷菜单中选择"删除"命令。

（2）在弹出的"删除对象"对话框中单击"确定"按钮，即可删除用户 Sur1。

2. 使用 T-SQL 语句删除用户

删除数据库用户使用 DROP USER 语句，其语法格式如下。

```
DROP USER user_name
```

其中，user_name 为要删除的数据库用户名，注意在删除之前要使用 USE 语句指定数据库。

【例 15.12】　使用 T-SQL 语句删除用户 Sur3。

```
USE stsc
DROP USER Sur3
```

15.4　角　　色

为便于集中管理数据库中的权限，SQL Server 提供了若干"角色"，这些角色将用户分为不同的组，对相同组的用户进行统一管理，赋予相同的操作权限，它们类似于 Microsoft Windows 操作系统中的用户组。

SQL Server 将角色划分为服务器角色、数据库角色。服务器角色用于对登录名授权，数据库角色用于数据库用户授权。

15.4.1　服务器角色

服务器角色分为固定服务器角色和用户定义服务器角色两种类型。

1. 固定服务器角色

固定服务器角色是执行服务器级管理操作的权限集合，这些角色是系统预定义的，如果在 SQL Server 中创建一个登录名后要赋予该登录者具有管理服务器的权限，此时可设置该登录名为服务器角色的成员。SQL Server 提供了以下固定服务器角色。

- sysadmin：系统管理员，角色成员可以对 SQL Server 服务器进行所有的管理工作，为最高管理角色。这个角色一般适合于数据库管理员（DBA）。
- securityadmin：安全管理员，角色成员可以管理登录名及其属性，可以授予、拒绝、撤销服务器级和数据库级的权限，另外还可以重置 SQL Server 登录名的密码。

- serveradmin：服务器管理员，角色成员具有对服务器进行设置及关闭服务器的权限。
- setupadmin：设置管理员，角色成员可以添加和删除所链接服务器，并执行某些系统存储过程。
- processadmin：进程管理员，角色成员可以终止 SQL Server 实例中运行的进程。
- diskadmin：用于管理磁盘文件。
- dbcreator：数据库创建者，角色成员可以创建、更改、删除或还原任何数据库。
- bulkadmin：可执行 BULK INSERT 语句，但是这些成员对要插入数据的表必须有 INSERT 权限。BULK INSERT 语句的功能是以用户指定的格式复制一个数据文件到数据库表或视图。
- public：其角色成员可以查看任何数据库。

用户只能将一个登录名添加为上述某个固定服务器角色的成员，不能自行定义服务器角色。

添加固定服务器角色成员有使用图形界面方式和使用系统存储过程两种方式。

1）使用图形界面方式添加固定服务器角色成员

下面介绍使用图形界面方式添加固定服务器角色成员的过程。

【例 15.13】 在固定服务器角色 sysadmin 中添加登录名 Mike。

使用图形界面方式添加固定服务器角色成员的步骤如下。

（1）启动 SQL Server Management Studio，在对象资源管理器中展开"安全性"节点，展开"服务器角色"节点，然后选中 sysadmin 选项，右击该选项，在弹出的快捷菜单中选择"属性"命令，如图 15.8 所示。

（2）出现如图 15.9 所示的"服务器角色属性-sysadmin"窗口，此时在角色成员列表中没有登录名"Mike"，单击"添加"按钮。

图 15.8 选择"属性"命令

图 15.9 "服务器角色属性-sysadmin"窗口

（3）弹出"选择服务器登录名或角色"对话框，单击"浏览"按钮，弹出如图 15.10 所示的"查找对象"对话框，在"匹配的对象"列表框中选择"Mike"，然后单击两次"确定"按钮。

图 15.10 "查找对象"对话框

（4）出现"服务器角色属性-sysadmin"窗口，可以看出 Mike 登录名为 sysadmin 角色成员，单击"确定"按钮完成在固定服务器角色 sysadmin 中添加登录名 Mike 的设置。

2）使用系统存储过程添加固定服务器角色成员

使用系统存储过程 sp_addsrvrolemember 将登录名添加到某一固定服务器角色的语法格式如下。

```
sp_addsrvrolemember [ @loginame = ] 'login', [@rolename =] 'role'
```

其中，login 指定添加到固定服务器角色 role 的登录名，login 可以是 SQL Server 登录名或 Windows 登录名，对于 Windows 登录名，如果还没有授予 SQL Server 访问权限，将自动对其授予访问权限。

【例 15.14】 在固定服务器角色 sysadmin 中添加登录名 Qian。

```
EXEC sp_addsrvrolemember 'Qian', 'sysadmin'
```

3）使用系统存储过程删除固定服务器角色成员

使用系统存储过程 sp_dropsrvrolemember 从固定服务器角色中删除登录名的语法格式如下。

```
sp_dropsrvrolemember [ @loginame = ] 'login' , [ @rolename = ] 'role'
```

其中，'login'为将要从固定服务器角色删除的登录名；'role'为服务器角色名，默认值为 NULL，其必须是有效的固定服务器角色名。

【例 15.15】 在固定服务器角色 sysadmin 中删除登录名 Qian。

```
EXEC sp_dropsrvrolemember 'Qian', 'sysadmin'
```

2. 用户定义服务器角色

SQL Server 2012 新增了用户定义服务器角色。

用户定义服务器角色提供了灵活、有效的安全机制，用户可以创建、修改和删除用户定义服务器角色，可以像固定服务器角色那样添加角色成员和删除角色成员，其操作方法类似。

15.4.2 数据库角色

SQL Server 的数据库角色分为固定数据库角色、用户定义数据库角色和应用程序角色。

1. 固定数据库角色

固定数据库角色是在数据库级别定义的，并且有权进行特定数据库的管理和操作。

固定数据库角色及其执行的操作如下。

- db_owner：数据库所有者，可以执行数据库的所有管理操作。
- db_securityadmin：数据库安全管理员，可以修改角色成员身份和管理权限。
- db_accessadmin：数据库访问权限管理员，可以为 Windows 登录名、Windows 组和 SQL Server 登录名添加或删除数据库访问权限。
- db_backupoperator：数据库备份操作员，可以备份数据库。
- db_ddladmin：数据库 DDL 管理员，可以在数据库中运行任何数据定义语言（DDL）语句。
- db_datawriter：数据库数据写入者，可以在所有用户表中添加、删除或更改数据。
- db_datareader：数据库数据读取者，可以从所有用户表中读取所有数据。
- db_denydatawriter：数据库拒绝数据写入者，不能添加、修改或删除数据库内用户表中的任何数据。
- db_denydatareader：数据库拒绝数据读取者，不能读取数据库内用户表中的任何数据。
- public：特殊的数据库角色，每个数据库用户都属于 public 角色。如果未向某个用户授予或拒绝对安全对象的特定权限，该用户将继承授予该对象的 public 角色的权限。

添加固定数据库角色成员有使用图形界面方式和使用系统存储过程两种方式。

1）使用图形界面方式添加固定数据库角色成员

使用图形界面方式添加固定数据库角色成员举例如下。

【例 15.16】 在固定数据库角色 db_owner 中添加用户 Acc。

使用图形界面方式添加固定数据库角色成员的操作步骤如下。

（1）启动 SQL Server Management Studio，在对象资源管理器中展开"数据库"节点，展开 stsc 节点，展开"安全性"节点，展开"用户"节点，然后选中 Acc 选项，右击该选项，在弹出的快捷菜单中选择"属性"命令，出现"数据库用户-Acc"窗口，选择"成员身份"，在角色成员列表中选择 db_owner 角色，如图 15.11 所示，单击"确定"按钮。

图 15.11　在"数据库用户-Acc"窗口中选择 db_owner 角色

（2）为了查看 db_owner 角色的成员中是否添加了 Acc 用户，在对象资源管理器中展开"数据库"节点，展开 stsc 节点，展开"安全性"节点，展开"角色"节点，展开"数据库角色"节点，然后选中 db_owner 选项，右击该选项，在弹出的快捷菜单中选择"属性"命令，出现"数据库角色属性-db_owner"窗口，可以看出在角色成员列表中已有 Acc 成员，如图 15.12 所示。

图 15.12　固定数据库角色 db_owner 中已添加成员 Acc

系统安全管理

2）使用系统存储过程添加固定数据库角色成员

使用系统存储过程 **sp_addrolemember** 将一个数据库用户添加到某一固定数据库角色的语法格式如下。

```
sp_addrolemember [ @rolename = ] 'role', [ @membername = ] 'security_account'
```

其中，'role'为当前数据库中的数据库角色的名称；'security_account'为添加到该角色的安全账户，可以是数据库用户或当前数据库角色。

【例 15.17】 在固定数据库角色 db_owner 中添加用户 Dbm。

```
USE stsc
GO
EXEC sp_addrolemember 'db_owner', 'Dbm'
```

3）使用系统存储过程删除固定数据库角色成员

使用系统存储过程 sp_droprolemember 将某一成员从固定数据库角色中删除的语法格式如下。

```
sp_droprolemember [ @rolename = ] 'role', [ @membername = ] 'security_account
```

【例 15.18】 从固定数据库角色 db_owner 中删除用户 Dbm。

```
EXEC sp_droprolemember 'db_owner', 'Dbm'
```

2. 用户定义数据库角色

如果有若干用户需要获取数据库共同权限，可形成一组，创建用户定义数据库角色赋予该组相应权限，并将这些用户作为该数据库角色成员。

创建用户定义数据库角色有使用图形界面方式和使用 T-SQL 语句两种方式。

1）使用图形界面方式创建用户定义数据库角色

使用图形界面方式创建用户定义数据库角色举例如下。

【例 15.19】 为 stsc 数据库创建用户定义数据库角色 Roledb。

使用图形界面方式创建固定数据库角色成员的操作步骤如下。

（1）启动 SQL Server Management Studio，在对象资源管理器中展开"数据库"节点，展开 stsc 节点，展开"安全性"节点，展开"角色"节点，然后选中"数据库角色"选项，右击该选项，在弹出的快捷菜单中选择"新建数据库角色"命令，如图 15.13 所示。

（2）出现如图 15.14 所示的"数据库角色-新建"窗口，在"角色名称"文本框中输入"Roledb"，然后单击"所有者"文本框后面的"."按钮。

（3）弹出"选择数据库用户或角色"对话框，单击"浏览"按钮，弹出如图 15.15 所示的"查找对象"对话框，从中选择数据库用户 Acc，然后单击两次"确定"按钮。

图 15.13 选择"新建数据库角色"命令   图 15.14 "数据库角色-新建"窗口

图 15.15 "查找对象"对话框

（4）单击"确定"按钮，完成用户定义数据库角色 Roledb 的创建。

2）使用 T-SQL 语句创建用户定义数据库角色

（1）定义数据库角色：创建用户定义数据库角色使用 CREATE ROLE 语句，其语法格式如下。

```
CREATE ROLE role_name [ AUTHORIZATION owner_name ]
```

其中，role_name 为要创建的自定义数据库角色名称，AUTHORIZATION owner_name 指定新的自定义数据库角色拥有者。

【例 15.20】 为 stsc 数据库创建数据库用户角色 Roledb1。

```
USE stsc
```

```
GO
CREATE ROLE Roledb1 AUTHORIZATION dbo
```

（2）添加数据库角色成员：向用户定义数据库角色添加成员使用存储过程 sp_addrolemember，其用法与前面介绍的基本相同。

【例 15.21】 给数据库用户角色 Roledb1 添加用户账户 Dbm。

```
EXEC sp_addrolemember 'Roledb1','Dbm'
```

3）使用 T-SQL 语句删除用户定义数据库角色

删除数据库角色使用 DROP ROLE 语句，其语法格式如下。

```
DROP ROLE role_name
```

【例 15.22】 删除数据库用户角色 Roledb。

```
DROP ROLE Roledb
```

3. 应用程序角色

应用程序角色用于允许用户通过特定的应用程序获取特定数据，它是一种特殊的数据库角色。

应用程序角色是非活动的，在使用之前要在当前连接中将其激活，激活一个应用程序角色后当前连接将失去它所有的用户权限，只获得应用程序角色所拥有的权限。应用程序角色在默认情况下不包含任何成员。

15.5 权 限 管 理

登录名具有对某个数据库的访问权限，并不表示对该数据库的数据库对象具有访问权限，只有对数据库用户授权后才能访问数据库对象。

15.5.1 登录名权限管理

使用图形界面方式给登录名授权举例如下。

【例 15.23】 将固定服务器角色 serveradmin 的权限分配给登录名 Mike。

其操作步骤如下。

（1）启动 SQL Server Management Studio，在对象资源管理器中展开"安全性"节点，展开"登录名"节点，然后选中 Mike 选项，右击该选项，在弹出的快捷菜单中选择"属性"命令，如图 15.16 所示。

（2）在出现的"登录属性-Mike"窗口中选择"服务器角色"，如图 15.17 所示，然后在"服务器角色"列表框中选中固定服务器角色 serveradmin。

（3）选择"用户映射"，出现如图 15.18 所示的窗口，在"映射到此登录名的用户"列表框中选中 stsc 数据库，设置数据库用户，此处设置为 Acc 用户，可以看出数据库用户 Acc 具有固定服务器角色的 public 权限。

图 15.16　选择"属性"命令　　　　　　　　图 15.17　"登录属性-Mike"窗口

图 15.18　设置用户映射选项

（4）选择"安全对象"，单击"搜索"按钮，弹出"添加对象"对话框，选中"特定类型的所有对象"单选按钮，单击"确定"按钮，弹出如图 15.19 所示的"选择对象类型"对话框，然后选中"登录名"单选按钮，单击"确定"按钮。

图 15.19 "选择对象类型"对话框

（5）返回到"登录属性-Mike"窗口，在安全对象列表中选择"Mike"，在"Mike 的权限"列表中选中"更改"进行授予，设置结果如图 15.20 所示，然后单击"确定"按钮，完成对登录名 Mike 的授权操作。

图 15.20 "登录属性-Mike"窗口

15.5.2 数据库用户权限管理

使用图形界面方式和 T-SQL 语句给数据库用户授权，下面分别进行介绍。

1．使用图形界面方式给用户授权

使用图形界面方式给用户授权举例如下。

【例 15.24】 使用图形界面方式给用户 Acc 授予一些权限。

使用图形界面方式给用户 Acc 授权的操作步骤如下。

（1）启动 SQL Server Management Studio，在对象资源管理器中展开"数据库"节点，展开 stsc 节点，展开"安全性"节点，展开"用户"节点，然后选中 Acc 用户，右击该用户，在弹出的快捷菜单中选择"属性"命令，如图 15.21 所示。

（2）在出现的"数据库用户-Acc"窗口中选择"安全对象"，如图 15.22 所示，单击"搜索"按钮。

图 15.21 选择"属性"命令　　　　　　图 15.22 "数据库用户-Acc"窗口

（3）弹出"添加对象"对话框，选中"特定类型的所有对象"单选按钮，单击"确定"按钮。弹出如图 15.23 所示的"选择对象类型"对话框，选中"表"复选框，单击"确定"按钮。

图 15.23 "选择对象类型"对话框

（4）返回到"数据库用户-Acc"窗口，这里在安全对象列表中选择 course，在"dbo.course 的权限"列表中选中"插入""更改""更新""删除""选择"等权限进行授予，设置结果如图 15.24 所示，然后单击"确定"按钮，完成对用户 Acc 的授权操作。

图 15.24　选择授予的权限

2. 使用 GRANT 语句给用户授权

使用 GRANT 语句可以给数据库用户或数据库角色授予数据库级别或对象级别的权限，其语法格式如下。

```
GRANT { ALL [ PRIVILEGES ] }| permission [ ( column [ ,…n ] ) ] [ ,…n ]
   [ ON [ class :: ] securable ] TO principal [ ,…n ]
   [ WITH GRANT OPTION ] [ AS principal ]
```

说明：

- ALL：授予所有可用的权限。
- permission：权限的名称。

对于数据库，权限取值可为 CREATE DATABASE、CREATE DEFAULT、CREATE FUNACTION、CREATE PROCEDURE、CREATE RULE、CREATE TABLE、CREATE VIEW、BACKUP DATABASE、BACKUP LOG。

对于表、视图或表值函数，权限取值可作为 SELECT、INSERT、DELETE、UPDATE、REFERENCES。

对于存储过程库，权限取值可为 EXECUTE。

对于用户函数，权限取值可为 EXECUTE、REFERENCFS。

- column：指定表中将授予其权限的列的名称。
- class：指定将授予其权限的安全对象的类，需要使用范围限定符 "::"。
- ON securable：指定将授予其权限的安全对象。
- TO principal：主体的名称，可为其授予安全对象权限的主体随安全对象而异。
- GRANT OPTION：指示被授权者在获得指定权限的同时还可以将指定权限授予其他主体。

【例 15.25】 使用 T-SQL 语句给用户 Dbm 授予 CREATE TABLE 权限

```
USE stsc
GRANT CREATE TABLE TO Dbm
GO
```

3．使用 DENY 语句拒绝授予用户权限

使用 DENY 语句可以拒绝给当前数据库用户授予的权限，并防止数据库用户通过其组或角色成员资格继承权限，其语法格式如下。

```
DENY { ALL [ PRIVILEGES ] }
  | permission [ ( column [ ,…n ] ) ] [ ,…n ]
  [ ON securable ] TO principal [ ,…n ]
  [ CASCADE] [ AS principal ]
```

其中，CASCADE 指示拒绝授予指定主体该权限，同时对该主体授予了该权限的所有其他主体也拒绝授予该权限。当主体具有带 GRANT OPTION 的权限时为必选项。DENY 语句的语法格式的其他项的含义与 GRANT 语句中的相同。

【例 15.26】 对所有 Roledb 角色成员拒绝授予 CREATE TABLE 权限。

```
USE stsc
DENY CREATE TABLE TO Roledb
GO
```

4．使用 REVOKE 语句撤销用户权限

使用 REVOKE 语句可撤销以前给当前数据库用户授予的权限，其语法格式如下。

```
REVOKE [ GRANT OPTION FOR ]
  { [ ALL [ PRIVILEGES ] ]
    | permission [ ( column [ ,…n ] ) ] [ ,…n ]
  }
  [ ON securable ]
  { TO | FROM } principal [ ,…n ]
  [ CASCADE] [ AS principal ]
```

【例 15.27】 取消已授予用户 Dbm 的 CREATE TABLE 权限。

```
USE stsc
REVOKE CREATE TABLE FROM Dbm
```

```
GO
```

【例 15.28】 取消对 Dbm 授予的 student 表上的 SELECT 权限。

```
USE stsc
REVOKE SELECT ON student FROM Dbm
GO
```

15.6 综 合 训 练

1．训练要求

培养学生自主创建服务器登录名、创建数据库用户、创建用户定义数据库角色和在数据库角色中添加用户的能力。

（1）以系统管理员 sa 身份登录到 SQL Server。

（2）分别给 3 个学生创建登录名 st1、st2、st3。

（3）给上述 3 个学生创建 stsc 数据库用户 stud1、stud2、stud3。

（4）在数据库 stsc 上创建一个数据库角色 Roledb2，并给该数据库角色授予在 student 表上执行 SELECT 语句的权限。

（5）将每个学生用户定义为数据库角色 Roledb2 的成员。

2．T-SQL 语句的编写

（1）登录 SQL Server（略）。

（2）分别给 3 个学生创建登录名 st1、st2、st3。

```
CREATE LOGIN st1
  WITH PASSWORD='1234',
  DEFAULT_DATABASE=stsc
GO

CREATE LOGIN st2
  WITH PASSWORD='1234',
  DEFAULT_DATABASE=stsc
GO

CREATE LOGIN st3
  WITH PASSWORD='1234',
  DEFAULT_DATABASE=stsc
GO
```

（3）给上述 3 个学生创建 stsc 数据库用户 stud1、stud2、stud3。

```
CREATE USER stud1
  FOR LOGIN st1
GO

CREATE USER stud2
  FOR LOGIN st2
```

```
GO

CREATE USER stud3
  FOR LOGIN st3
GO
```

（4）在数据库 stsc 上创建一个数据库角色 Roledb2，并给该数据库角色授予在 student 表上执行 SELECT 语句的权限。

```
USE stsc
GO

CREATE ROLE Roledb2 AUTHORIZATION dbo
GO

GRANT SELECT ON student TO Roledb2
  WITH GRANT OPTION
GO
```

（5）将每个学生用户定义为数据库角色 Roledb2 的成员。

```
EXEC sp_addrolemember 'Roledb2','stud1'

EXEC sp_addrolemember 'Roledb2','stud2'

EXEC sp_addrolemember 'Roledb2','stud3'
```

15.7 小 结

本章主要介绍了以下内容。

（1）SQL Server 的安全机制分为 3 层结构，包括服务器安全管理、数据库安全管理、数据库对象的访问权限管理。

SQL Server 提供了两种身份验证模式，即 Windows 验证模式和 SQL Server 验证模式。

（2）可以使用图形界面方式和 T-SQL 语句两种方式创建登录名，在 T-SQL 语句中，创建登录名使用 CREATE LOGIN 语句。

修改登录名可以使用图形界面方式和 T-SQL 语句两种方式，修改登录名使用 ALTER LOGIN 语句。

可以使用图形界面方式和 T-SQL 语句两种方式删除登录名，删除登录名使用 DROP LOGIN 语句。

（3）创建数据库用户必须首先创建登录名。创建数据库用户有使用图形界面方式和 T-SQL 语句两种方式，创建数据库用户使用 CREATE USER 语句。

修改数据库用户有使用图形界面方式和 T-SQL 语句两种方式，修改数据库用户使用 ALTER USER 语句。

删除数据库用户有使用图形界面方式和 T-SQL 语句两种方式，删除数据库用户使用 DROP USER 语句。

（4）SQL Server 提供了若干角色，这些角色将用户分为不同的组，对相同组的用户进行统一管理，赋予相同的操作权限。SQL Server 提供了服务器角色和数据库角色。

服务器角色分为固定服务器角色和用户定义服务器角色。

固定服务器角色是执行服务器级管理操作的权限集合，这些角色是系统预定义的，添加固定服务器角色成员有使用图形界面方式和使用系统存储过程两种方式。

SQL Server 2012 新增了用户定义服务器角色，提供了灵活、有效的安全机制，用户可以创建、修改和删除用户定义服务器角色。

（5）数据库角色分为固定数据库角色、用户定义数据库角色和应用程序角色。

固定数据库角色是在数据库级别定义的，并且有权进行特定数据库的管理和操作，这些角色由系统预定义，添加固定数据库角色成员有使用图形界面方式和使用系统存储过程两种方式。

如果有若干用户需要获取数据库共同权限，可形成一组，创建用户定义数据库角色赋予该组相应权限，并将这些用户作为该数据库角色成员。创建用户定义数据库角色有使用图形界面方式和 T-SQL 语句两种方式。

应用程序角色用于允许用户通过特定的应用程序获取特定数据，它是一种特殊的数据库角色。

（6）权限管理包括登录名权限管理和数据库用户权限管理。

给数据库用户授予权限有使用图形界面方式和 T-SQL 语句两种方式。

使用 GRANT 语句可以给数据库用户或数据库角色授予数据库级别或对象级别的权限。

使用 DENY 语句可以拒绝给当前数据库用户授予权限，并防止数据库用户通过其组或角色成员资格继承权限。

使用 REVOKE 语句可撤销以前给当前数据库用户授予的权限。

习　题　15

一、选择题

15.1　下列 SQL Server 提供的系统角色中具有 SQL Server 服务器上全部操作权限的角色是_____。

    A. db_Owner　　　　B. dbcreator　　　　C. db_datawriter　　　　D. sysadmin

15.2　下列角色中具有数据库中全部用户表数据的插入、删除、修改权限且只具有这些权限的角色是 _____ 。

    A. db_owner　　　　B. db_datareader　　C. db_datawriter　　　D. public

15.3　创建 SQL Server 登录账户的 SQL 语句是_____。

    A. CREATE LOGIN　　　　　　　　B. CREATE USER

    C. ADD LOGIN　　　　　　　　　　D. ADD USER

15.4　下列关于用户定义数据库角色的说法中错误的是_____。

A. 用户定义数据库角色只能是数据库级别的角色

B. 用户定义数据库角色可以是数据库级别的角色，也可以是服务器级别的角色

C. 定义用户定义数据库角色的目的是方便对用户的权限进行管理

D. 用户定义数据库角色的成员可以是用户定义数据库角色

15.5 下列关于 SQL Server 数据库用户权限的说法中错误的是_____。

A. 数据库用户自动具有该数据库中全部用户数据的查询权

B. 在通常情况下数据库用户都来源于服务器的登录名

C. 一个登录名可以对应多个数据库中的用户

D. 数据库用户都自动具有该数据库中 public 角色的权限

15.6 在 SQL Server 中，设用户 U1 是某数据库的 db_datawriter 角色中的成员，则 U1 在该数据库中有权执行的操作是_____。

A. SELECT

B. SELECT 和 INSERT

C. INSERT、UPDATE 和 DELETE

D. SELECT、INSERT、UPDATE 和 DELETE

15.7 在 SQL Server 的某数据库中，设用户 U1 同时是角色 R1 和角色 R2 中的成员。现已授予角色 R1 对表 T 具有 SELECT、INSERT 和 UPDATE 权限，授予角色 R2 对表 T 具有 INSERT 和 DENY UPDATE 权限，没有对 U1 进行其他授权，则 U1 对表 T 有权执行的操作是_____。

A. SELECT 和 INSERT

B. INSERT、UPDATE 和 SELECT

C. SELECT 和 UPDATE

D. SELECT

二、填空题

15.8 SQL Server 的安全机制分为 3 层结构，包括服务器安全管理、数据库安全管理、数据库对象的_____。

15.9 SQL Server 提供了两种身份验证模式，即 Windows 验证模式和_____验证模式。

15.10 在 SQL Server 中创建登录名 em1，请补全下面的语句：

```
_____ em1 WITH PASSWORD='1234' DEFAULT_DATABASE=StoreSales;
```

15.11 在 SQL Server 的某数据库中授予用户 emp1 获得对 sales 表数据的查询权限，请补全实现该授权操作的 T-SQL 语句。

```
_____ ON sales TO emp1;
```

15.12 在 SQL Server 的某数据库中授予用户 emp1 获得创建表的权限，请补全实现该授权操作的 T-SQL 语句。

```
_____ TO emp1;
```

15.13 在 SQL Server 的某数据库中设置不允许用户 stu1 获得对 student 表的插入数据权限，请补全实现该拒绝权限操作的 T-SQL 语句。

　　　　 ON student TO stu1;

15.14 在 SQL Server 的某数据库中撤销用户 u1 创建表的权限，请补全实现该撤销权限操作的 T-SQL 语句。

　　　　 FROM u1;

三、问答题

15.15 怎样创建 Windows 验证模式和 SQL Server 验证模式的登录名？

15.16 SQL Server 登录名和用户有什么区别？

15.17 什么是角色？固定服务器角色有哪些？固定数据库角色有哪些？

15.18 常见数据库对象访问权限有哪些？

15.19 怎样给一个数据库用户或角色授予操作权限？怎样撤销授予的操作权限？

四、上机实验题

15.20 使用 T-SQL 语句创建一个登录名 mylog，其密码为"123456"，然后将密码改为"234567"，以 mylog/234567 登录到 SQL Server，打开 stsc 数据库，查看出现的结果，完成上述实验后删除登录名 mylog。

15.21 创建一个登录名 Mst，其默认数据库为 stsc，使用 T-SQL 语句为 Mst 登录名在 test 数据库中创建一个数据库用户 Musr。

15.22 将 test 数据库中建表的权限授予 Musr 数据库用户，然后收回该权限。

15.23 将 test 数据库中表 s 上的 INSERT、UPDATE 和 DELETE 权限授予 Musr 数据库用户，然后收回该权限。

15.24 拒绝 Musr 数据库用户对 test 数据库中表 s 的 INSERT、UPDATE 和 DELETE 权限。

第16章 | 备份和恢复

本章要点

- 备份类型和恢复模式
- 使用图形界面方式和存储过程创建、删除命名备份设备
- 使用图形界面方式或 BACKUP 语句备份数据库
- 使用图形界面方式或 RESTORE 语句恢复数据库
- 使用"复制数据库向导"复制数据库
- 使用图形界面方式分离和附加数据库

为了防止因硬件故障、软件错误、误操作、病毒和自然灾难而导致的数据丢失或数据库崩溃进行数据备份和恢复工作,这是一项重要的系统管理工作。本章介绍备份和恢复概述、创建备份设备、备份数据库、恢复数据库、复制数据库、分离和附加数据库等内容。

16.1 备份和恢复概述

备份是制作数据库结构、数据库对象和数据的副本,当数据库遭到破坏时能够还原和恢复数据。恢复是指从一个或多个备份中还原数据,并在还原最后一个备份后恢复数据库的操作。

用于还原和恢复数据的数据副本称为"备份",使用备份可以在发生故障后还原数据。通过妥善备份可以从多种故障中恢复,例如硬件故障(如磁盘驱动器损坏或服务器报废)、存储媒体故障(如存放数据库的硬盘损坏)、用户错误(如偶然或恶意地修改或删除数据)、自然灾难(如火灾、洪水或地震等)、病毒(破坏性病毒会破坏系统软件、硬件和数据)。

此外,数据库备份对于进行日常管理(例如将数据库从一台服务器复制到另一台服务器,设置数据库镜像以及进行存档)非常有用。

1. 备份类型

SQL Server 有 3 种备份类型,即完整数据库备份、差异数据库备份、事务日志备份。

(1)完整数据库备份:备份整个数据库或事务日志。

(2)差异数据库备份:备份自上次备份以来发生过变化的数据库的数据,差异备份也称为增量备份。

(3)事务日志备份:备份事务日志。

2. 恢复模式

SQL Server 有 3 种恢复模式，即简单恢复模式、完整恢复模式和大容量日志恢复模式。

（1）简单恢复模式：无日志备份，自动回收日志空间以减少空间需求，实际上不再需要管理事务日志空间。

（2）完整恢复模式：需要日志备份，数据文件丢失或损坏不会导致丢失工作，可以恢复到任意时点（例如应用程序或用户错误之前）。

（3）大容量日志恢复模式：需要日志备份，这是完整恢复模式的附加模式，允许执行高性能的大容量复制操作，通过使用最小方式记录大多数大容量操作，减少日志空间的使用量。

16.2　创建备份设备

在备份操作过程中需要将要备份的数据库备份到备份设备中，备份设备可以是磁盘设备或磁带设备。

创建备份设备需要一个物理名称或一个逻辑名称，将可以使用逻辑名访问的备份设备称为命名备份设备，将可以使用物理名访问的备份设备称为临时备份设备。

- 命名备份设备：又称逻辑备份设备，用户可定义逻辑名称，例如 mybackup。
- 临时备份设备：又称物理备份设备，例如"E:\tmpsql\dkbp.bak"。

使用命名备份设备的一个优点是比使用临时备份设备路径简单。

提示：物理备份设备的备份文件是常规操作系统文件。通过逻辑备份设备，用户可以在引用相应的物理备份设备时使用间接寻址。

16.2.1　使用图形界面方式创建和删除命名备份设备

1. 使用图形界面方式创建命名备份设备

下面介绍使用图形界面方式创建命名备份设备的过程。

【**例 16.1**】　使用图形界面方式创建命名备份设备 mybackup。

使用图形界面方式创建命名备份设备的操作步骤如下。

（1）启动 SQL Server Management Studio，在对象资源管理器中展开"服务器对象"节点，然后选中"备份设备"选项，右击该选项，在弹出的快捷菜单中选择"新建备份设备"命令，如图 16.1 所示。

（2）出现如图 16.2 所示的"备份设备"窗口，在"设备名称"文本框中输入创建的备份设备名"mybackup"，单击"文件"文本框后的"[...]"按钮。

（3）出现如图 16.3 所示的"定位数据库文件-DELL-PC"窗口，在"所选路径"文本框中输入路径"E:\nmsql"，在"文件名"文本框中输入文件名"mybackup"，单击"确定"按钮完成设置。

图 16.1 选择"新建备份设备"命令　　　　　　　图 16.2 "备份设备"窗口

（4）返回对象资源管理器，在"备份设备"中出现已创建的命名备份设备 mybackup，如图 16.4 所示。

图 16.3 "定位数据库文件-DELL-PC"窗口　　　　图 16.4 创建的命名备份设备 mybackup

备份和恢复

注意：请将数据库和备份放置在不同的设备上，否则，如果包含数据库的设备失败，备份也将不可用。此外，放置在不同的设备上还可以提高写入备份和使用数据库时的 I/O 性能。

2. 使用图形界面方式删除命名备份设备

下面举例说明使用图形界面方式删除命名备份设备。

【例 16.2】 设 mybackup1 已创建，使用图形界面方式删除命名备份设备 mybackup1。其操作步骤如下。

（1）启动 SQL Server Management Studio，在对象资源管理器中展开"服务器对象"节点，展开"备份设备"节点，然后选中要删除的备份设备"mybackup1"，右击该选项，在弹出的快捷菜单中选择"删除"命令。

（2）弹出"删除对象"对话框，单击"确定"按钮，则删除备份设备完成。

16.2.2 使用存储过程创建和删除命名备份设备

使用存储过程创建和删除命名备份设备的介绍如下。

1. 使用存储过程创建命名备份设备

使用存储过程 sp_addumpdevice 创建命名备份设备，其语法格式如下。

```
sp_addumpdevice [ @devtype = ] 'device_type',
  [ @logicalname = ] 'logical_name',
  [ @physicalname = ] 'physical_name'
```

其中，device_type 指出介质类型，可以是 DISK 或 TAPE，DISK 表示硬盘文件，TAPE 表示磁带设备；logical_name 和 physical_name 分别是逻辑名和物理名。

【例 16.3】 使用存储过程创建命名备份设备 mybackup2。

命名备份设备 mybackup2 的逻辑名为 mybackup2、物理名为"E:\nmsql\mybackup2.bak"，语句如下。

```
USE master
GO
EXEC sp_addumpdevice 'disk', 'mybackup2', 'E:\nmsql\mybackup2.bak'
```

注意：备份磁盘应不同于数据库数据和日志的磁盘，这是数据或日志磁盘出现故障时访问备份数据必不可少的。

2. 使用存储过程删除命名备份设备

使用存储过程 sp_dropdevice 删除命名备份设备举例如下。

【例 16.4】 使用存储过程删除命名备份设备 mybackup2。

```
EXEC sp_dropdevice 'mybackup2', DELFILE
```

16.2.3 使用 T-SQL 语句创建临时备份设备

使用 T-SQL 的 BACKUP DATABASE 语句创建临时备份设备，其语法格式如下。

```
BACKUP DATABASE { database_name | @database_name_var }
  TO <backup_file> [, …n ]
```

其中，database_name 是被备份的数据库名，backup_file 的定义格式如下。

```
{ { backup_file_name | @backup_file_name_evar } |
  { DISK | TAPE } = { temp_file_name | @temp_file_name_evar }
```

【例 16.5】 使用 T-SQL 语句创建临时备份设备 "E:\tmpsql\dkbp.bak"。

```
USE master
BACKUP DATABASE mystsc TO DISK='E:\tmpsql\dkbp.bak'
```

16.3 备份数据库

首先创建备份设备，然后才能使用图形界面方式或 T-SQL 语句备份数据库到备份设备中。

16.3.1 使用图形界面方式备份数据库

下面举例说明使用图形界面方式备份数据库。

【例 16.6】 使用图形界面方式对数据库 mystsc 进行备份。

使用图形界面方式备份数据库的操作步骤如下。

（1）启动 SQL Server Management Studio，在对象资源管理器中展开"数据库"节点，然后选中 mystsc，右击该选项，在弹出的快捷菜单中选择"任务"→"备份"命令，如图 16.5 所示。

图 16.5 选择"任务"→"备份"命令

（2）出现如图 16.6 所示的"备份数据库-mystsc"窗口，在"目标"选项组中有一个默认值，单击"删除"按钮将它删除，然后单击"添加"按钮。

图 16.6 "备份数据库-mystsc"窗口

（3）弹出如图 16.7 所示的"选择备份目标"对话框，选中"备份设备"单选按钮，从组合框中选中已建备份设备 mybackup，单击"确定"按钮返回"备份数据库-mystsc"窗口，单击"确定"按钮，数据库备份操作开始运行，备份完成后弹出"备份成功"对话框，单击"确定"按钮完成备份数据库的操作。

图 16.7 "选择备份目标"对话框

16.3.2 使用 T-SQL 语句备份数据库

下面介绍使用 T-SQL 中的 BACKUP 语句进行完整数据库备份、差异数据库备份、事务日志备份，以及备份数据库文件或文件组。

1. 完整数据库备份

进行完整数据库备份使用 BACKUP 语句，其语法格式如下。

```
BACKUP DATABASE {database_name | @database_name_var}      /*被备份的数据库名*/
TO <backup_device> [ , … n ]                              /*备份目标设备*/
[ WITH
    [BLOCKSSIZE={blocksize | @blocksize_variable } ]
    [[,] {CHECKSUM | NO_ CHECKSUM }]
    [[,] {STOP_ON_ERROR | CONTINUE_AFTER_ERROR}]
    [[,] DESCRIPTION={'text | @ text_variable'}]
    [[,] DIFFERENTIAL ]
    /*其余选项略*/
]

<backup_device>::=
 {
   { logical_device_name | @logical_device_name_var }    /*使用逻辑设备*/
 | { DISK | TAPE } =
     { 'physical_device_name' | @physical_device_name_var }/*使用物理设备*/
 }
```

其中，backup_device 指定进行备份操作时使用的逻辑备份设备或物理备份设备。

* 逻辑备份设备：又称为命名备份设备，由存储过程 sp_addumpdevice 创建。
* 物理备份设备：又称为临时备份设备。

【例 16.7】 创建一个命名的备份设备 testbp，并将数据库 mystsc 完整备份到该设备。

```
USE master
EXEC sp_addumpdevice 'disk', 'testbp', 'E:\tmpsql\testbp.bak'
BACKUP DATABASE mystsc TO testbp
```

运行结果：

```
已为数据库 'mystsc'，文件 'mystsc' (位于文件 1 上)处理了 328 页。
已为数据库 'mystsc'，文件 'mystsc_log' (位于文件 1 上)处理了 2 页。
BACKUP DATABASE 成功处理了 330 页，花费 0.253 秒(10.161 MB/秒)。
```

2. 差异数据库备份

在进行差异数据库备份时将备份从最近的完全数据库备份后发生过变化的数据部分。对于需要频繁修改的数据库，该备份类型可以缩短备份和恢复的时间。

进行差异备份使用 BACKUP 语句，其语法格式如下。

```
BACKUP DATABASE { database_name | @database_name_var }
    READ_WRITE_FILEGROUPS
    [ , FILEGROUP = { logical_filegroup_name | @logical_filegroup_name_var }
    [ ,… n ] ]
TO <backup_device> [ , … n ]
[ WITH
    {[[,] DIFFERENTIAL ]
    /*其余选项与数据库的完全备份相同*/
    }
]
```

其中，DIFFERENTIAL 选项是差异备份的关键字。

【例 16.8】 创建临时备份设备并在所创建的临时备份设备上对数据库 mystsc 进行差异备份。

```
BACKUP DATABASE mystsc TO
 DISK = 'E:\tmpsql\testbp1.bak' WITH DIFFERENTIAL
```

运行结果：

```
已为数据库 'mystsc'，文件 'mystsc' (位于文件 1 上)处理了 40 页。
已为数据库 'mystsc'，文件 'mystsc_log' (位于文件 1 上)处理了 1 页。
BACKUP DATABASE WITH DIFFERENTIAL 成功处理了 41 页，花费 0.120 秒(2.669 MB/秒)。
```

3. 事务日志备份

事务日志备份用于记录前一次的数据库备份或事务日志备份后数据库所做出的改变。事务日志备份需要在一次完全数据库备份后进行，这样才能将事务日志文件与数据库备份一起用于恢复。在进行事务日志备份时系统进行的操作如下。

- 将事务日志中从前一次成功备份结束位置开始到当前事务日志结尾处的内容进行备份。
- 标识事务日志中活动部分的开始，所谓事务日志的活动部分指从最近的检查点或最早的打开位置开始到事务日志的结尾处。

进行事务日志备份使用 BACKUP LOG 语句，其语法格式如下。

```
BACKUP LOG { database_name | @database_name_var }   /*指定被备份的数据库名*/
{
   TO <backup_device> [ ,…n ]                       /*指定备份目标*/
[ WITH
    {
      { NORECOVERY | STANDBY = undo_file_name }
       | NO_TRUNCATE  ]
   |/*其余选项与数据库的完全备份相同*/
    }
}
```

其中，BACKUP LOG 语句指定只备份事务日志。

【例 16.9】 创建一个命名备份设备 myslogbk，备份 mystsc 数据库的事务日志。

```
EXEC sp_addumpdevice 'disk', 'myslogbk', 'E:\nmsql\myslogbk.bak'
BACKUP LOG mystsc TO myslogbk
```

运行结果：

```
已为数据库 'mystsc'，文件 'mystsc_log' (位于文件 1 上)处理了 11 页。
BACKUP LOG 成功处理了 11 页，花费 0.102 s(0.837 MB/s)。
```

4. 备份数据库文件或文件组

使用 BACKUP 语句进行数据库文件或文件组的备份，其语法格式如下。

```
BACKUP DATABASE { database_name | @database_name_var }
  <file_or_filegroup> [ ,… f ]                   /*指定文件或文件组名*/
TO <backup_device> [ ,…n ]
[ [ MIRROR TO <backup_device> [ ,…n ] ] [ …next-mirror ] ]
[ WITH
    { [[,] DIFFERENTIAL ]
     /*选项与数据库的完全备份相同*/
}]
```

其中，<file_or_filegroup>指定的数据库文件或文件组备份到由 backup_device 指定的备份设备上，<file_or_filegroup>指定包含在数据库备份中的文件或文件组的逻辑名。

16.4   恢复数据库

恢复数据库可以使用两种方式，一种是使用图形界面方式，另一种是使用 T-SQL 语句。

16.4.1   使用图形界面方式恢复数据库

下面介绍使用图形界面方式恢复数据库的过程。

【例 16.10】   对数据库 mystsc 进行数据库恢复。

使用图形界面方式恢复数据库的操作步骤如下。

（1）启动 SQL Server Management Studio，在对象资源管理器中展开"数据库"节点，然后选中 mystsc，右击该数据库，在弹出的快捷菜单中选择"任务"→"还原"→"数据库"命令，如图 16.8 所示。

图 16.8   选择"任务"→"还原"→"数据库"命令

（2）出现如图 16.9 所示的"还原数据库-mystsc"窗口，选中"设备"单选按钮，单击其右侧的"…"按钮。

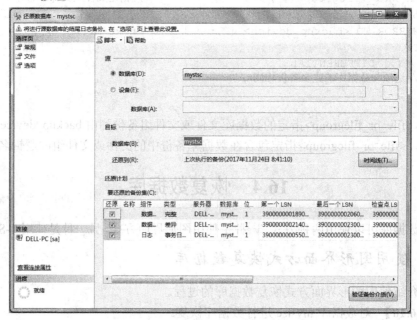

图 16.9 "还原数据库-mystsc"窗口

（3）弹出"选择备份设备"对话框，从"备份介质类型"下拉列表框中选择"备份设备"，然后单击"添加"按钮。

（4）在弹出的对话框中，从"备份设备"下拉列表框中选择 mybackup 选项，然后单击两次"确定"按钮返回"还原数据库-mystsc"窗口，如图 16.10 所示。

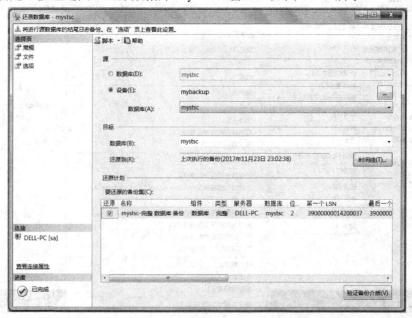

图 16.10 "还原数据库-mystsc"窗口

（5）选择"选项"选项卡，如图 16.11 所示，单击"确定"按钮，数据库恢复操作开始运行，还原完成后弹出"成功还原"对话框，单击"确定"按钮，完成数据库的恢复操作。

图 16.11 "还原数据库-mystsc"窗口的"选项"标签

16.4.2 使用 T-SQL 语句恢复数据库

在 SQL Server 中，恢复数据库的 T-SQL 语句是 RESTORE。

BACKUP 语句所做的备份可以使用 RESTORE 语句恢复，包括完整恢复数据库、恢复数据库的部分内容、恢复事务日志和恢复特定的文件或文件组。

1．完整恢复数据库

当存储数据库的物理介质被破坏或者整个数据库被误删除或被破坏时需要完整恢复数据库。在完整恢复数据库时 SQL Server 系统将重新创建数据库及与数据库相关的所有文件，并将文件存放在原来的位置，其语法格式如下。

```
RESTORE DATABASE { database_name | @database_name_var }
                                         /*指定被还原的目标 数据库*/
  [ FROM <backup_device> [ ,…n ] ]       /*指定备份设备*/
```

```
[ WITH
{
    [ RECOVERY | NORECOVERY | STANDBY = {standby_file_name | @standby_
    file_name_var } ]
| , <general_WITH_options> [ ,…n ]
```

其中，database_name 指定被还原的目标数据库名称，FROM 子句指定用于恢复的备份设备。

【例 16.11】创建命名备份设备 stscbk 并备份数据库 mystsc 到 stscbk 后，使用 RESTORE 语句从备份设备 stscbk 中完整恢复数据库 mystsc。

```
USE master
GO
EXEC sp_addumpdevice 'disk', 'stscbk', 'E:\nmsql\stscbk.bak'

BACKUP DATABASE mystsc TO stscbk

RESTORE DATABASE mystsc FROM stscbk
  WITH FILE=1, REPLACE
```

运行结果：

```
已为数据库 'mystsc', 文件 'mystsc' (位于文件 1 上)处理了 328 页。
已为数据库 'mystsc', 文件 'mystsc_log' (位于文件 1 上)处理了 3 页。
BACKUP DATABASE 成功处理了 331 页，花费 0.263 s(9.806 MB/s)。
已为数据库 'mystsc', 文件 'mystsc' (位于文件 1 上)处理了 328 页。
已为数据库 'mystsc', 文件 'mystsc_log' (位于文件 1 上)处理了 3 页。
RESTORE DATABASE 成功处理了 331 页，花费 0.208 s(12.399 MB/s)。
```

2．恢复数据库的部分内容

数据库的部分内容还原到另一个位置的机制，以使损坏或丢失的数据可复制回原始数据库，其语法格式如下。

```
RESTORE DATABASE { database_name | @database_name_var }
   <files_or_filegroup> [ ,…n ]    /*指定需恢复的逻辑文件或文件组的名称*/
[ FROM <backup_device> [ ,…n ] ]
   WITH
     PARTIAL, NORECOVERY
     [ , <general_WITH_options> [ ,…n ] ]
[;]
```

其中，PARTIAL 为恢复数据库的部分内容时在 WITH 后面要加上的关键字。

3．恢复事务日志

恢复事务日志可将数据库恢复到指定的时间点，其语法格式如下。

```
RESTORE LOG { database_name | @database_name_var }
```

```
[ <file_or_filegroup > [ ,…n ] ]
[ FROM <backup_device> [ ,…n ] ]
[ WITH
  {
    [ RECOVERY | NORECOVERY | STANDBY = {standby_file_name | @standby_
    file_name_var } ]
    | , <general_WITH_options> [ ,…n ]
  } [ ,…n ]
]
```

4．恢复特定的文件或文件组

若某个或者某些文件被破坏或被误删除，可以从文件或文件组备份中进行恢复，而不必进行整个数据库的恢复，其语法格式如下。

```
RESTORE DATABASE { database_name | @database_name_var }
  <file_or_filegroup> [ ,…n ]
[ FROM <backup_device> [ ,…n ] ]
  WITH
  {
    [ RECOVERY | NORECOVERY ]
    [ , <general_WITH_options> [ ,…n ] ]
    } [ ,…n ]
```

16.5　复制数据库

通过"复制数据库向导"可以方便地将数据库及其对象从一台服务器移动或复制到另一台服务器，可以使用 SQL Server Management Studio 的对象资源管理器或 SQL Server 配置管理器启动"复制数据库向导"。下面举例说明复制数据库的过程。

【例 16.12】　将源数据库 stsc 复制到目标数据库 stsc_new。

其操作步骤如下。

（1）启动 SQL Server Management Studio，在对象资源管理器中右击"SQL Server 代理"，在弹出的快捷菜单中选择"启动"命令，然后在弹出的对话框中单击"是"按钮。

（2）在对象资源管理器中右击"管理"，在弹出的快捷菜单中选择"复制数据库"命令，打开"复制数据库向导"，然后单击"下一步"按钮，进入"选择源服务器"窗口，如图 16.12 所示，单击"下一步"按钮。

进入"选择目标服务器"窗口，此处不做修改，单击"下一步"按钮。进入"选择传输方法"窗口，这里选择默认方法，单击"下一步"按钮。

（3）进入"选择数据库"窗口，选择需要复制的数据库，这里选择 stsc 并在其复制框中打钩（如果要移动数据库，则在移动框中打钩），如图 16.13 所示，单击"下一步"按钮。

图 16.12 "选择源服务器"窗口

图 16.13 "选择数据库"窗口

(4) 进入如图 16.14 所示的"配置目标数据库"窗口,在"目标数据库"文本框中可改写目标数据库名称,还可修改目标数据库的逻辑文件和日志文件的文件名和路径,单击

"下一步"按钮进入"配置包"窗口，这里选择默认设置，单击"下一步"按钮。进入"安排运行包"窗口，选择"立即运行"选项，单击"下一步"按钮。进入"完成该向导"窗口，单击"完成"按钮开始复制数据库，直到完成复制数据库的操作。

图 16.14 "配置目标数据库"窗口

16.6 分离和附加数据库

用户可以分离数据库的数据和事务日志文件，然后将它们重新附加到同一或其他 SQL Server 服务器。如果要将数据库更改到同一计算机的不同 SQL Server 服务器或要移动数据库，分离和附加数据库是很有用的。

16.6.1 分离数据库

分离数据库举例如下。

【例 16.13】 将数据库 mystsc 从 SQL Server 分离。

其操作步骤如下。

（1）启动 SQL Server Management Studio，在对象资源管理器中展开"数据库"节点，然后选中 mystsc，右击该数据库，在弹出的快捷菜单中选择"任务"→"分离"命令。

（2）进入"分离数据库"窗口，在"数据库名称"列显示要分离的数据库逻辑名称，选中"删除连接"列和"更新统计信息"列，如图 16.15 所示，单击"下一步"按钮。

（3）单击"确定"按钮，完成分离数据库的操作，此时在"数据库"节点下已无 mystsc 数据库。

图 16.15　"分离数据库"窗口

16.6.2　附加数据库

附加数据库举例如下。

【**例 16.14**】　将数据库 mystsc 附加到 SQL Server 中。

其操作步骤如下。

（1）启动 SQL Server Management Studio，在对象资源管理器中右击"数据库"，在弹出的快捷菜单中选择"附加"命令，如图 16.16 所示。

（2）进入如图 16.17 所示的"附加数据库"窗口，单击"添加"按钮。

图 16.16　选择"附加"命令　　　　　　　　图 16.17　"附加数据库"窗口

（3）出现如图 16.18 所示的"定位数据库文件-DELL-PC"窗口，选择 mystsc.mdf 文件，单击"确定"按钮返回。

图 16.18 "定位数据库文件-DELL-PC"窗口

（4）返回到如图 16.19 所示的"附加数据库"窗口，单击"确定"按钮，完成附加数据库的操作，此时在"数据库"节点下又可看到 mystsc 数据库。

图 16.19 "附加数据库"窗口

备份和恢复

16.7 小　　结

本章主要介绍了以下内容。

（1）备份是制作数据库结构、数据库对象和数据的副本，这样当数据库遭到破坏时能够还原和恢复数据。恢复是指从一个或多个备份中还原数据，并在还原最后一个备份后恢复数据库的操作。

在 SQL Server 中有 3 种备份类型，即完整数据库备份、差异数据库备份、事务日志备份，有 3 种恢复模式，即简单恢复模式、完整恢复模式和大容量日志恢复模式。

（2）在备份操作过程中需要将要备份的数据库备份到备份设备中，备份设备可以是磁盘设备或磁带设备。创建备份设备需要一个物理名称或一个逻辑名称，将可以使用逻辑名访问的备份设备称为命名备份设备，将可以使用物理名访问的备份设备称为临时备份设备。

使用图形界面方式创建和删除命名备份设备；使用存储过程 sp_addumpdevice 创建命名备份设备，使用存储过程 sp_dropdevice 删除命名备份设备；使用 T-SQL 的 BACKUP DATABASE 语句创建临时备份设备。

（3）备份数据库必须首先创建备份设备，然后才能通过图形界面方式或 T-SQL 语句备份数据库到备份设备中。

使用 T-SQL 中的 BACKUP 语句进行完整数据库备份、差异数据库备份、事务日志备份，以及备份数据库文件或文件组。

（4）恢复数据库有两种方式，一种是使用图形界面方式，另一种是使用 T-SQL 语句。

BACKUP 语句所做的备份可以使用 RESTORE 语句恢复，包括完整恢复数据库、恢复数据库的部分内容、恢复特定的文件或文件组和恢复事务日志。

（5）用户可以将数据库及其对象从一台服务器移动或复制到另一台服务器。用户可以分离数据库的数据和事务日志文件，然后将它们重新附加到同一或其他 SQL Server 服务器。

习　题　16

一、选择题

16.1　下列关于数据库备份的说法中正确的是_____。

    A. 对系统数据库和用户数据库都应采用定期备份的策略

    B. 对系统数据库和用户数据库都应采用修改后即备份的策略

    C. 对系统数据库应采用修改后即备份的策略，对用户数据库应采用定期备份的策略

    D. 对系统数据库应采用定期备份的策略，对用户数据库应采用修改后即备份的策略

16.2　下列关于 SQL Server 备份设备的说法中正确的是_____。

    A. 备份设备可以是磁盘上的一个文件

B．备份设备是一个逻辑设备，它只能建立在磁盘上

C．备份设备是一台物理存在的有特定要求的设备

D．一个备份设备只能用于一个数据库的一次备份

16.3 下列关于差异备份的说法中正确的是_____。

A．差异备份备份的是从上次备份到当前时间数据库变化的内容

B．差异备份备份的是从上次完整备份到当前时间数据库变化的内容

C．差异备份仅备份数据，不备份日志

D．两次完整备份之间进行的各差异备份的备份时间都是一样的

16.4 下列关于日志备份的说法中错误的是_____。

A．日志备份仅备份日志，不备份数据

B．日志备份的执行效率通常比差异备份和完整备份高

C．日志备份的时间间隔通常比差异备份短

D．第一次对数据库进行的备份可以是日志备份

16.5 在 SQL Server 中有系统数据库 master、model、msdb、tempdb 和用户数据库。下列关于系统数据库和用户数据库的备份策略最合理的是_____。

A．对以上系统数据库和用户数据库都实行周期性备份

B．对以上系统数据库和用户数据库都实行修改之后即备份

C．对以上系统数据库实行修改之后即备份，对用户数据库实行周期性备份

D．对 master、model、msdb 实行修改之后即备份，对用户数据库实行周期性备份，对 tempdb 不备份

16.6 设有如下备份操作：

```
                日志      日志      差异      日志      日志
完整备份 1    备份 1    备份 2    备份 1    备份 3    备份 4

├────────┼────────┼────────┼────────┼────────┼────────┤────────→

周日        周一        周一        周一        周二        周二        周二
0:00      10:00      15:00      0:00      10:00      15:00      17:00 故障
```

现从备份中对数据库进行恢复，正确的恢复顺序为_____。

A．完整备份 1，日志备份 1，日志备份 2，差异备份 1，日志备份 3，日志备份 4

B．完整备份 1，差异备份 1，日志备份 3，日志备份 4

C．完整备份 1，差异备份 1

D．完整备份 1，日志备份 4

二、填空题

16.7 SQL Server 支持的 3 种备份类型是完整数据库备份、差异数据库备份和_____。

16.8 SQL Server 的 3 种恢复模式是简单恢复模式、_____和大容量日志恢复模式。

16.9 第一次对数据库进行的备份必须是_____备份。

16.10 在 SQL Server 中，当恢复模式为简单恢复模式时不能进行_____备份。

16.11 在 SQL Server 中，在进行数据库备份时_____用户操作数据库。

16.12 备份数据库必须首先创建_____。

三、问答题

16.13 在 SQL Server 中有哪几种恢复模式？有哪几种备份类型？分别简述其特点。

16.14 怎样创建命名备份设备和临时备份设备？

16.15 备份数据库有哪些方式？

16.16 恢复数据库有哪些方式？

16.17 分离和附加数据库要做哪些操作？

四、上机实验题

16.18 编写一个程序，创建一个数据库备份设备 mydk，对应的磁盘文件为 "E:\SQL Server\dmp.bak"。

16.19 编写一个程序，将 test 数据库备份到数据库备份设备 mydk 中。

16.20 编写一个程序，从 mydk 恢复 test 数据库。

第 17 章　云计算和大数据

本章要点

- 云计算的概念和特点
- 大数据的概念和特点
- 几种主要的云数据库
- NoSQL 数据库的特点和种类
- 申请试用 Microsoft Azure 的步骤和进入 Microsoft Azure 管理门户的步骤
- 使用 Microsoft Azure 管理门户管理 Azure SQL 数据库
- 使用 SQL Server Management Studio 客户端应用程序管理 Azure SQL 数据库

随着拍字节（PB）级巨大的数据容量存储、快速的并发读写速度、成千上万个节点的扩展，我们进入大数据和云计算时代。本章介绍云计算、大数据、云数据库、NoSQL 数据库和 Microsoft Azure SQL 数据库等内容。

17.1　云计算概述

本节介绍云计算的基本概念、云计算的层次结构及特点。

1. 云计算的基本概念

2006 年 8 月 9 日，Google 首席执行官 Eric Schmidt 在搜索引擎大会上第一次提出云计算（cloud computing）的概念。

云计算是一种新的计算模式，它将计算任务分布在大量计算机构成的资源池上，使各种应用系统能够根据需要获取计算能力、存储空间和信息服务，即云计算是通过网络按需提供可动态伸缩的性能价格比高的计算服务。

"云"指可以自我维护和管理的虚拟计算机资源，通常是大型服务器集群，包含计算服务器、存储服务器和网络资源等。"云"在某些方面具有现实中的云的特征，即规模较大，可以动态伸缩，在空中位置飘忽不定，但它确实存在于某处。

云计算是并行计算（parallel computing）、分布式计算（distributed computing）、网格计算（grid computing）的发展，又是虚拟化（virtualization）、效用计算（utility computing）等概念的演进和跃升的结果。

2. 云计算的层次结构

云计算的层次结构包括物理资源层、虚拟资源层、IaaS（基础设施即服务）、PaaS（平台即服务）、SaaS（软件即服务），如图 17.1 所示。

图 17.1 云计算的层次结构

（1）物理资源层：由服务器、存储器、网络设施、数据库、软件等构成。

（2）虚拟资源层：由虚拟服务器资源池、虚拟存储器资源池、虚拟网络资源池、虚拟软件资源池等构成。

（3）IaaS（基础设施即服务）：云计算服务的最基本类别，可从服务提供商处租用 IT 基础结构，例如服务器和虚拟机、存储空间、网络和操作系统。用户相当于使用裸机和磁盘，既可以让它运行 Windows，也可以让它运行 Linux，例如 Microsoft Azure 和 AWS（Amazon Web Services）。

（4）PaaS（平台即服务）：平台即服务是指云计算服务，它们可以按需提供开发、测试、交付和管理软件应用程序所需的环境，例如 Google App Engine。

（5）SaaS（软件即服务）：软件即服务（SaaS）是通过 Internet 交付软件应用程序的方法，用户通常使用电话、平板电脑或 PC 上的 Web 浏览器通过 Internet 连接到应用程序。

通常有 3 种方法来部署云计算资源，即公有云、私有云和混合云。

（1）公有云（public clouds）：公有云由云服务提供商创建和提供，例如 Microsoft Azure 就是公有云，在公有云中所有硬件、软件和其他支持性基础结构均为云提供商所拥有和管理。

（2）私有云（private clouds）：私有云是企业或组织单独构建的云计算系统，私有云可以位于企业的现场数据中心，也可交由服务提供商进行构建和托管。

（3）混合云（hybrid clouds）：出于信息安全方面的考虑，有些企业的信息不能放在公共云上，但又希望能使用公共云的计算资源，此时可以采用混合云。混合云组合了公有云和私有云，通过允许数据和应用程序在私有云和公有云之间移动，为企业提供更大的灵活性和更多的部署选项。

3. 云计算的特点

云计算具有超大规模、虚拟化、按需服务、可靠性、通用性、灵活弹性、性能价格比高等特点。

1）超大规模

Google、Amazon、Microsoft、IBM、阿里、百度等公司的"云"都拥有几十万台到上百万台服务器，具有前所未有的计算能力，Google 和 Microsoft 的云计算中心分别如图 17.2 和图 17.3 所示。

图 17.2　Google 的云计算中心

图 17.3　Microsoft 的云计算中心

2）虚拟化

云计算是一种新的计算模式，它将现有的计算资源集中组成资源池。传统意义上的计算机、存储器、网络、软件等设施通过虚拟化技术形成各类虚拟化的计算资源池，这样用户可以通过网络来访问各种形式的虚拟化计算资源。

3）按需服务

"云"是一个庞大的资源池，用户按需购买，云服务提供商按资源的使用量和使用时间收取用户的费用。

4）可靠性

云计算采用了计算节点同构可互换、数据多个副本容错等措施来保障服务的高可靠性，使用云计算比使用本地计算更加可靠。

5）通用性

"云"可以支撑千变万化的应用，同一片"云"可以同时支撑不同的应用运行。

6）灵活弹性

云计算模式具有极大的灵活性，可以适应不同的用户开放和部署阶段的各种类型和规模的应用程序。"云"的规模可动态伸缩，以满足用户和用户规模增长的需要。

7）性能价格比高

云计算使企业无须在购买硬件和软件以及设置和运行现场数据中心上进行资金投入，"云"的自动化管理降低了管理成本，其特殊的容错措施可以采用成本低的节点来构成云，其通用性提高了资源利用率，从而形成较高的性能价格比。

17.2 大数据概述

由于人类的日常生活已经与数据密不可分，科学研究数据量急剧增加，各行各业也越来越依赖大数据手段开展工作，而数据的产生越来越自动化，人类进入"大数据"时代。

1. 大数据的基本概念

大数据（big data）指海量数据或巨量数据，大数据以云计算等新的计算模式为手段获取、存储、管理、处理并提炼数据，以帮助使用者决策。

大数据具有 4V+1C 的特点。

（1）数据量大（volume）：存储的数据量巨大，PB 级别是常态，因此对其分析的计算量也大（1PB=1024TB，1TB=1024GB，1GB=1024MB，1MB=1024KB，1KB=1024B）。

（2）多样（variety）：数据的来源及格式多样，数据格式除了传统的结构化数据以外，还包括半结构化或非结构化数据，例如用户上传的音频和视频内容。随着人类活动的进一步拓宽，数据的来源将更加多样。

（3）快速（velocity）：数据的增长速度快，而且越新的数据价值越大，这就要求用户对数据的处理速度也要快，以便能够从数据中及时地提取知识，发现价值。

（4）价值密度低（value）：需要对大量数据进行处理，挖掘其潜在的价值。

（5）复杂度增加（complexity）：对数据的处理和分析的难度增大。

大数据的技术支撑有计算速度的提高、存储成本的下降和对人工智能的需求，如图 17.4 所示。

图 17.4　产生大数据的三大因素

（1）计算速度的提高：在大数据的发展过程中计算速度是关键的因素。分布式系统基础架构 Hadoop 的高效性基于内存的集群计算系统 Spark 的快速数据分析，HDFS 为海量的数据提供了存储，MapReduce 为海量的数据提供了并行计算，从而大幅度地提高了计算效率。

（2）存储成本的下降：新的云计算数据中心的出现降低了企业的计算和存储成本，例如建设企业网站通过租用硬件设备的方式不需要购买服务器，也不需要雇用技术人员维护服务器，并可长期保留历史数据，为大数据做好基础工作。

（3）对人工智能的需求：大数据让机器具有智能，例如 Google 的 AlphaoGo 战胜世界围棋冠军李世石，阿里云小 Ai 成功预测出"我是歌手"的总决赛歌王。

2. 大数据的处理过程

大数据的处理过程包括数据的采集和预处理、大数据分析、数据可视化。

1）数据的采集和预处理

大数据的采集一般采用多个数据库来接收终端数据，包括智能终端、移动 App 应用端、网页端、传感器端等。

数据预处理包括数据清理、数据集成、数据变换和数据归约等方法。

（1）数据清理：目标是达到数据格式标准化，清除异常数据和重复数据，纠正数据错误。

（2）数据集成：将多个数据源中的数据结合起来并统一存储，建立数据仓库。

（3）数据变换：通过平滑聚集、数据泛化、规范化等方式将数据转换成适用于数据挖掘的形式。

（4）数据归约：寻找依赖于发现目标的数据的有用特征，缩减数据规模，最大限度地精简数据量。

2）大数据分析

大数据分析包括统计分析、数据挖掘等方法。

（1）统计分析：统计分析使用分布式数据库或分布式计算集群，对存储于其内的海量数据进行分析和分类汇总。

统计分析、绘图的语言和操作环境通常采用 R 语言，它是一个用于统计计算和统计制图的、免费和源代码开放的优秀软件。

（2）数据挖掘：数据挖掘与统计分析不同的是一般没有预先设定主题。数据挖掘通过对提供的数据进行分析，查找特定类型的模式和趋势，最终形成模型。

数据挖掘常用的方法有分类、聚类、关联分析、预测建模等。

- 分类：根据重要数据类的特征向量值及其他约束条件构造分类函数或分类模型，目的是根据数据集的特点把未知类别的样本映射到给定类别中。
- 聚类：目的在于将数据集内具有相似特征属性的数据聚集成一类，同一类中的数据特征要尽可能相似，不同类中的数据特征要有明显的区别。
- 关联分析：搜索系统中的所有数据，找出所有能把一组事件或数据项与另一组事件或数据项联系起来的规则，以获得预先未知的和被隐藏的信息。
- 预测建模：一种统计或数据挖掘的方法，包括可以在结构化与非结构化数据中使用以确定未来结果的算法和技术，可为预测、优化、预报和模拟等许多业务系统所使用。

3）数据可视化

通过图形、图像等技术直观形象和清晰有效地表达数据，从而为发现数据隐含的规律提供技术手段。

17.3 云 数 据 库

云数据库是运行在云计算平台上的数据库系统，它是在 SaaS（软件即服务）模式下发展起来的云计算技术。

下面分别介绍 Microsoft Azure SQL Database、Amazon RDS、Google 的 Cloud SQL 和阿里云数据库。

1. Microsoft Azure SQL Database

使用 Microsoft Azure SQL Database 可以方便、快速地使用 SQL 数据库服务而不需要采购硬件和软件。SQL Database 像一个在 Internet 上已经创建好的 SQL Server 服务器，由微软托管和运行维护，并且部署在微软的全球数据中心，SQL Database 可以提供传统的 SQL Server 功能，例如表、视图、函数、存储过程和触发器等，并且提供数据同步和聚合功能。

Microsoft Azure SQL Database 的基底是 SQL Server，但它是一种特殊设计的 SQL Server，它以 Microsoft Azure 为基座平台，配合 Microsoft Azure 的特性，它是一种分散在许多实体

基础架构（physical infrastructure）及其内部许多虚拟伺服器（virtual server）上的一种云端存储服务。它的特性有自主管理、高可用性、可扩展性、熟悉的开发模式和关系数据模型。

Microsoft Azure 网站（由世纪互联运营）的网址为"https://www.azure.cn/"，登录该网站，完成注册后进入 Microsoft Azure 管理门户，如图 17.5 所示。

图 17.5　Microsoft Azure 管理门户界面

用户可以使用 Microsoft Azure 管理门户或 SQL Server Management Studio 客户端应用程序来管理 Azure SQL 数据库。在本地数据库使用 SQL Server Management Studio 连接到 Azure SQL 数据库服务器的界面如图 17.6 所示。

图 17.6　连接到 Azure SQL 数据库服务器

云计算和大数据

2. Amazon RDS

Amazon Relational Database Service（Amazon RDS）使用户能在云中轻松设置、操作和扩展关系数据库，它在自动执行管理任务的同时可提供经济实用的可调容量，使用户能够腾出时间专注于应用程序，并提供快速性能、高可用性、安全性和兼容性。

Amazon RDS 提供了多种常用的数据库引擎，支持 SQL 数据库、NoSQL 和内存数据库，包括 Amazon Aurora、PostgreSQL、MySQL、MariaDB、Oracle 和 Microsoft SQL Server。用户可以使用 AWS Database Migration Service 对现有的数据库迁移或复制到 Amazon RDS。

3. Google 的 Cloud SQL

Google 推出了基于 MySQL 的云端数据库——Google Cloud SQL，它具有以下特点。

（1）由 Google 维护和管理数据库。

（2）高可信性和可用性：用户数据会同步到多个数据中心，机器故障和数据中心出错等都会自动调整。

（3）支持 JDBC（基于 Java 的 App Engine 应用）和 DB-API（基于 Python 的 App Engine 应用）。

（4）全面的用户界面管理数据库。

（5）与 Google App Engine（Google 应用引擎）集成。

4. 阿里云数据库

阿里云数据库提供了多种数据库版本，包括对 SQL 数据库、NoSQL 和内存数据库的支持。

1）阿里云数据库的 SQL Server 版

SQL Server 是发行最早的商用数据库产品之一，支持复杂的 SQL 查询，支持基于 Windows 平台.NET 架构的应用程序。

2）阿里云数据库的 MySQL 版

MySQL 是全球受欢迎的开源数据库之一，作为开源软件组合 LAMP（Linux+Apache+MySQL+Perl/PHP/Python）中的重要一环，广泛应用于各类应用场景。

3）阿里云数据库的 PostgreSQL 版

PostgreSQL 是先进的开源数据库，面向企业复杂 SQL 处理的 OLTP 在线事务处理场景，支持 NoSQL 数据类型（JSON/XML/hstore）、支持 GIS 地理信息处理。

4）阿里云数据库的 HBase 版

阿里云数据库的 HBase 版（ApsaraDB for HBase）是基于 Hadoop 且兼容 HBase 协议的高性能、可弹性伸缩、面向列的分布式数据库，轻松支持 PB 级大数据存储，满足千万级 QPS 高吞吐随机读写场景。

5）阿里云数据库的 MongoDB 版

阿里云数据库的 MongoDB 版支持 Replica Set 和 Sharding 两种部署架构，具备安全审计、时间点备份等多项企业能力，在互联网、物联网、游戏、金融等领域被广泛采用。

6）阿里云数据库的 Redis 版

阿里云数据库的 Redis 版是兼容 Redis 协议标准的、提供持久化的内存数据库服务，基于高可靠双机热备架构及可无缝扩展的集群架构，满足高读写性能场景及容量需弹性变配的业务需求。

7）阿里云数据库的 Memcache 版

阿里云数据库的 Memcache 版（ApsaraDB for Memcache）是一种高性能、高可靠、可平滑扩容的分布式内存数据库服务，基于飞天分布式系统及高性能存储，并提供了双机热备、故障恢复、业务监控、数据迁移等方面的全套数据库解决方案。

17.4　NoSQL 数据库

在云计算和大数据时代，很多信息系统需要对海量的非结构化数据进行存储和计算，这时 NoSQL 数据库应运而生。

1. 传统关系数据库存在的问题

随着互联网应用的发展，传统关系数据库在读写速度、支撑容量、扩展性能、管理和运营成本方面存在以下问题。

（1）读写速度慢：关系数据库由于其系统逻辑复杂，当数据量达到一定规模时读写速度快速下滑，即使能勉强应付每秒上万次 SQL 查询，硬盘 I/O 也无法承担每秒上万次 SQL 写数据的要求。

（2）支撑容量有限：Facebook 和 Twitter 等社交网站每月能产生上亿条用户动态，关系数据库在一个有数亿条记录的表中进行查询，效率极低，致使查询速度让人无法忍受。

（3）扩展困难：当一个应用系统的用户量和访问量不断增加时，关系数据库无法通过简单添加更多的硬件和服务节点来扩展性能和负载能力，该应用系统不得不停机维护以完成扩展工作。

（4）管理和运营成本高：企业级数据库的 License 价格高，加上系统规模不断上升，系统管理维护成本无法满足上述要求。

同时，关系数据库的一些特性（例如复杂的 SQL 查询、多表关联查询等）在云计算和大数据中却往往无用武之地，所以传统关系数据库已难以独立满足云计算和大数据时代应用的需要。

2. NoSQL 的基本概念

NoSQL 数据库泛指非关系型的数据库，NoSQL（Not Only SQL）指其在设计上和传统的关系数据库不同，常用的数据模型有 Cassandra、Hbase、BigTable、Redis、MongoDB、CouchDB、Neo4j 等。

NoSQL 数据库具有以下特点。

（1）读写速度快、数据容量大：具有对数据的高并发读写和海量数据的存储。

（2）易于扩展：可以在系统运行的时候动态增加或者删除节点，不需要停机维护。

（3）一致性策略：遵循 BASE（Basically Available, Soft state, Eventual consistency）原则，即 Basically Available（基本可用），指允许数据出现短期不可用；Soft state（柔性状态），指状态可以有一段时间不同步；Eventual consistency（最终一致），指最终一致，而不是严格的一致。

（4）灵活的数据模型：不需要事先定义数据模式、预定义表结构。数据中的每条记录都可能有不同的属性和格式，当插入数据时并不需要预先定义它们的模式。

（5）高可用性：NoSQL 数据库将记录分散在多个节点上，对各个数据分区进行备份（通常是 3 份），应对节点的失败。

3. NoSQL 的种类

随着云计算和大数据的发展，出现了众多的 NoSQL 数据库，常用的 NoSQL 数据库根据其存储特点及存储内容可以分为以下 4 类。

（1）键值（key-value）模型：一个关键字（key）对应一个值（value），简单易用的数据模型，能够提供快的查询速度、海量数据存储和高并发操作，适合通过主键对数据进行查询和修改工作，例如 Redis 模型。

（2）列存储模型：按列对数据进行存储，可存储结构化和半结构化数据，对数据进行查询有利，适用于数据仓库类的应用，代表模型有 Cassandra、Hbase、BigTable。

（3）文档型模型：该类模型也是一个关键字（key）对应一个值（value），但这个值是以 JSON 或 XML 等格式的文档进行存储，常用的模型有 MongoDB、CouchDB。

（4）图（graph）模型：将数据以图形的方式进行存储，记为 G(V, E)，V 为节点（node）的结合，E 为边（edge）的结合。该模型支持图结构的各种基本算法，用于直观地表达和展示数据之间的联系，例如 Neo4j 模型。

4. NewSQL 的兴起

现有 NoSQL 数据库产品大多是面向特定应用的，缺乏通用性，其应用具有一定的局限性，已有一些研究成果和改进的 NoSQL 数据存储系统，但它们都是针对不同应用需求而提出的相应解决方案，还没有形成系列化的研究成果，缺乏强有力的理论、技术、标准规范的支持，缺乏足够的安全措施。

NoSQL 数据库以其读写速度快、数据容量大、扩展性能好等特点在云计算和大数据时代取得迅速发展，但 NoSQL 不支持 SQL，使应用程序开发困难，不支持应用所需的 ACID 特性，新的 NewSQL 数据库将 SQL 和 NoSQL 的优势结合起来，代表的模型有 VoltDB、Spanner 等。

17.5 小　　结

本章主要介绍了以下内容。

（1）云计算是一种新的计算模式，它将计算任务分布在大量计算机构成的资源池上，使各种应用系统能够根据需要获取计算能力、存储空间和信息服务，即云计算是通过网络按需提供可动态伸缩的性能价格比高的计算服务。

云计算具有超大规模、虚拟化、按需服务、可靠性、通用性、灵活弹性、性能价格比高等特点。

云计算的层次结构包括物理资源层、虚拟资源层、IaaS（基础设施即服务）、PaaS（平台即服务）、SaaS（软件即服务）。

（2）大数据（big data）指海量数据或巨量数据，大数据以云计算等新的计算模式为手段获取、存储、管理、处理并提炼数据，以帮助使用者决策。

大数据具有数据量大、多样、快速、价值密度低、复杂度增加等特点。

大数据的技术支撑有计算速度的提高、存储成本的下降和对人工智能的需求。

大数据的处理过程包括数据的采集和预处理、大数据分析、数据可视化。

（3）云数据库是运行在云计算平台上的数据库系统，它是在 SaaS（软件即服务）模式下发展起来的云计算技术。

主要的云数据库有 Microsoft Azure SQL Database、Amazon RDS、Google 的 Cloud SQL 和阿里云数据库。

（4）NoSQL 数据库泛指非关系型的数据库，NoSQL（Not Only SQL）指其在设计上和传统的关系数据库不同，常用的数据模型有 Cassandra、Hbase、BigTable、Redis、MongoDB、CouchDB、Neo4j 等。

NoSQL 数据库具有读写速度快、数据容量大、易于扩展、一致性策略、灵活的数据模型、高可用性等特点。

常用的 NoSQL 数据库可以分为键值（key-value）模型、列存储模型、文档型模型、图（graph）模型 4 类。

新的 NewSQL 数据库将 SQL 和 NoSQL 的优势结合起来，代表的模型有 VoltDB、Spanner 等。

习 题 17

一、选择题

17.1 云计算的层次结构不包括_____。

    A．虚拟资源层　　　　　　　　　　B．会话层

    C．IaaS　　　　　　　　　　　　　D．PaaS

17.2 下列_____不属于 NoSQL 数据库的类型。

    A．键值模型　　　　　　　　　　　B．列存储模型

    C．文档型模型　　　　　　　　　　D．树模型

二、填空题

17.3 云计算是一种新的计算模式，它将计算任务分布在大量计算机构成的_____上。

17.4 云计算具有_____、虚拟化、按需服务、可靠性、通用性、灵活弹性、性能价格比高等特点。

17.5 大数据指_____，大数据以云计算等新的计算模式为手段获取、存储、管理、处理并提炼数据，以帮助使用者决策。

17.6 大数据的技术支撑有计算速度的提高、存储成本的下降和对_____的需求。

17.7 云数据库是运行在_____上的数据库系统，它是在 SaaS（软件即服务）模式下发展起来的云计算技术。

云计算和大数据

17.8 NoSQL 数据库泛指_____的数据库，NoSQL（Not Only SQL）指其在设计上和传统的关系数据库不同。

17.9 NoSQL 数据库具有_____、数据容量大、易于扩展、一致性策略、灵活的数据模型、高可用性等特点。

三、问答题

17.10 什么是云计算？它有哪些特点？

17.11 简述大数据的基本概念及特点。

17.12 什么是云数据库？

17.13 试比较 NoSQL 数据库和 NewSQL 数据库。

第18章 基于Java EE和SQL Server 的学生成绩管理系统开发

本章要点

- 创建学生成绩数据库和表
- 搭建系统框架
- 持久层开发——生成 POJO 类及其映射文件，编写 DAO 接口及其实现类
- 业务层开发——编写 Service 接口及其实现类
- 表示层开发——编写 Action 类和 JSP 代码并进行测试

本项目采用 Struts 2+Spring+Hibernate 架构进行开发，采用分层次开发方法。本章介绍创建学生成绩数据库和表、搭建系统框架、持久层开发、业务层开发、表示层开发等内容。

18.1 创建学生成绩数据库和表

创建学生成绩数据库，数据库名为 stsc，包括 STUDENT 表（学生表）、COURSE 表（课程表）、SCORE 表（成绩表）和表 LOGTAB（登录表）

1. 表结构设计

STUDENT 表和 LOGTAB 表结构如表 18.1 和表 18.2 所示。COURSE 表和 SCORE 表的表结构参见附录 B。

表 18.1 STUDENT 的表结构

列　　名	数 据 类 型	允许 Null 值	是 否 主 键	说　　明
STNO	char(6)		主键	学号
STNAME	char(8)			姓名
STSEX	tinyint			性别，1 表示男，0 表示女
STBIRTHDAY	date			出生日期
SPECIALITY	char(12)	√		专业
TC	int	√		总学分

表 18.2　LOGTAB 的表结构

列　　名	数 据 类 型	允许 Null 值	是 否 主 键	说　　明
LOGNO	int		主键	标志
STNAME	char(6)			姓名
PASSWORD	char(20)			口令

2. 样本数据

STUDENT 表和 LOGTAB 表的样本数据如表 18.3 和表 18.4 所示。COURSE 表和 SCORE 表的样本数据参见附录 B。

表 18.3　STUDENT 的样本数据

学　　号	姓　　名	性　　别	出生日期	专　　业	总 学 分
121001	李贤友	男	1991-12-30	通信	52
121002	周映雪	女	1993-01-12	通信	49
121005	刘刚	男	1992-07-05	通信	50
122001	郭德强	男	1991-10-23	计算机	48
122002	谢萱	女	1992-09-11	计算机	52
122004	孙婷	女	1992-02-24	计算机	50

表 18.4　LOGTAB 的样本数据

标　　志	姓　　名	口　　令
1	李贤友	121001
2	周映雪	121002
3	刘刚	121005
4	郭德强	122001
5	谢萱	122002
6	孙婷	122004

18.2　搭建系统框架

18.2.1　层次划分

创建一个学生成绩管理系统应用项目，将项目命名为 studentManagement，创建一个数据库，以实现对学生、课程、成绩的增加、修改、删除和查询等功能，数据库名为 stsc，包含 STUDENT 表、COURSE 表、SCORE 表和 LOGTAB 表。使用轻量级 Java EE 系统的 Struts2、Spring 和 Hibernate 框架进行开发。

1. 分层模型

轻量级 Java EE 系统划分为持久层、业务层和表示层，用 Struts2+Spring+Hibernate 架构进行开发，用 Hibernate 进行持久层开发，用 Spring 的 Bean 来管理组件 DAO、Action 和 Service，用 Struts2 完成页面的控制跳转，分层模型如图 18.1 所示。

图 18.1 轻量级 Java EE 系统分层模型

1）持久层

轻量级 Java EE 系统的后端是持久层，使用 Hibernate 框架，持久层由 POJO 类及其映射文件、DAO 组件构成，该层屏蔽了底层 JDBC 连接和数据库操作细节，为业务层提供统一的面向对象的数据访问接口。

2）业务层

轻量级 Java EE 系统的中间部分是业务层，使用 Spring 框架。业务层由 Service 组件构成，Service 调用 DAO 接口中的方法，经由持久层间接地操作后台数据库，并为表示层提供服务。

3）表示层

轻量级 Java EE 系统的前端是表示层，是 Java EE 系统直接与用户交互的层面，使用业务层提供的服务来满足用户的需求。

2．轻量级 Java EE 系统解决方案

轻量级 Java EE 系统采用 3 种主流开源框架（Struts2、Spring 和 Hibernate）进行开发，其解决方案如图 18.2 所示。

图 18.2 轻量级 Java EE 系统解决方案

基于 Java EE 和 SQL Server 的学生成绩管理系统开发

在上述解决方案中，表示层使用 Struts2 框架，包括 Struts2 核心控制器、Action 业务控制器和 JSP 页面；业务层使用 Spring 框架，由 Service 组件构成；持久层使用 Hibernate 框架，由 POJO 类及其映射文件、DAO 组件构成。

该系统的所有组件包括 Action、Service 和 DAO 等，全部放在 Spring 容器中，由 Spring 统一管理，所以 Spring 是轻量级 Java EE 系统解决方案的核心。

使用上述解决方案的优点如下。

- 减少重复编程以缩短开发周期和降低成本，易于扩充，从而达到快捷、高效的目的。
- 系统架构更加清晰合理、系统运行更加稳定可靠。

程序员在表示层中只需编写 Action 和 JSP 代码，在业务层中只需编写 Service 接口及其实现类，在持久层中只需编写 DAO 接口及其实现类，可以投入更多的精力为应用开发项目选择合适的框架，从根本上提高开发的速度、效率和质量。

比较 Java EE 三层架构和 MVC 三层结构。

（1）MVC 是所有 Web 程序的通用开发模式，划分为三层结构，即 M（模型层）、V（视图层）和 C（控制器层）。它的核心是 C（控制器层），一般由 Struts2 担任。Java EE 三层架构为表示层、业务层和持久层，使用的框架分别为 Struts2、Spring 和 Hibernate，以 Spring 容器为核心，控制器 Struts2 只承担表示层的控制功能。

（2）在 Java EE 三层架构中，表示层包括 MVC 的 V（视图层）和 C（控制器层）两层，业务层和持久层是 M（模型层）的细分。

18.2.2　搭建项目框架

（1）新建 Java EE 项目，将项目命名为 studentManagement。

（2）添加 Spring 核心容器。

（3）添加 Hibernate 框架。

（4）添加 Struts2 框架。

（5）集成 Spring 与 Struts2。

通过以上 5 个步骤搭好 studentManagement 的主体架构。studentManagement 项目完成后的目录树如图 18.3 所示。

在图 18.3 中的 src 目录下创建以下各子包，分别存放各个组件。

（1）持久层：

org.studentscore.model：该包中放置表对应的 POJO 类及映射文件*.hbm.xml。

org.studentscore.dao：该包中放置 DAO 的接口。

org.studentscore.dao.imp：该包中放置 DAO 接口的实现类。

（2）业务层：

org.studentscore.service：该包中放置业务逻辑接口。

org.studentscore.service.imp：该包中放置业务逻辑接口的实现类。

（3）表示层：

org.studentscore.action：该包中放置对应的用户自定义的 Action 类。

org.studentscore.tool：该包中放置公用的工具类，比如分页类。

图 18.3　studentManagement 项目的目录树

18.3　持久层开发

在持久层开发中，程序员要生成数据库表对应的 POJO 类及其映射文件、编写 DAO 接口及其实现类。下面对学生信息管理子系统的持久层开发进行介绍。

1．生成 POJO 类及其映射文件

使用 Hibernate 的"反向工程"法生成数据库表对应的 POJO 类及相应的映射文件，生成的 POJO 类及映射文件都存于项目的 org.studentscore.model 包下，如图 18.4 所示。

> ▲ 🏮 org.studentscore.model
> 　▷ 🗋 Course.java
> 　▷ 🗋 Logtab.java
> 　▷ 🗋 Score.java
> 　▷ 🗋 ScoreId.java
> 　▷ 🗋 Student.java
> 　　🔊 Course.hbm.xml
> 　　🔊 Logtab.hbm.xml
> 　　🔊 Score.hbm.xml
> 　　🔊 Student.hbm.xml

图 18.4　org.studentscore.model 包

在学生信息管理子系统中，STUDENT 表对应的类为 Student，其映射文件为 Student.

hbm.xml。

Student.java 的代码如下。

```java
package org.studentscore.model;
import java.util.Date;
/**
 * Student entity. @author MyEclipse Persistence Tools
 */
public class Student implements java.io.Serializable {
  // Fields
  private String stno;
  private String stname;
  private Short stsex;
  private String stbirthday;
  private String speciality;
  private int tc;
  public String getStno() {
    return stno;
  }
  public void setStno(String stno) {
    this.stno = stno;
  }
  public String getStname() {
    return stname;
  }
  public void setStname(String stname) {
    this.stname = stname;
  }
  public String getStsex() {
    return stsex;
  }
  public void setStsex(String stsex) {
    this.stsex = stsex;
  }
  public String getStbirthday() {
    return stbirthday;
  }
  public void setStbirthday(String stbirthday) {
    this.stbirthday = stbirthday;
  }
  public String getSpeciality() {
    return speciality;
  }
  public void setSpeciality(String speciality) {
    this.speciality = speciality;
  }
  public int getTc() {
    return tc;
  }
  public void setTc(int tc) {
    this.tc = tc;
  }
}
```

Student.hbm.xml 的代码如下。

```xml
<?xml version="1.0" encoding="utf-8"?>
```

```
<!DOCTYPE hibernate-mapping PUBLIC "-//Hibernate/Hibernate Mapping DTD
3.0//EN"
"http://www.hibernate.org/dtd/hibernate-mapping-3.0.dtd">
<!-- Mapping file autogenerated by MyEclipse Persistence Tools -->
<hibernate-mapping>
  <class name="org.studentscore.model.Student" table="STUDENT" schema=
"dbo" catalog="STSC">
    <id name="stno" type="java.lang.String">
      <column name="STNO" length="6" />
      <!-- <generator class="native" /> -->
    </id>
    <property name="stname" type="java.lang.String">
      <column name="STNAME" length="8" not-null="true" />
    </property>
    <property name="stsex" type="java.lang.Short">
      <column name="STSEX" not-null="true" />
    </property>
    <property name="stbirthday" type="java.lang.String">
      <column name="STBIRTHDAY" />
    </property>
    <property name="speciality" type="java.lang.String">
      <column name="SPECIALITY" />
    </property>
    <property name="tc" type="java.lang.Integer">
      <column name="TC" />
    </property>
  </class>
</hibernate-mapping>
```

2. 实现 DAO 接口组件

学生信息管理功能包括学生信息查询、学生信息录入、学生信息修改、学生信息删除等功能。这些功能在 StudentDao.java 中提供对应的方法接口,并在对应实现类 StudentDaoImp.java 中实现。StudentDao.java 在 org.studentscore.dao 包中,StudentDaoImp.java 在 org.studentscore.dao.imp 包中, 如图 18.5 所示。

- ▲ 🎛 org.studentscore.dao
  - ▷ 🗾 BaseDAO.java
  - ▷ 🗾 CourseDao.java
  - ▷ 🗾 LogDao.java
  - ▷ 🗾 ScoreDao.java
  - ▷ 🗾 StudentDao.java
- ▲ 🎛 org.studentscore.dao.imp
  - ▷ 🗾 CourseDaoImp.java
  - ▷ 🗾 LogDaoImp.java
  - ▷ 🗾 ScoreDaoImp.java
  - ▷ 🗾 StudentDaoImp.java

图 18.5   org.studentscore.dao 包和 org.studentscore.dao.imp 包

本项目中的所有 DAO 类都要继承 BaseDAO 类,以获取 Session 实例。
BaseDAO.java 的代码如下。

基于 Java EE 和 SQL Server 的学生成绩管理系统开发

```
package org.studentscore.dao;
import org.hibernate.*;
public class BaseDAO {
  private SessionFactory sessionFactory;
  public SessionFactory getSessionFactory(){
    return sessionFactory;
  }
  public void setSessionFactory(SessionFactory sessionFactory){
    this.sessionFactory=sessionFactory;
  }
  public Session getSession(){
    Session session=sessionFactory.openSession();
    return session;
  }
}
```

接口 StudentDao.java 的代码如下。

```
package org.studentscore.dao;
import java.util.*;
import org.studentscore.model.*;
public interface StudentDao {
  public List findAll(int pageNow, int pageSize);   //显示所有学生信息
  public int findStudentSize();                      //查询学生记录数
  public Student find(String stno);                  //根据学号查询学生详细信息
  public void delete(String stno);                   //根据学号删除学生信息
  public void update(Student student);               //修改学生信息
  public void save(Student student);                 //插入学生记录
}
```

对应实现类 StudentDaoImp.java 的代码如下。

```
package org.studentscore.dao.imp;
import java.util.*;
import org.studentscore.dao.*;
import org.studentscore.model.*;
import org.hibernate.*;
public class StudentDaoImp extends BaseDAO implements StudentDao{
//显示所有学生信息
  public List findAll(int pageNow, int pageSize){
    try{
      Session session=getSession();
      Transaction ts=session.beginTransaction();
      Query query=session.createQuery("from Student order by stno");
      int firstResult=(pageNow-1)*pageSize;
      query.setFirstResult(firstResult);
      query.setMaxResults(pageSize);
      List list=query.list();
      ts.commit();
      session.close();
      session=null;
      return list;
```

```
      }catch(Exception e){
        e.printStackTrace();
        return null;
      }
    }
    //查询学生记录数
    public int findStudentSize(){
      try{
        Session session=getSession();
        Transaction ts=session.beginTransaction();
        return session.createQuery("from Student").list().size();
      }catch(Exception e){
        e.printStackTrace();
        return 0;
      }
    }
    //根据学号查询学生详细信息
    public Student find(String stno){
      try{
        Session session=getSession();
        Transaction ts=session.beginTransaction();
        Query query=session.createQuery("from Student where stno=?");
        query.setParameter(0, stno);
        query.setMaxResults(1);
        Student student=(Student)query.uniqueResult();
        ts.commit();
        session.clear();
        return student;
      }catch(Exception e){
        e.printStackTrace();
        return null;
      }
    }
    //根据学号删除学生信息
    public void delete(String stno){
      try{
        Session session=getSession();
        Transaction ts=session.beginTransaction();
        Student student=find(stno);
        session.delete(student);
        ts.commit();
        session.close();
      }catch(Exception e){
        e.printStackTrace();
      }
    }
    //修改学生信息
    public void update(Student student){
      try{
        Session session=getSession();
        Transaction ts=session.beginTransaction();
        session.update(student);
```

基于Java EE 和 SQL Server 的学生成绩管理系统开发

```
          ts.commit();
          session.close();
        }catch(Exception e){
          e.printStackTrace();
        }
      }
      //插入学生记录
      public void save(Student student){
        try{
          Session session=getSession();
          Transaction ts=session.beginTransaction();
          session.save(student);
          ts.commit();
          session.close();
        }catch(Exception e){
          e.printStackTrace();
        }
      }
    }
```

18.4 业务层开发

在业务层开发中程序员要编写 Service 接口及其实现类，如图 18.6 所示。

```
▲ 🌐 org.studentscore.service
    ▷ 📄 CourseService.java
    ▷ 📄 LogService.java
    ▷ 📄 ScoreService.java
    ▷ 📄 StudentService.java
▲ 🌐 org.studentscore.service.imp
    ▷ 📄 CourseServiceManage.java
    ▷ 📄 LogServiceManage.java
    ▷ 📄 ScoreServiceManage.java
    ▷ 📄 StudentServiceManage.java
```

图 18.6   org.studentscore.service 包和 org.studentscore.service.imp 包

在学生信息管理子系统的业务层开发中，StudentService 接口放在 org.studentscore.service 包中，其实现类 StudentServiceManage 放在 org.studentscore.service.imp 包中。

StudentService.java 接口的代码如下。

```
package org.studentscore.service;
import java.util.*;
import org.studentscore.model.*;
public interface StudentService {
  public List findAll(int pageNow, int pageSize);    //服务：显示所有学生信息
  public int findStudentSize();                       //服务：查询学生记录数
  public Student find(String stno);                   //服务：根据学号查询学生信息
  public void delete(String stno);                    //服务：根据学号删除学生信息
```

```
  public void update(Student student);          //服务：修改学生信息
  public void save(Student student);            //服务：插入学生记录
}
```

对应实现类 StudentServiceManage 的代码如下。

```
package org.studentscore.service.imp;
import java.util.*;
import org.studentscore.dao.*;
import org.studentscore.model.*;
import org.studentscore.service.*;
public class StudentServiceManage implements StudentService{
  private StudentDao studentDao;
private ScoreDao scoreDao;
//服务：显示所有学生信息
public List findAll(int pageNow, int pageSize){
return studentDao.findAll(pageNow, pageSize);
}
//服务：查询学生记录数
public int findStudentSize(){
return studentDao.findStudentSize();
}
  //服务：根据学号查询学生详细信息
public Student find(String stno){
return studentDao.find(stno);
}
//服务：根据学号删除学生信息
public void delete(String stno){
studentDao.delete(stno);
scoreDao.deleteOneStudentScore (stno);  //在删除学生的同时要删除该生对应的成绩
}
//服务：修改学生信息
public void update(Student student){
studentDao.update(student);
}
//服务：插入学生记录
public void save(Student student){
studentDao.save(student);
}
  ...
}
```

18.5　表示层开发

在表示层开发中程序员需要编写 Action 类和 JSP 代码，下面对学生信息管理子系统的
表示层开发进行介绍。

1. 主界面开发

运行学生成绩管理系统，出现该系统的主界面，如图 18.7 所示。

图 18.7 学生成绩管理系统的主界面

该主界面分为 3 个部分，即头部（head.jsp）、左部（left.jsp）、登录页（login.jsp），通过主页面框架 index.jsp 整合在一起。

1）页面布局

页面布局采用 CSS 代码，在 WebRoot 下建立文件夹 CSS，在该文件夹中创建 left_style.css 文件。

left_style.css 的代码如下。

```css
@CHARSET "UTF-8";

div.left_div{
  width:184px;
}
div ul li{
  list-style:none;
}
span.sinfo{
  display:none;
}
span.cinfo{
  display:none;
}
span.scoreInfo{
  display:none;
}
div a{
  text-decoration:none;
}
div a:link {color: black}
div a:visited {color: black}
div a:hover {color: black}
div a:active {color: black}
```

```css
div.student{
  width:80px;
  padding:5px 20px;
  border:1px solid #c0d2e6;
}
```

2）主页面框架

主页面框架 index.jsp 的代码如下。

```jsp
<%@ page language="java" import="java.util.*" pageEncoding="UTF-8"%>
<%
String path = request.getContextPath();
String basePath = request.getScheme()+"://"+request.getServerName()+":
"+request.getServerPort()+path+"/";
%>
<!DOCTYPE HTML PUBLIC "-//W3C//DTD HTML 4.01 Transitional//EN">
<html>
  <head>
    <base href="<%=basePath%>">
    <title>学生成绩管理系统</title>
    <meta http-equiv="pragma" content="no-cache">
    <meta http-equiv="cache-control" content="no-cache">
    <meta http-equiv="expires" content="0">
    <meta http-equiv="keywords" content="keyword1,keyword2,keyword3">
    <meta http-equiv="description" content="This is my page">
  </head>
  <body>
    <div style="width:1000px; height:1000px; margin:auto;">
      <iframe src="head.jsp" frameborder="0" scrolling="no" width="913"
height="160"></iframe>
      <div style="width:1000px; height:420; margin:auto;">
        <div style="width:200px; height:420; float:left">
          <iframe src="left.jsp" frameborder="0" scrolling="no" width="200"
height="520"></iframe>
        </div>
        <div style="width:800px; height:420; float:left">
          <iframe src="login.jsp" name="right" frameborder="0" scrolling=
"no" width="800" height="520"></iframe>
        </div>
      </div>
    </div>
  </body>
</html>
```

3）页面头部

头部 head.jsp 的代码如下。

```jsp
<%@ page language="java" pageEncoding="UTF-8"%>
<html>
<head>
<title>学生成绩管理系统</title>
</head>
<body>
<img src="images/top.jpg" />
</body>
</html>
```

4）页面左部

页面左部 left.jsp 的代码如下。

```
<%@ page language="java" pageEncoding="UTF-8"%>
<html>
<head>
<title>学生成绩管理系统</title>
<script type="text/javascript" src="js/jquery-1.8.0.min.js"></script>
<script type="text/javascript" src="js/left.js"></script>
<link rel="stylesheet" href="CSS/left_style.css" type="text/css" />
<script type="text/javascript"></script>
</head>
<body>
<div class="left_div">
<div style="width:1px;height:10px;"></div>
<div class="student"><a href="javascript:void(0)" id="student">学生信息
</a></div>
<div style="width:1px;height:10px;"></div>
<div class="student">
<span class="sinfo" style="width: 200px;"><a href="addStudentView.action"
target="right" >学生信息录入</a></span>
<span class="sinfo" style="width: 200px;"><a href="studentInfo.action"
target="right">学生信息查询</a></span>
</div>
<div style="width:1px;height:10px;"></div>
<div class="student"><a href="javascript:void(0)" id="scoure">课程信息
</a></div>
<div style="width:1px;height:10px;"></div>
<div class="student">
<span class="cinfo" style="width: 200px;"><a href="addKcView.action"
target="right">课程信息录入</a></span>
<span class="cinfo" style="width: 200px;"><a href="kcInfo.action"
target="right">课程信息查询</a></span>
</div>
<div style="width:1px;height:10px;"></div>
<div class="student"><a href="javascript:void(0)" id="score">成绩信息
</a></div>
<div style="width:1px;height:10px;"></div>
<div class="student">
<span class="scoreInfo" style="width: 200px;"><a href="addStudentcjView.
action" target="right">成绩信息录入</a></span>
<span class="scoreInfo" style="width: 200px;"><a href="studentcjInfo.
action" target="right">成绩信息查询</a></span>
</div>
</div>
</body>
</html>
```

2. 登录功能开发

1）编写登录页

登录页 login.jsp 的代码如下。

```
<%@ page language="java" pageEncoding="UTF-8"%>
<%@ taglib prefix="s" uri="/struts-tags"%>
<html>
```

```
<head>
<title>学生成绩管理系统</title>
</head>
<body>
<s:form action="login" method="post" theme="simple">
<table>
        <caption>用户登录</caption>
<tr>
<td>
学号: <s:textfield name="log.stno " size="20"/>
</td>
    </tr>
<tr>
<td>
口令: <s:password name="log.password " size="21"/>
</td>
</tr>
<tr>
<td align="right">
<s:submit value="登录"/>
<s:reset value="重置"/>
</td>
</tr>
</table>
</s:form>
</body>
</html>
```

2）编写、配置 Action 模块

登录页提交给了一个名为 login 的 Action，为了实现这个 Action 类，在 src 目录下的 org.studentscore.action 包中创建 LogAction 类。

LogAction.java 的代码如下。

```
package org.studentscore.action;
import java.util.*;
import org.studentscore.model.*;
import org.studentscore.service.*;
import com.opensymphony.xwork2.*;
public class LogAction extends ActionSupport{
private Logtab Log;
protected LogService logService;
//处理用户请求的execute方法
public String execute() throws Exception{
boolean validated=false;                //验证成功标识
Map session=ActionContext.getContext().getSession();
                                        //获得会话对象，用来保存当前登录用户的信息
Logtab log1=null;
//获取Logtab对象，如果是第一次访问，则用户对象为空，如果是第二次（或以后）访问，直接
登录无须重复验证
log1=(Logtab)session.get("Log");
if(log1==null){
log1=logService.find(Log.getSTNAME(), Log.getPASSWORD());
if(log1!=null){
session.put("Log", log1);      //把log1对象存储在会话中
```

```
validated=true;                //标识为true表示验证成功通过
    }
}
    else{
      validated=true;          //该用户已登录并成功验证，标识为true无须再验证了
    }
    if(validated){
      //验证成功返回字符串 "success"
      return SUCCESS;
    }
    else{
      //验证失败返回字符串 "error"
      return ERROR;
    }
}
  ...
}
```

在 src 下创建 struts.xml 文件，配置如下。

```
...
<struts>
  <package name="default" extends="struts-default">
    <!-- 用户登录 -->
    <action name="login" class="log">
      <result name="success">/welcome.jsp</result>
      <result name="error">/failure.jsp</result>
    </action>
...
  </package>
</struts>
```

3）编写 JSP

登录成功页 welcome.jsp 的代码如下。

```
<%@ page language="java" pageEncoding="UTF-8"%>
<%@ taglib prefix="s" uri="/struts-tags"%>
<html>
  <head></head>
  <body>
    <s:set name="log" value="#session['log']"/>
    学号<s:property value="#log.stno"/>用户登录成功!
  </body>
</html>
```

若登录失败则转到出错页 failure.jsp，代码如下。

```
<%@ page language="java" pageEncoding="UTF-8"%>
<html>
  <head></head>
  <body bgcolor="#D9DFAA">
    登录失败! 单击<a href="login.jsp">这里</a>返回
```

```
    </body>
</html>
```

4）注册组件

在 applicationContext.xml 文件中加入注册信息。

applicationContext.xml 的代码如下。

```
<bean id="baseDAO" class="org.studentscore.dao.BaseDAO">
  <property name="sessionFactory" ref="sessionFactory"/>
</bean>
<bean id="logDao" class="org.studentscore.dao.imp.LogDaoImp" parent="baseDAO"/>
<bean id="logService" class="org.studentscore.service.imp.LogServiceManage">
  <property name="logDao" ref="logDao"/>
</bean>
<bean id="log" class="org.studentscore.action.LogAction">
  <property name="logService" ref="logService"/>
</bean>
```

5）测试功能

部署运行程序，在页面上输入学号和口令（如图 18.8 所示），然后单击"登录"按钮，出现用户登录成功页面，如图 18.9 所示。

图 18.8　用户登录

3. 显示学生信息功能开发

1）编写和配置 Action 模块

单击主界面中"学生信息"栏下的"学生信息查询"超链接，系统就会提交给 StudentAction 去处理，为了实现该 Action，在 src 下的 org.studentscore.action 包中创建 StudentAction 类。由于所有与学生信息有关的查询、删除、修改和插入操作都是由 StudentAction 类中的方法来实现的，下面在 StudentAction 类中仅列出"显示所有学生信息"的方法，对于其他方法在此处只给出方法名，后面介绍相应功能的 Action 模块时再给出。

357

图 18.9　用户登录成功

StudentAction.java 的代码如下。

```
package org.studentscore.action;
import java.util.*;
import java.io.*;
import org.studentscore.model.*;
import org.studentscore.service.*;
import org.studentscore.tool.*;
import com.opensymphony.xwork2.*;
import javax.servlet.*;
import javax.servlet.http.*;
import org.apache.struts2.*;
public class StudentAction extends ActionSupport{
  private int pageNow = 1;
  private int pageSize = 8;
  private Student student;
  private StudentService studentService;
  //显示所有学生信息
public String execute() throws Exception{
List list=studentService.findAll(pageNow,pageSize);
Map request=(Map)ActionContext.getContext().get("request");
Pager page=new Pager(getPageNow(),studentService.findStudentSize());
request.put("list", list);
request.put("page", page);
return SUCCESS;
}
  //根据学号查询学生详细信息
  public String findStudent() throws Exception{
```

```
    ...
}
//根据学号删除学生信息
public String deleteStudent() throws Exception{
    ...
}
    //修改学生信息：显示修改页面和执行修改操作
    public String updateStudentView() throws Exception{
    ...
}
public String updateStudent() throws Exception{
    ...
}
    //插入学生记录：显示录入页面和执行录入操作
public String addStudentView() throws Exception{
    ...
}
public String addStudent() throws Exception{
    ...
}
public Student getStudent(){
return student;
}
public void setStudent(Student student){
this.student=student;
}
public StudentService getStudentService(){
return studentService;
}
public void setStudentService(StudentService studentService){
this.studentService=studentService;
}
public int getPageNow(){
return pageNow;
}
public void setPageNow(int pageNow){
this.pageNow=pageNow;
}
public int getPageSize(){
return pageSize;
}
public void setPageSize(int pageSize){
this.pageSize=pageSize;
}
}
```

在 struts.xml 文件中进行配置。

```
<!-- 显示所有学生信息 -->
<action name="studentInfo" class="student">
<result name="success">/studentInfo.jsp</result>
</action>
```

基于 *Java EE* 和 *SQL Server* 的学生成绩管理系统开发

2）编写 JSP

成功后跳转到 studentInfo.jsp，分页显示所有学生信息。

studentInfo.jsp 的代码如下。

```
<%@ page language="java" pageEncoding="UTF-8"%>
<%@ taglib uri="/struts-tags" prefix="s"%>
<html>
  <head></head>
  <body>
    <table border="1" cellspacing="1" cellpadding="8" width="700">
      <tr align="center" bgcolor="silver">
        <th>学号</th><th>姓名</th><th>性别</th><th>专业</th><th>出生时间</th><th>
        总学分</th><th>详细信息</th><th>操作</th><th>操作</th>
      </tr>
      <s:iterator value="#request.list" id="student">
      <tr>
        <td><s:property value="#student.stno"/></td>
        <td><s:property value="#student.stname"/></td>
        <td>
          <s:if test="#student.stsex==1">男</s:if>
          <s:else>女</s:else>
        </td>
        <td><s:property value="#student.speciality"/></td>
        <td><s:property value="#student.stbirthday"/></td>
        <td><s:property value="#student.tc"/></td>
        <td>
          <a href="findStudent.action?student.stno=<s:property value=
          "#student.stno"/>">详细信息</a>
        </td>
        <td>
          <a href="deleteStudent.action?student.stno=<s:property value=
          "#student.stno"/>" onClick="if(!confirm('确定删除该生信息吗？'))return
          false;else return true;">删除</a>
        </td>
        <td>
          <a href="updateStudentView.action?student.stno=<s:property value=
          "#student.stno"/>">修改</a>
        </td>
      </tr>
      </s:iterator>
      <tr>
        <s:set name="page" value="#request.page"></s:set>
        <s:if test="#page.hasFirst">
          <s:a href="studentInfo.action?pageNow=1">首页</s:a>
        </s:if>
        <s:if test="#page.hasPre">
          <a href="studentInfo.action?pageNow=<s:property value="#page.
          pageNow-1"/>">上一页</a>
        </s:if>
        <s:if test="#page.hasNext">
          <a href="studentInfo.action?pageNow=<s:property value="#page.
```

```
                pageNow+1"/>">下一页</a>
        </s:if>
        <s:if test="#page.hasLast">
          <a href="studentInfo.action?pageNow=<s:property value="#page.
          totalPage"/>">尾页</a>
        </s:if>
      </tr>
    </table>
  </body>
</html>
```

3）注册组件

在 applicationContext.xml 文件中加入以下注册信息。

```
<bean id="studentDao" class="org.studentscore.dao.imp.StudentDaoImp" parent=
"baseDAO"/>
<bean id="studentService" class="org.studentscore.service.imp. StudentService-
Manage">
  <property name="studentDao" ref="studentDao"/>
</bean>
<bean id="student" class="org.studentscore.action.StudentAction">
  <property name="studentService" ref="studentService"/>
</bean>
```

4）测试功能

部署运行程序，登录后单击主界面"学生信息"栏的"学生信息查询"超链接，将分页列出所有学生的信息，如图 18.10 所示。

图 18.10　显示所有学生信息

基于 Java EE 和 SQL Server 的学生成绩管理系统开发

4. 查看学生详细信息功能开发

在显示所有学生信息页面中每个学生记录的后面都有"详细信息"超链接,单击该超链接就会提交给 StudentAction 类的 findStudent()方法去处理。

1)编写、配置 Action 模块

在 StudentAction 类中加入 findStudent()方法,用于从数据库中查找某个学生的详细信息,并将以上编写的方法在 struts.xml 中配置。

2)编写 JSP

编写用于显示学生详细信息的 moretail.jsp 页面。

3)测试功能

部署运行程序,在显示所有学生信息页面单击要查询详细信息的学生记录后的"详细信息"超链接,即显示该学生的详细信息,如图 18.11 所示。

图 18.11　学生详细信息查询

5. 学生信息录入功能开发

单击主界面中"学生信息"栏下的"学生信息查询"超链接,就会提交给 StudentAction 类 addStudentView()方法和 addStudent()方法去处理。

1)编写、配置 Action 模块

该功能分两步,首先显示录入页面,用户在表单中填写学生信息并提交,然后执行录入操作,需要在 StudentAction 类中加入 addStudentView()方法和 addStudent()方法,并在 struts.xml 中配置上述两个方法。

2)编写 JSP

编写录入页面 addStudentInfo.jsp。

3）测试功能

部署运行程序，登录后在主界面中的"学生信息"栏下单击"学生信息录入"超链接，出现如图 18.12 所示的界面。

图 18.12　学生信息录入

单击"添加"按钮，提交 addStudent.action 处理。

6. 修改学生信息功能开发

在显示所有学生信息页面中每个学生记录的后面都有"修改"超链接，单击该超链接就会提交给 StudentAction 类 updateStudentView()方法和 updateStudent()方法去处理。

1）编写、配置 Action 模块

该功能分两步，首先显示修改页面，用户在表单中填写修改内容并提交，然后执行修改操作，需要在 StudentAction 类中加入 updateStudentView()方法和 updateStudent()方法，并在 struts.xml 中配置。

2）编写 JSP

编写修改页面 updateStudentView.jsp。

3）测试功能

部署运行程序，在显示所有学生信息页面单击要修改的学生记录后的"修改"超链接，进入该学生的信息修改页面，页面表单中已经自动获得了该学生的原信息，将总学分由 50 修改为 52，如图 18.13 所示。

单击"添加"按钮，提交 updateStudent.action 处理，修改成功后会跳转到 success.jsp，显示操作成功。

图 18.13 修改学生信息

7. 删除学生信息功能开发

在显示所有学生信息页面中每个学生记录的后面都有"删除"超链接，单击该超链接就会提交给 StudentAction 类的 deleteStudent()方法去处理。

1) 编写、配置 Action 模块

删除功能对应 StudentAction 类中的 deleteStudent()方法，在 struts.xml 中配置该方法。

2) 编写 JSP

操作成功后会跳转到成功界面 success.jsp。

3) 测试功能

在所有学生信息的显示页 studentInfo.jsp 中有以下代码：

```
<td>
  <a href="deleteStudent.action?student.stno=<s:property value="#student.
  stno"/>"
    onClick="if(!confirm('确定删除该生信息吗？'))return false;else return
true;">删除</a>
</td>
```

为了防止操作人员误删学生信息，加入了一个确认删除的对话框。部署运行程序，当用户单击"删除"超链接时出现如图 18.14 所示的界面。

单击"确定"按钮，提交 deleteStudent.action 执行删除操作。

图 18.14　删除学生信息

18.6　小　　结

本章主要介绍了以下内容。

（1）在学生成绩管理系统的需求分析与设计中介绍了需求分析、系统模块结构图、E-R图、表结构设计和样本数据。

（2）轻量级 Java EE 系统划分为持久层、业务层和表示层，其后端是持久层，中间部分是业务层，前端是表示层，用 Struts2+Spring+Hibernate 架构进行开发。

（3）在轻量级 Java EE 系统解决方案中，表示层使用 Struts2 框架，包括 Struts2 核心控制器、Action 业务控制器和 JSP 页面；业务层使用 Spring 框架，由 Service 组件构成；持久层使用 Hibernate 框架，由 POJO 类及其映射文件、DAO 组件构成。

该系统的所有组件包括 Action、Service 和 DAO 等，全部放在 Spring 容器中，由 Spring统一管理，所以 Spring 是轻量级 Java EE 系统解决方案的核心。

（4）学生成绩管理系统的开发采用轻量级 Java EE 系统解决方案，搭建项目框架是学生成绩管理系统开发的重要工作。

（5）开发人员在持久层开发中需要生成 POJO 类及其映射文件，编写 DAO 接口及其实现类；在业务层开发中需要编写 Service 接口及其实现类；在表示层开发中需要编写Action 类和 JSP 代码并进行测试。

习　题　18

一、选择题

18.1　在下面的层中_____不是轻量级 Java EE 系统划分的层。

A. 模型层   B. 持久层

C. 表示层   D. 业务层

18.2　表示层不包括下面的_____。

A. Action 业务控制器   B. JSP 页面

C. DAO 组件   D. Struts2 核心控制器

二、填空题

18.3　表示层使用_____框架。

18.4　业务层使用_____框架。

18.5　持久层使用_____框架。

18.6　Spring 是轻量级 Java EE 系统解决方案的_____。

18.7　在持久层开发中需要生成 POJO 类及其映射文件,编写_____接口及其实现类。

18.8　在业务层开发中需要编写_____接口及其实现类。

18.9　在表示层开发中需要编写_____类和 JSP 代码并进行测试。

三、问答题

18.10　轻量级 Java EE 系统怎样划分层?

18.11　简述在轻量级 Java EE 系统解决方案中各层使用的框架和组成。

18.12　试述"Spring 是轻量级 Java EE 系统解决方案的核心"的理由。

18.13　开发人员在 Spring 轻量级 Java EE 系统开发中需要做哪些工作?

四、上机实验题

18.14　参照学生成绩管理系统开发步骤完成开发工作,完成后进行测试。

18.15　将学生成绩管理系统的后台数据库换为 Oracle 数据库,完成开发工作并进行测试。

18.16　在学生成绩管理系统中增加学生选课功能,完成开发工作并进行测试。

习题参考答案

第1章 数据库系统概论

一、选择题

1.1 B　1.2 C　1.3 A　1.4 B　1.5 A　1.6 C　1.7 B　1.8 C
1.9 B　1.10 C　1.11 C　1.12 D　1.13 C　1.14 B　1.15 D　1.16 C
1.17 D　1.18 A

二、填空题

1.19 数据完整性约束
1.20 内模式
1.21 减少数据冗余
1.22 逻辑结构设计阶段
1.23 数据字典
1.24 数据库
1.25 E-R 模型
1.26 关系模型
1.27 存取方法
1.28 时间和空间效率
1.29 数据库的备份和恢复

三、问答题 略

四、应用题

1.41
(1)

（2）

学生(<u>学号</u>, 姓名, 性别, 出生日期)

课程(<u>课程号</u>, 课程名, 学分)

选修(<u>学号</u>, <u>课程号</u>, 成绩)

    外码：学号，课程号

1.42

（1）

（2）

学生(<u>借书证号</u>, 姓名, 专业, 借书量)

图书(<u>书号</u>, 书名, 作者, 价格, 复本量, 库存量)

借阅(<u>书号</u>, <u>借书证号</u>, 索书号, 借阅时间)

    外码：书号，借书证号

第 2 章　关系数据库系统模型

一、选择题

2.1　D　　2.2　B　　2.3　A　　2.4　B　　2.5　D　　2.6　A　　2.7　B　　2.8　D

2.9　C　　2.10　D

二、填空题

2.11　关系完整性

2.12　集合

2.13　实体完整性和参照完整性

2.14　R(U, D, DOM, F)

2.15　结构化查询语言

2.16　并

三、问答题　略

四、应用题

2.23　关系运算结果如图 A.1 所示。

	R_1			R_2			R_3				R_4			

R_1		
A	B	C
a	b	c
b	a	c
c	a	c
c	a	b
a	c	b
b	c	a

R_2		
A	B	C
a	b	c
b	a	c
c	b	a

R_3		
A	B	C
c	a	b

R_4					
R.A	R.B	R.C	S.A	S.B	S.C
a	b	c	a	c	b
a	b	c	b	c	b
a	b	c	c	c	a
b	a	c	a	c	b
b	a	c	c	c	a
b	a	c	c	a	b
c	a	b	a	c	b
c	a	b	c	c	a
c	b	a	b	c	a
c	b	a	a	c	b
c	b	a	a	c	a
c	b	a	c	a	b

图 A.1　关系运算结果

2.24 关系运算结果如图 A.2 所示。

R_1			
A	B	C	D
a	b	c	d
b	c	a	b

R_2				
R.A	R.B	R.C	S.B	S.D
a	b	c	b	d
a	b	c	c	b
a	b	c	b	d

R_3				
R.A	R.B	R.C	S.B	S.D
a	b	c	d	a
b	c	a	c	b

图 A.2　关系运算结果

2.25

（1）

关系代数表示为　$\Pi_{\text{Sno,Sname}}(\sigma_{\text{Speciality='计算机应用'}}(S))$

元组关系演算表示为　$\{t^{(2)} \mid (\exists u)(S(u) \land u[5] = \text{'计算机应用'} \land t[1] = u[1] \land t[2] = u[2])\}$

（2）

关系代数表示为　$\Pi_{\text{Sno,Sname,Sex}}(\sigma_{\text{Age}>20 \land \text{Age}<22 \land \text{Sex='男'}}(S))$

元组关系演算表示为　$\{t^{(3)} \mid (\exists u)(S(u) \land t[4] > 20 \land t[4] < 22 \land t[3] = \text{'男'} \land t[1] = u[1] \land t[2] = u[2] \land t[3] = u[4])\}$

（3）

关系代数表示为　$\Pi_{\text{Sno,Sname}}(S \bowtie (\sigma_{\text{Cname='信号与系统'} \lor \text{Cname='英语'}}(SC \bowtie C)))$

元组关系演算表示为　$\{t^{(2)} \mid (\exists u)(\exists v)(\exists w)(S(u) \land SC(v) \land C(w) \land u[1] = v[1] \land v[2] = w[1] \land (u[2] = \text{'信号与系统'} \lor u[2] = \text{'英语'}) \land t[1] = u[1] \land t[2] = u[2])\}$

（4）

关系代数表示为　$\Pi_{\text{Sno}}(\sigma_{1=4 \land \text{Cno='101'} \lor \text{Cno='204'}}(SC \times SC))$

元组关系演算表示为　$\{t \mid (\exists u)(\exists v)(SC(u) \land SC(v) \land u[1] = v[1] \land u[2] = \text{'101'} \land v[2] = \text{'204'} \land t[1] = u[1])\}$

（5）

关系代数表示为 $\Pi_{Sno,Sname,Grade}(\sigma_{Cname='数据库原理和应用'}(C) \bowtie SC \bowtie S)$

元组关系演算表示为 $\{t^{(3)} \mid (\exists u)(\exists v)(\exists w)(S(u) \wedge SC(v) \wedge C(w) \wedge u[1] = v[1] \wedge v[2] = w[1] \wedge w[2] = $ '数据库原理和应用' $\wedge t[1] = u[1] \wedge t[2] = u[2] \wedge t[3] = v[3])\}$

2.26

（1）中文查询句子如下。

从 R 与 S 的笛卡尔积中选择 R 的第 2 列与 S 的第 2 列相等的元组，并投影 R 的第 1 列和 S 的第 2 列。

（2）关系代数表达式如下。

$\Pi_{1,4}(\sigma_{2=4}(R \times S))$

第 3 章　关系数据库设计理论

一、选择题

3.1　B　　3.2　D　　3.3　A　　3.4　B　　3.5　A　　3.6　C　　3.7　D　　3.8　B

3.9　B　　3.10　C

二、填空题

3.11　模式设计

3.12　标准或准则

3.13　模式分解

3.14　更新异常

3.15　4NF

3.16　增广律

3.17　完备

3.18　$R.A \rightarrow R.C$

3.19　$R.A \rightarrow R.(B, C)$

3.20　$R.(B, C) \rightarrow R.A$

三、问答题　略

四、应用题

3.28

（1）由 $CD \rightarrow B$，$B \rightarrow A$，得 $CD \rightarrow A$，存在传递函数依赖，所以 R 不是 3NF。

（2）将关系 R 分解为 $R_1(C, D, B)$，$R_2(B, A)$。

3.29

（1）R 属于 1NF，因候选码为 WX，则 Y、Z 为非主属性，由 $X \rightarrow Z$，因此 F 存在非主属性对候选码的部分函数依赖，所以 R 不是 3NF。

（2）将关系 R 分解为：

$R_1(W, X, Y)$，$F_1 = \{WX \rightarrow Y\}$

$R_2(X, Z)$，$F_2=\{X{\to}Z\}$

消除了非主属性对候选码的部分函数依赖。F_1 和 F_2 的函数依赖都是非平凡的，并且决定因素是候选码，所以上述关系模式是 BCNF。

3.30

（1）R 中的 L 类属性：C

因为 C_F^+=CBA=U，所以 R 的唯一候选码为 C。

（2）由于 C 是候选码，可得 $C{\to}A$，由已知 $C{\to}B$，$B{\to}A$，传递导出 $C{\to}A$，所以 R 不是 3NF。

（3）$R_1(C,B)$，$R_2(B,A)$。

3.31

（1）$(AD)^+$=ACD

（2）R 中的 L 类属性：BD

又 $(BD)_F^+$=$ABCD$，所以 BD 是 R 的唯一候选码。

（3）

① 使函数依赖右部仅含有一个属性

$F_1=\{A{\to}C, C{\to}A, B{\to}A, B{\to}C, D{\to}A, D{\to}C, BD{\to}A\}$

② 消除多余的函数依赖

由 $B{\to}A, A{\to}C$，可得 C 传递依赖于 B，因此 $B{\to}C$ 多余；

由 $D{\to}A, A{\to}C$，可得 C 传递依赖于 D，因此 $D{\to}C$ 多余。

所以 $F_2=\{A{\to}C, C{\to}A, B{\to}A, D{\to}A, BD{\to}A\}$

判断 $BD{\to}A$ 是否冗余，判断 A 是否属于 BD 在函数依赖集 $F_2-\{BD{\to}A\}$ 的闭包 $(BD)_{F-\{BD{\to}A\}}^+$=$ABCD$，因此 $BD{\to}A$ 多余。

$F_3=\{A{\to}C, C{\to}A, B{\to}A, D{\to}A\}$

③ 判断左部有没有多余的属性

F_3 左部均是单属性，因此 Fmin=$\{A{\to}C, C{\to}A, B{\to}A, D{\to}A\}$

（4）由算法 3.3 可得保持函数依赖的 3NF 为 $\rho=\{AC, BA, DA\}$

由算法 3.4 可得既具无损连接性又具保持函数依赖性的 3NF 为 $\rho=\{AC, BA, DA, BD\}$

第 4 章　SQL Server 概述

一、选择题

4.1　B　　4.2　C　　4.3　D

二、填空题

4.4　集成服务

4.5　网络

4.6　SQLOS

三、问答题 略

四、上机实验题 略

第 5 章　创建和修改数据库

一、选择题

5.1　B　　5.2　D　　5.3　C　　5.4　D　　5.5　A

二、填空题

5.6　逻辑成分

5.7　视图

5.8　数据库文件

5.9　64KB

5.10　日志文件

三、问答题 略

四、上机实验题 略

第 6 章　创建和使用表

一、选择题

6.1　B　　6.2　D　　6.3　C　　6.4　B

二、填空题

6.5　数据类型

6.6　不可用

6.7　列名

6.8　tinyint

6.9　可变长度字符数据类型

6.10　非英语语种

三、问答题 略

四、上机实验题 略

第 7 章　T-SQL 基础

一、选择题

7.1　D　　7.2　C　　7.3　D　　7.4　B　　7.5　D

二、填空题

7.6　外层表的行数

7.7　内　　　外

7.8　外　　　内

7.9 ALL

7.10 WHERE

三、问答题 略

四、上机实验题

7.19

```
CREATE DATABASE stsc
GO

USE stsc
GO

CREATE TABLE student
(
    stno char(6) NOT NULL PRIMARY KEY,
    stname char(8) NOT NULL,
    stsex char(2) NOT NULL,
    stbirthday date NOT NULL,
    speciality char(12) NULL,
    tc int NULL
)
GO

CREATE TABLE course
(
    cno char(3) NOT NULL PRIMARY KEY,
    cname char(16) NOT NULL,
    credit int NULL,
    tno char(6) NULL,
)
GO

CREATE TABLE score
(
    stno char(6) NOT NULL,
    cno char(3) NOT NULL,
    grade int NULL,
    PRIMARY KEY(stno,cno)
)
GO

CREATE TABLE teacher
(
    tno char(6) NOT NULL PRIMARY KEY,
    tname char(8) NOT NULL,
    tsex char(2) NOT NULL,
    tbirthday date NOT NULL,
    title char(12) NULL,
    school char(12) NULL
)
GO
```

7.20

```
USE stsc
GO

INSERT INTO student values('121001','李贤友','男','1991-12-30','通信',52),
('121002','周映雪','女','1993-01-12','通信',49),
('121005','刘刚','男','1992-07-05','通信',50),
('122001','郭德强','男','1991-10-23','计算机',48),
('122002','谢萱','女','1992-09-11','计算机',52),
('122004','孙婷','女','1992-02-24','计算机',50);
GO

INSERT INTO course values('102','数字电路',3,'102101'), ('203','数据库系统',
3,'204101'),
('205','微机原理',4,'204107'),('208','计算机网络',4,NULL),('801','高等数学',
4,'801102')
GO

INSERT INTO score values('121001','102',92),('121002','102',72),('121005',
'102',87),('122002','203',94),
('122004','203',81),('121001','205',91),('121002','205',65),('121005',
'205',85),('121001','801',94),('121002','801',73),
('121005','801',82),('122001','801',NULL),('122002','801',95),('122004',
'801',86);
GO

INSERT INTO teacher values('102101','刘林卓','男','1962-03-21','教授','通信
学院'),
('102105','周学莉','女','1977-10-05','讲师','通信学院'),
('204101','吴波','男','1978-04-26','教授','计算机学院'),
('204107','王冬琴','女','1968-11-18','副教授','计算机学院'),
('801102','李伟','男','1975-08-19','副教授','计算机学院');
GO
```

7.21

```
USE stsc
SELECT *
FROM student
WHERE tc>=50
```

7.22

```
USE stsc
SELECT a.stno, a.stname, b.cname, c.grade
FROM student a, course b, score c
WHERE a.stno=c.stno AND b.cno=c.cno AND a.stname='谢萱' AND b.cname='高等
数学'
```

7.23

```
USE stsc
SELECT a.stname,c.grade
FROM student a, course b, score c
```

```
WHERE a.stno=c.stno AND b.cno=c.cno AND b.cname='数字电路'
ORDER BY c.grade DESC
```

7.24

```
USE stsc
SELECT a.cname,AVG(b.grade) AS 平均成绩
FROM course a, score b
WHERE a.cno=b.cno AND a.cname='数据库系统' OR a.cname='微机原理'
GROUP BY a.cname
```

7.25

```
USE stsc
SELECT a.speciality,b.cname,MAX(c.grade) AS 最高分
FROM student a, course b, score c
WHERE a.stno=c.stno AND b.cno=c.cno
GROUP BY a.speciality,b.cname
```

7.26

```
SELECT st.stno,st.stname,sc.cno,sc.grade
FROM student st,score sc
WHERE st.stno=sc.stno AND st.speciality='通信' AND sc.grade IN
  ( SELECT MAX(grade)
   FROM score
   WHERE st.stno = sc.stno
   GROUP BY cno
   )
```

7.27

```
WITH tempt(stname, avg_grade ,total)
AS ( SELECT stname,avg(sc.grade) AS avg_grade,COUNT(sc.stno) AS total
    FROM student s INNER JOIN score sc ON s.stno=sc.stno
    WHERE sc.grade>=80
    GROUP BY s.stname
    )
SELECT stname AS 姓名, avg_grade AS 平均成绩 FROM tempt WHERE total>=2
```

7.28

```
USE stsc
SELECT a.stname AS '学生姓名'
FROM student a, course b, score c
WHERE a.stno=c.stno AND b.cno=c.cno
GROUP BY a.stname
HAVING COUNT(b.cno)>=4
```

第 8 章　视　　图

一、选择题

8.1　D　　8.2　B　　8.3　B　　8.4　C

二、填空题

8.5 一个或者多个表或其他视图

8.6 虚表

8.7 定义

8.8 基表

三、问答题 略

四、上机实验题

8.14

```
USE stsc
GO
CREATE VIEW st_co_sr
AS
SELECT a.stno, a.stname, a.stsex, b.cno, b.cname, c.grade
   FROM student a,course b, score c
   WHERE a.stno=c.stno AND b.cno=c.cno
   WITH CHECK OPTION
GO

USE stsc
SELECT *
FROM st_co_sr
```

8.15

```
USE stsc
GO
CREATE VIEW st_computer
AS
SELECT a.stname, b.cname, c.grade
   FROM student a,course b, score c
   WHERE a.stno=c.stno AND b.cno=c.cno AND speciality='计算机'
   WITH CHECK OPTION
GO

USE stsc
SELECT *
FROM st_computer
```

8.16

```
USE stsc
GO
CREATE VIEW st_av
AS
SELECT a.stname AS 姓名, AVG(grade) AS 平均分
   FROM student a, score b
   WHERE a.stno=b.stno
   GROUP BY a.stname
   WITH CHECK OPTION
GO

USE stsc
SELECT *
FROM st_av
```

第9章 索 引

一、选择题

9.1 C   9.2 B   9.3 C   9.4 C   9.5 D

二、填空题

9.6 UNIQUE CLUSTERED

9.7 提高查询速度

9.8 CREATE INDEX

三、问答题 略

四、上机实验题

9.13

```
USE stsc
CREATE UNIQUE CLUSTERED INDEX idx_tno ON teacher(tno)
```

9.14

```
USE stsc
CREATE INDEX idx_credit ON course(credit)

USE stsc
ALTER INDEX idx_credit
  ON course
  REBUILD
    WITH (PAD_INDEX=ON, FILLFACTOR=90)
GO
```

第10章 数据完整性

一、选择题

10.1 C   10.2 B   10.3 D   10.4 A   10.5 C

二、填空题

10.6 列

10.7 行完整性

10.8 DEFAULT '男' FOR 性别

10.9 CHECK(成绩>=0 AND 成绩<=100)

10.10 PRIMARY KEY (商品号)

10.11 FOREIGN KEY(商品号) REFERENCES 商品表(商品号)

三、问答题 略

四、上机实验题

10.16

```
USE stsc
```

```
ALTER TABLE score
ADD CONSTRAINT CK_score_grade CHECK(grade>=0 AND grade<=100)
```

10.17

```
USE stsc
ALTER TABLE student
ADD CONSTRAINT DF_student_stsex  DEFAULT '男' FOR stsex
```

10.18

```
USE stsc
ALTER TABLE student
DROP CONSTRAINT PK_student
GO

ALTER TABLE student
ADD CONSTRAINT PK_student_stno PRIMARY KEY(stno)
GO
```

10.19

```
USE stsc
GO
ALTER TABLE score
ADD CONSTRAINT FK_score_stno
   FOREIGN KEY(stno) REFERENCES student(stno)
GO
```

第 11 章   T-SQL 程序设计

一、选择题

11.1 D   11.2 C   11.3 B   11.4 D   11.5 A   11.6 D

二、填空题

11.7   标量函数

11.8   多语句表值函数

11.9   @@FETCH_STATUS

11.10   DROP FUNCTION

11.11   逐行处理

11.12   游标当前行指针

三、问答题 略

四、上机实验题

11.19

```
USE stsc
IF EXISTS(
    SELECT name FROM sysobjects WHERE type='u' AND name='score')
```

```
    PRINT '存在'
ELSE
    PRINT '不存在'
GO
```

11.20

```
USE stsc
SELECT s.stname, sc.grade, level=
    CASE
        WHEN sc.grade>=90 THEN 'A'
        WHEN sc.grade>=80 THEN 'B'
        WHEN sc.grade>=70 THEN 'C'
        WHEN sc.grade>=60 THEN 'D'
        WHEN sc.grade BETWEEN 0 AND 60 THEN 'E'
        WHEN sc.grade IS NULL THEN '未考试'
    end
FROM student s INNER JOIN score sc ON sc.stno=s.stno
GO
```

11.21

```
USE stsc
DECLARE @name char(10),@gd int
SELECT @name=cname,@gd=AVG(grade)
FROM course c INNER JOIN score sc ON c.cno=sc.cno, teacher t
WHERE t.tname='李伟' AND t.tno=c.tno
GROUP BY cname
PRINT @name + CAST(@gd AS char(10))
```

11.22

```
DECLARE @i int, @sum int
SET @i=1
SET @sum=0
while(@i<100)
    BEGIN
        SET @sum=@sum+@i
        SET @i=@i+2
    END
PRINT CAST(@sum AS char(10))
```

11.23

```
USE stsc
DECLARE @course_no int,@course_avg float
DECLARE avg_cur CURSOR
    FOR SELECT cno,AVG(grade)
        FROM score
        WHERE grade IS NOT NULL
        GROUP BY cno
OPEN avg_cur
FETCH NEXT FROM avg_cur INTO @course_no,@course_avg
PRINT '课程   平均分'
PRINT '-------------'
WHILE @@fetch_status = 0
BEGIN
```

```
        PRINT CAST(@course_no AS char(4))+' '+CAST(@course_avg AS char(6))
        FETCH NEXT FROM avg_cur INTO @course_no,@course_avg
    END
CLOSE avg_cur
DEALLOCATE avg_cur
```

11.24

```
USE stsc
DECLARE stu_cur3 CURSOR
    FOR SELECT grade FROM sco WHERE grade IS NOT NULL
DECLARE @deg int,@lev char(1)
OPEN stu_cur3
FETCH NEXT FROM stu_cur3 INTO @deg
WHILE @@fetch_status = 0
    BEGIN
        SET @lev=CASE
            WHEN @deg>=90 THEN 'A'
            WHEN @deg>=80 THEN 'B'
            WHEN @deg>=70 THEN 'C'
            WHEN @deg>=60 THEN 'D'
            WHEN @deg IS NULL THEN NULL
            ELSE 'E'
        END
        UPDATE sco
        SET gd=@lev
        WHERE CURRENT OF stu_cur3
        FETCH NEXT FROM stu_cur3 INTO @deg
    END
CLOSE stu_cur3
DEALLOCATE stu_cur3

DECLARE @st_no int,@co_no int,@sc_lv char(1)
DECLARE lv_cur CURSOR
    FOR SELECT stno,cno,gd
        FROM sco
        WHERE grade IS NOT NULL
OPEN lv_cur
FETCH NEXT FROM lv_cur INTO @st_no,@co_no, @sc_lv
PRINT '学号    课程号   成绩等级'
PRINT '-----------------------'
WHILE @@fetch_status = 0
    BEGIN
        PRINT CAST(@st_no AS char(6))+'  '+CAST(@co_no AS char(6))+' '+@sc_lv
        FETCH NEXT FROM lv_cur INTO @st_no,@co_no, @sc_lv
    END
CLOSE lv_cur
DEALLOCATE lv_cur
```

11.25

```
USE stsc
DECLARE @st_sp char(8),@co_cn char(12),@st_avg float
DECLARE stu_cur2 CURSOR
    FOR SELECT a.speciality,c.cname,AVG(b.grade)
        FROM student a, score b,course c
        WHERE a.stno=b.stno AND b.grade>0 AND c.cno=b.cno
        GROUP BY a.speciality,c.cname
```

```
OPEN stu_cur2
FETCH NEXT FROM stu_cur2 INTO @st_sp,@co_cn,@st_avg
PRINT '专业  课程      平均分'
PRINT '------------------------------'
WHILE @@fetch_status = 0
    BEGIN
        PRINT @st_sp+@co_cn+' '+CAST(@st_avg as char(6))
        FETCH NEXT FROM stu_cur2 INTO @st_sp,@co_cn,@st_avg
    END
CLOSE stu_cur2
DEALLOCATE stu_cur2
```

第 12 章　存 储 过 程

一、选择题

12.1　A　　　12.2　B　　　12.3　A　　　12.4　D　　　12.5　C

二、填空题

12.6　预编译后

12.7　CREATE PROCEDURE

12.8　EXECUTE

12.9　变量及类型

12.10　OUTPUT

三、问答题　略

四、上机实验题

12.16

```
USE stsc
GO
CREATE PROCEDURE stu_all
AS
    SELECT a.stno,a.stname,b.cname,c.grade
        FROM student a, course b, score c
        WHERE a.stno=c.stno AND b.cno=c.cno
        ORDER BY a.stno
GO
EXEC stu_all
GO
```

12.17

```
USE stsc
GO
IF EXISTS(SELECT * FROM sysobjects WHERE name='stu_avg' AND TYPE='P')
DROP PROCEDURE avg_spec
GO
CREATE PROCEDURE avg_spec (@spe char(12) = '计算机')
AS
    SELECT avg(b.grade)AS '平均分'
        FROM student a,score b
        WHERE a.speciality=@spe AND a.stno=b.stno
```

```
        GROUP BY a.speciality
GO
EXEC avg_spec
GO
```

12.18

```
USE stsc
GO
CREATE PROCEDURE avg_course
(
    @cou_num int,
    @cou_name char(8) OUTPUT,
    @cou_avg float OUTPUT
)
AS
    SELECT @cou_name=a.cname,@cou_avg=AVG(b.grade)
      FROM course a, score b
      WHERE a.cno=b.cno AND NOT grade is NULL
      GROUP BY a.cno, a.cname
      HAVING a.cno=@cou_num
GO
DECLARE @cou_name char(8)
DECLARE @cou_avg float
EXEC avg_course '102', @cou_name OUTPUT, @cou_avg OUTPUT
SELECT '课程名'=@cou_name, '平均分'=@cou_avg
GO
```

第13章 触 发 器

一、选择题
13.1　D　　13.2　A　　13.3　B　　13.4　C　　13.5　D　　13.6　D

二、填空题
13.7　激发

13.8　后

13.9　1

13.10　inserted

13.11　ROLLBACK

13.12　约束

三、问答题　略

四、上机实验题

13.18

```
USE stsc
GO
CREATE TRIGGER trig_delete
ON teacher
AFTER DELETE
AS
    BEGIN
```

```
          DECLARE @nm char(6)
          SELECT @nm=deleted.tno FROM deleted
          DELETE course
          WHERE course.tno = @nm
     END
GO
DELETE teacher
WHERE tno='102101'
GO
SELECT * FROM course
GO
```

13.19

```
USE stsc
GO
CREATE TRIGGER trig_update
  ON score
AFTER UPDATE
AS
IF UPDATE(grade)
    BEGIN
        PRINT '不能修改分数'
        ROLLBACK TRANSACTION
    END
GO
UPDATE score
SET grade=100
WHERE stno='121002'
GO
```

13.20

```
USE stsc
GO
CREATE TRIGGER trig_insert_update
  ON score
AFTER INSERT,UPDATE
AS
BEGIN
    DECLARE @nm int
    SELECT @nm=inserted.grade FROM inserted
    IF @nm<=100 AND @nm>=0
        PRINT '插入数值正确!'
    ELSE
        BEGIN
            PRINT '插入数值不在正确范围内!'
            ROLLBACK TRANSACTION
        END
END
GO
INSERT INTO score VALUES('121005','302',180)
GO
```

13.21

```
USE stsc
GO
```

习题参考答案

```
CREATE TRIGGER trig_db
  ON DATABASE
AFTER DROP_TABLE, ALTER_TABLE
AS
BEGIN
    PRINT '不能修改表结构'
    ROLLBACK TRANSACTION
END
GO
ALTER TABLE teacher ADD class char(8)
GO
```

第14章 事 务 和 锁

一、选择题

14.1 D 14.2 B 14.3 D

二、填空题

14.4 持久性

14.5 BEGIN TRANSACTION

14.6 ROLLBACK

14.7 数据块

14.8 幻读

14.9 释放

三、问答题 略

四、上机实验题

14.16

```
BEGIN TRANSACTION
  USE stsc
  SELECT * FROM course
COMMIT TRANSACTION
```

14.17

```
SET IMPLICIT_TRANSACTIONS ON      /*启动隐性事务模式*/
GO
USE stsc
INSERT INTO course VALUES('104','信号与系统',4,'102108')
COMMIT TRANSACTION
GO
USE stsc
SELECT COUNT(*) FROM score
INSERT INTO score VALUES('121001','104',93)
INSERT INTO score VALUES('121002','104',81)
INSERT INTO score VALUES('121005','104',88)
COMMIT TRANSACTION
GO
SET IMPLICIT_TRANSACTIONS OFF      /*关闭隐性事务模式*/
GO
```

14.18

```
BEGIN TRANSACTION
  USE stsc
  INSERT INTO score VALUES('122004','205',90)
  SAVE TRANSACTION sco_point     /*设置保存点*/
  DELETE FROM score WHERE stno='122004' AND cno='205'
  ROLLBACK TRANSACTION sco_point       /*回滚到保存点sco_point*/
COMMIT TRANSACTION
```

第 15 章　系统安全管理

一、选择题

15.1　D　　15.2　C　　15.3　A　　15.4　B　　15.5　A　　15.6　C　　15.7　A

二、填空题

15.8　访问权限管理

15.9　SQL Server

15.10　CREATE LOGIN

15.11　GRANT SELECT

15.12　GRANT CREATE TABLE

15.13　DENY INSERT

15.14　REVOKE CREATE TABLE

三、问答题　略

四、上机实验题

15.20

```
CREATE LOGIN mylog
  WITH PASSWORD = '123456'

ALTER LOGIN mylog
  WITH PASSWORD = '234567'

DROP LOGIN mylog
```

15.21

```
CREATE LOGIN Mst
  WITH PASSWORD = '123',
  DEFAULT_DATABASE =stsc

USE test
CREATE USER Musr
  FOR LOGIN Mst
```

15.22

```
USE test
GRANT CREATE TABLE TO Musr
GO
```

```
USE test
REVOKE CREATE TABLE FROM Musr
GO
```

15.23

```
USE test
GRANT INSERT,UPDATE,DELETE ON s TO Musr
GO
```

```
USE test
REVOKE INSERT,UPDATE,DELETE ON s FROM Musr
GO
```

15.24

```
USE test
DENY INSERT,UPDATE,DELETE ON s TO Musr
GO
```

第 16 章　备份和恢复

一、选择题

16.1　C　　　16.2　A　　　16.3　B　　　16.4　D　　　16.5　D　　　16.6　B

二、填空题

16.7　事务日志备份

16.8　完整恢复模式

16.9　完整

16.10　日志

16.11　允许

16.12　备份设备

三、问答题 略

四、上机实验题

16.18

```
USE master
GO
EXEC sp_addumpdevice 'disk','mydk','E:\SQL Server\dmp.bak'
```

16.19

```
USE master
BACKUP DATABASE test TO mydk
```

16.20

```
USE master
RESTORE DATABASE test FROM mydk
WITH FILE=1, REPLACE
```

第 17 章　云计算和大数据

一、选择题

17.1　B　　17.2　D

二、填空题

17.3　资源池

17.4　超大规模

17.5　海量数据或巨量数据

17.6　人工智能

17.7　云计算平台

17.8　非关系型

17.9　读写速度快

三、问答题　略

第 18 章　基于 Java EE 和 SQL Server 的 学生成绩管理系统开发

一、选择题

18.1　A　　18.2　C

二、填空题

18.3　Struts2

18.4　Spring

18.5　Hibernate

18.6　核心

18.7　DAO

18.8　Service

18.9　Action

三、问答题　略

四、上机实验题　略

附录 B | stsc 数据库的表结构和样本数据

1. stsc 数据库的表结构

stsc 数据库的表结构见表 B.1~表 B.4。

表 B.1 student（学生表）的表结构

列 名	数据类型	允许 NULL 值	是否主键	说 明
stno	char(6)		主键	学号
stname	char(8)			姓名
stsex	char(2)			性别
stbirthday	date			出生日期
speciality	char(12)	√		专业
tc	int	√		总学分

表 B.2 course（课程表）的表结构

列 名	数据类型	允许 NULL 值	是否主键	说 明
cno	char(3)		主键	课程号
cname	char(16)			课程名
credit	int	√		学分
tno	char(6)	√		教师号

表 B.3 score（成绩表）的表结构

列 名	数据类型	允许 NULL 值	是否主键	说 明
stno	char(6)		主键	学号
cno	char(3)		主键	课程号
grade	int	√		成绩

表 B.4 teacher（教师表）的表结构

列 名	数据类型	允许 NULL 值	是否主键	说 明
tno	char(6)		主键	教师号
tname	char(8)			姓名
tsex	char(2)			性别
tbirthday	date			出生日期
title	char(12)	√		职称
school	char(12)	√		学院名

2. stsc 数据库的样本数据

stsc 数据库的样本数据见表 B.5~表 B.8。

表 B.5　student（学生表）的样本数据

学　号	姓　　名	性　　别	出 生 日 期	专　业	总 学 分
121001	李贤友	男	1991-12-30	通信	52
121002	周映雪	女	1993-01-12	通信	49
121005	刘刚	男	1992-07-05	通信	50
122001	郭德强	男	1991-10-23	计算机	48
122002	谢萱	女	1992-09-11	计算机	52
122004	孙婷	女	1992-02-24	计算机	50

表 B.6　course（课程表）的样本数据

课 程 号	课 程 名	学　分	教 师 号
102	数字电路	3	102101
203	数据库系统	3	204101
205	微机原理	4	204107
208	计算机网络	4	NULL
801	高等数学	4	801102

表 B.7　score（成绩表）的样本数据

学　号	课 程 号	成　绩	学　号	课 程 号	成　绩
121001	102	92	121005	205	85
121002	102	72	121001	801	94
121005	102	87	121002	801	73
122002	203	94	121005	801	82
122004	203	81	122001	801	NULL
121001	205	91	122002	801	95
121002	205	65	122004	801	86

表 B.8　teacher（教师表）的样本数据

教 师 号	姓　　名	性　　别	出 生 日 期	职　称	学 院 名
102101	刘林卓	男	1962-03-21	教授	通信学院
102105	周学莉	女	1977-10-05	讲师	通信学院
204101	吴波	男	1978-04-26	教授	计算机学院
204107	王冬琴	女	1968-11-18	副教授	计算机学院
801102	李伟	男	1975-08-19	副教授	数学学院

stsc 数据库的表结构和样本数据

参 考 文 献

[1] Abraham Silberschatz, Henry F Korth, S Sudarshan. Database System Concepts[M]. 6th ed. New York: The McGraw-Hill Companies, Inc, 2011.

[2] 王珊, 萨师煊. 数据库系统概论[M]. 5 版. 北京：高等教育出版社, 2014.

[3] 宋金玉, 陈萍, 陈刚. 数据库原理与应用[M]. 2 版. 北京：清华大学出版社, 2014.

[4] 李春葆, 等. 数据库原理与应用[M]. 北京：清华大学出版社, 2012.

[5] 何玉洁. 数据库原理与应用教程[M]. 4 版. 北京：机械工业出版社, 2016.

[6] 张莉. SQL Server 数据库原理与应用教程[M]. 4 版. 北京：清华大学出版社, 2016.

[7] 王立平, 刘祥淼, 彭霁. SQL Server 2014 从入门到精通[M]. 北京：清华大学出版社, 2017.

[8] 郑阿奇. SQL Server 实用教程（SQL Server 2014）[M]. 4 版. 北京：电子工业出版社, 2015.